周期表

10	11	12	13	14					周期
								₂He ヘリウム 4.003	1
			₅B ホウ素 10.81	₆C 炭素 12.01	₇N 窒素 14.01	₈O 酸素 16.00	₉F フッ素 19.00	₁₀Ne ネオン 20.18	2
単体は固体			₁₃Al アルミニウム 26.98	₁₄Si ケイ素 28.09	₁₅P リン 30.97	₁₆S 硫黄 32.07	₁₇Cl 塩素 35.45	₁₈Ar アルゴン 39.95	3
₂₈Ni ニッケル 58.69	₂₉Cu 銅 63.55	₃₀Zn 亜鉛 65.41	₃₁Ga ガリウム 69.72	₃₂Ge ゲルマニウム 72.61	₃₃As ヒ素 74.92	₃₄Se セレン 78.96	₃₅Br 臭素 79.90	₃₆Kr クリプトン 83.80	4
₄₆Pd パラジウム 106.4	₄₇Ag 銀 107.9	₄₈Cd カドミウム 112.4	₄₉In インジウム 114.8	₅₀Sn スズ 118.7	₅₁Sb アンチモン 121.8	₅₂Te テルル 127.6	₅₃I ヨウ素 126.9	₅₄Xe キセノン 131.3	5
₇₈Pt 白金 195.1	₇₉Au 金 197.0	₈₀Hg 水銀 200.6	₈₁Tl タリウム 204.4	₈₂Pb 鉛 207.2	₈₃Bi ビスマス 209.0	₈₄Po ポロニウム (210)	₈₅At アスタチン (210)	₈₆Rn ラドン (222)	6
₁₁₀Ds ダームスタチウム (281)	₁₁₁Rg レントゲニウム (280)	₁₁₂Cn コペルニシウム (285)	₁₁₃Nh ニホニウム (286)	₁₁₄Fl フレロビウム (289)	₁₁₅Mc モスコビウム (288)	₁₁₆Lv リバモリウム (293)	₁₁₇Ts テネシン (294)	₁₁₈Og オガネソン (294)	7

₆₃Eu ユウロピウム 152.0	₆₄Gd ガドリニウム 157.3	₆₅Tb テルビウム 158.9	₆₆Dy ジスプロシウム 162.5	₆₇Ho ホルミウム 164.9	₆₈Er エルビウム 167.3	₆₉Tm ツリウム 168.9	₇₀Yb イッテルビウム 173.0	₇₁Lu ルテチウム 175.0

₉₅Am アメリシウム (243)	₉₆Cm キュリウム (247)	₉₇Bk バークリウム (247)	₉₈Cf カリホルニウム (252)	₉₉Es アインスタイニウム (252)	₁₀₀Fm フェルミウム (257)	₁₀₁Md メンデレビウム (258)	₁₀₂No ノーベリウム (259)	₁₀₃Lr ローレンシウム (262)

竹田淳一郎 著
Junichiro Takeda

改訂版

「高校の化学」が一冊でまるごとわかる

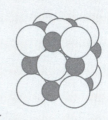

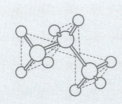

ベレ出版

● はじめに ●

　この本を手に取っていただいて、ありがとうございます。高校生が学ぶ内容である教育課程はだいたい10年ごとに改定されていて、化学は2022年から大きく変わりました。この本の初版は2018年に出版されたので、今回新しくなった教育課程にあわせて改訂しました。

　新課程では、世界で日本の高校生だけが学んでいた「熱化学方程式」という言葉がなくなって、世界共通の「エンタルピー」を用いることになりました。これが一番大きな改定で、それ以外にも固体から気体の変化、気体から固体の変化を今まではどちらも「昇華」とよんでいたのを、気体から固体の変化は「凝華」とよぶことになったり、周期表でZnやHgなどの12族元素を今までは典型元素としていたのを遷移元素に分類することになったりと、細かいところまで入れると20個以上の改定がありました。どれも世界ではどのように化学を教えているのか、を基準にした改定ですので私も世界標準に後れをとらないように日々学びを欠かしてはいけないと気を引き締めています。

　著者は中高生だけではなく、社会人の方々にも化学を教える機会が多くありましたが、「先生の講義をまとめた本があったら絶対に買いますよ」とたくさんの受講生の方々にほめていただいたので、今までに貯めたアイデアを惜しみなく盛り込んで書き上げたのが本書です。この本は現在の高校生が使用している教科書の内容をすべて網羅しているので、化学を学び直したい社会人の方だけでなく、現役の高校生にも普段の授業にはもちろんのこと、大学受験の勉強でも役に立つことを請け合います。

　どうぞ目次を見ていただき、興味を持ったページを開いてみてください。豊富なイラストとわかりやすい解説で「化学ってこういうことだったのか」という新鮮な発見をしてもらえればうれしいです。

竹田 淳一郎

C O N T E N T S   基のマークは高校の「化学基礎」で学ぶ内容です。

はじめに ……………………………………………………………………… 3

基礎化学
第1章 物質の基本粒子

1 基 原子と元素はどう違う? …………………………………………… 12
2 基 中性子にはどんな役割があるのか? ……………………………… 14
3 基 同じ元素でも重さが異なります ………………………………… 17
4 基 周期表はなぜ中央がくぼんでいるのか? ……………………… 20
5 基 KとCaはなぜもう1つ外側のN殻に電子が入るのか? …… 23
6 基 イオンになる原子、ならない原子の違いとは? ……………… 26
7 基 イオンになりやすさを比べる2つの指標 ……………………… 29

基礎化学
第2章 化学結合

8 基 陽イオンと陰イオン、合体させるときの作法と命名法 ………… 32
9 基 イオンにならずに安定になるには? ……………………………… 34
10 基 共有結合? イオン結合? 見分け方のコツ、教えます ………… 37
11 基 分子の極性の有無は結合だけじゃなく全体の形を見よう! ……… 40
12 基 金属が電気を通す理由も「結合」というキーワードで説明できた! …… 42
13 基 これを知っていれば化学通! …………………………………… 44
14 基 結合のまとめ、いろんな結合の違いの確認 …………………… 46
15 基 固体の構造をミクロの視点で見てみると… …………………… 48

基礎化学
第3章 物質量と化学反応式

16 基 モルがわかると化学がわかる ……………………………………… 52
17 基 原子量、式量、分子量、正しく使い分けられますか? ………… 54
18 基 化学反応を化学式を使って表す …………………………………… 56

| 19 | 基 化学反応式を学ぶと何の役に立つのか? | 58 |
| 20 | 基 モルがもう少しだけ続きます | 60 |

理論化学
第4章 物質の状態変化

21	基 圧力とは何か? 化学におけるもっともわかりにくい単位	64
22	固体、液体、気体を粒子の視点で見てみよう	66
23	基 「打ち水」は水が冷たいから涼しくなるわけではありません	68
24	富士山の山頂では水は88℃で沸騰します	70
25	ドライアイスはなぜ液体にならず、直接気体になるのか	72

理論化学
第5章 気体の性質

26	気体の性質を数式で表すと…	76
27	気体の計算でいちばんよく使います	78
28	混合気体のそれぞれの圧力はどう考えるの?	80
29	実在するのはいつも理想から離れているものですね	82

理論化学
第6章 溶液の性質

30	基 塩と砂糖、どちらも水に溶けるがそのメカニズムは異なります	86
31	基 水100gにNaClは何gまで溶けるでしょうか?	88
32	スキューバダイビングで注意しなければいけないことは?	90
33	煮立った味噌煮込みうどんは100℃を大きく超えています	92
34	氷+食塩で冷凍庫なみに冷やすには?	94
35	計算法をマスターしてもう一歩上へ	96
36	青菜に塩、このことわざも化学で説明できます	98
37	名前はマニアック、でもどこにでもあるんです	100
38	人工透析はどんな仕組みで血液をきれいにしている?	103

理論化学

第7章 化学反応と熱

- (39) カロリー(cal)とジュール(J)、熱を表す単位とは ………………………… 106
- (40) 化学反応に伴う熱の出入りをどう表すか ……………………………………… 108
- (41) 化学変化どころか物理変化までエンタルピー変化で表せます ……… 111
- (42) 熱の計算問題には必ずと言っていいほど出てくる法則 ……………… 114
- (43) 共有結合を切断するのに必要なエネルギーは? ……………………… 117

- こうこう化がくの窓 本来は吸熱反応は自然にはおきない!? ……………… 120

理論化学

第8章 反応の速さと平衡

- (44) 化学反応のメカニズムを結婚に例えると… ……………………………… 122
- (45) 化学反応の速度も結婚に例えてみます ………………………………………… 124
- (46) 鉄がさびるのは反応速度が遅い反応です ……………………………… 126
- (47) 活性化エネルギーを下げて反応速度を上げる ……………………… 129

- こうこう化がくの窓 触媒と第一次世界大戦の密接なかかわり ……………… 131

- (48) 行ったり来たりできる反応と一方通行の反応 ……………………… 132
- (49) 化学平衡を数式で表すと… ……………………………………………………… 134
- (50) 水に溶けない塩でも実は本当に少しだけ溶けています …………… 136
- (51) 平衡がどちらに移動するかはどう判断するの? ……………………… 138

理論化学

第9章 酸と塩基

- (52) 基 酸と塩基とは何だろう ………………………………………………………… 142
- (53) 基 酸と塩基の強さはどうやって表す? …………………………………… 144
- (54) 基 酸と塩基をもう少し詳しく分類すると… ………………………………… 147
- (55) 基 酸と塩基を混ぜると…? ………………………………………………………… 150
- (56) できるやつは電離度は使いません。その理由は… ………………… 152

57	中和反応をpHの変化で見てみよう①	154
58	中和反応をpHの変化で見てみよう②	157
59	基 中和滴定はどんな実験器具を使って行なうか?	162

理論化学

第10章 酸化還元反応

60	基 「酸化」というと悪いイメージが? 本当のところはどうなのでしょうか	166
61	基 酸化と還元を判断する強力な武器	169
62	基 酸化剤と還元剤にはどんな種類があるのか	171
63	基 重要な酸化剤、還元剤の特徴を押さえよう	174
64	基 誰でも酸化還元反応式が書けるようになれます	176
65	基 酸化還元反応を用いてモル濃度を計算で求めるには?	178
66	基 CuとZnのイオンになりやすさを実験で比較するには?	180
67	基 金やプラチナが永遠に輝くわけ	182
68	基 電池はなぜ電気エネルギーを取り出せるのか?	184
69	ボルタ電池の弱点を改良しました	187
70	基本的な構造は100年以上前から変わっていません	189
71	エコカーに搭載されている電池の違い	192
72	自然界には存在しないNaの単体を得るにはどうする?	195
73	銅の純度を99%から99.99%に上げるには	198
74	電流とmolの関係は?	200
75	電気分解の総まとめです	202

無機化学

第11章 典型元素の性質

76	無機化学に本格的に入る前に知っておきたいこと	206
77	ヘリウムHe、ネオンNe、アルゴンAr、クリプトンKr、キセノンXe、ラドンRn	208
78	フッ素F、塩素Cl、臭素Br、ヨウ素I、アスタチンAt	210

79	炭素C、ケイ素Si、ゲルマニウムGe、スズSn、鉛Pb	214
80	空気中にたくさんあるのに使える形にするのは難しい	218
81	窒素N、リンP、ヒ素As、アンチモンSb、ビスマスBi	221
82	黄色いダイヤとよばれたこともありました	224
83	酸素の化合物をどれだけ言えますか?	227
84	リチウムLi、ナトリウムNa、カリウムK、ルビジウムRb、 セシウムCs、フランシウムFr	230
85	ベリリウムBe、マグネシウムMg、カルシウムCa、 ストロンチウムSr、バリウムBa、ラジウムRa	233
86	ルビーからお金まで、意外なものに含まれています	236

無機化学
第12章 遷移元素の性質

87	スカンジウムSc、チタンTi、バナジウムV、クロムCr、マンガンMn、 鉄Fe、コバルトCo、ニッケルNi、銅Cu、亜鉛Zn	240
88	水銀の毒性は昔は知られてはいませんでした	242
89	身近にあるけど奥は深い	244
90	足尾銅山鉱毒事件の原因になりました	246
91	古くから人類が追い求めてきました	248
92	遷移金属の名脇役	250
93	混ざってしまった陽イオンを分けるには?	252
94	ガラス、陶磁器、セメント、まとめてなんとよぶ?	258
95	10円玉は銅でできている? いやいや実は合金なんです	260

有機化学
第13章 脂肪族化合物

| 96 | 有機化学、有機農業、有機肥料…有機って何だろう? | 264 |
| 97 | 無数にある有機化合物を分類して整理しよう | 266 |

(98) 異性体を理解すると有機化学が理解できる！ ……………… 269

(99) 都市ガス、ライター、ガソリン、灯油…主に燃料に使われます ……… 273

(100) 構造異性体の見つけ方と命名法のコツ ……………… 275

(101) "不飽和"という言葉はとても重要！ ……………… 278

(102) 三重結合という固い絆 ……………… 281

(103) アルカンとアルケン、一文字違うだけで反応性は大きく違う？ ……… 284

(104) 「アルコール好き」は本来は「エタノール好き」というべきなのです ……… 287

(105) ヘキサンとエタノールを区別するには？ ……………… 290

(106) 麻酔薬として非常に優秀です ……………… 294

(107) 聞いたことはなくても身近で活躍しています ……………… 296

(108) 酢酸は世界一有名なカルボン酸です ……………… 299

(109) 原材料に「香料」と書いてあるときはたいていエステルが入っています ……… 302

(110) バターとサラダ油の違いを化学の視点で見てみる ……………… 305

(111) 洗剤はせっけんの弱点をカバーしてくれます ……………… 309

(112) 脂肪族有機化合物の総まとめ ……………… 312

有 機 化 学

第14章 芳香族化合物

(113) ベンゼンを含む有機化合物だけ特別扱いします ……………… 316

(114) ベンゼン環は壊れずに置換基が置換されていきます ……………… 319

(115) 洋服ダンスの防虫剤に使われるナフタレンが代表的です ……… 322

(116) ベンゼンがおこす重要な3つの反応 ……………… 324

こうこう化がくの窓 爆薬を作るのに重要な役割を示すニトロ化 ……………… 326

(117) 重要な芳香族有機化合物です ……………… 327

(118) プリンターのインクの原料です ……………… 330

(119) カルボン酸から作られるアスピリン錠は世界で
年間1500億錠も消費されています ……………… 333

(120) 混ざっている芳香族有機化合物を分けるには？ ……………… 336

第15章 高分子化学 天然高分子化合物

- 121 原子が無数につながった化合物 ……………………………………340
- 122 砂糖と一口に言っても色々な種類があります ………………………343
- 123 料理に使う白砂糖は二糖類です ……………………………………347
- 124 デンプンも食物繊維もばらばらにすれば同じグルコースです ………350
- 125 我々の体は20種類あるアミノ酸からできています …………………353
- 126 三大栄養素の一つがタンパク質です ………………………………356
- 127 触媒の有機化合物バージョンです …………………………………360
- 128 木綿、絹、羊毛…共通点は天然高分子化合物 ………………………363
- 129 「化学」と「生物」のすみ分けができています ………………………366

第16章 高分子化学 合成高分子化合物

- 130 養蚕業に大ダメージをもたらした原因です …………………………370
- 131 ビニロンは日本で発明された合成繊維です …………………………372
- 132 これなしではもう生活できません …………………………………374
- 133 世界初の合成樹脂は熱硬化性樹脂でした …………………………376
- 134 ゴムは化学の視点で見るとどんな分子構造をもっている? …………379
- 135 高分子化合物は素材として活躍するだけではありません …………382

参考文献 …………………………………………………………………385
さくいん …………………………………………………………………386

| 基礎化学 | 理論化学 | 無機化学 | 有機化学 | 高分子化学 |

第1章

物質の基本粒子

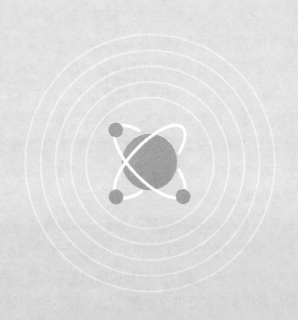

1 原子と元素はどう違う？

～ 原子と元素記号 ～

世の中の物質はすべて「原子」という粒からできています。1粒の原子はとても小さくて軽いため、イメージするのは難しいかもしれません。そこでアルミニウムでできている1gの1円玉を例にして考えてみましょう。

まずは、アルミニウム原子をいくつ集めれば1円玉ができるのかを考えてみましょう（図1-1）。

大きさに注目すると、アルミニウム原子は1億分の3cmくらいなので、直径2cmの1円玉の直径部分には0.7億個のアルミニウム原子が並んでいることになります。また、質量に注目すると、原子はとても軽いので、1gの1円玉にはアルミニウム原子が2億個のさらに1億倍、そのまたさらに100万倍の数が含まれています。これがどれくらい大きな数かというと、原子1粒をお米1粒に例えたときに、日本で1年間に生産されるお米を約0.5億年分集めるのと同じ数です。えっ？ かえってイメージしにくいですって？ とにかく途方もなく大きな数字になるので、原子はとても小さくて軽いというイメージをもってもらえればOKです。

現在知られている100種類程度の原子には世界共通のアルファベットによる記号がつけられています。これを元素記号といいます。原子記号といわないのは、「原子」は粒に着目するときのよび方だからです。種類に着目するときは「元素」というのです（原子は1粒、2粒…と数えますが、元素は1種類、2種類と数えます）。「元」も

「素」も訓読みすると「もと」と読みますから、「元素」はあらゆる物質を作っている基本の成分という意味になります。アルファベットは26文字しかないので、100種類を超える元素に割り当てるには1文字ずつでは足りません。そこで、周期表を見ると炭素や水素など基本的な元素にはアルファベット1文字を割り当てることにして、ほとんどの元素にはアルファベット2文字が割り当てられています。このとき、**元素の記号の1文字目は大文字で、2文字目は小文字で書き、アルファベットを英語式で読む**という決まりがあります。例えばNaはドイツ語ではNatrium、英語ではSodium、中国語では鈉、日本語では曹達（ソーダ）といいますが、世界共通でエヌエイという決まった読み方があります。

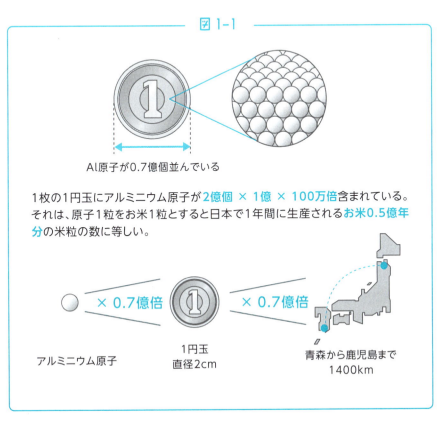

図1-1

Al原子が0.7億個並んでいる

1枚の1円玉にアルミニウム原子が**2億個 × 1億 × 100万倍**含まれている。それは、原子1粒をお米1粒とすると日本で1年間に生産される**お米0.5億年分**の米粒の数に等しい。

アルミニウム原子　× 0.7億倍　1円玉 直径2cm　× 0.7億倍　青森から鹿児島まで 1400km

2 中性子には どんな役割があるのか？

〜 原子を構成する3つの粒子、陽子、電子、中性子 〜

原子は、陽子、中性子、電子というさらに小さな粒子からできています。それぞれの粒子の違いについて見ていきましょう。

図2−1にヘリウム原子の構造を示しました。陽子、中性子、電子が2個ずつあります。**陽子はプラスに帯電し、電子はマイナスに帯電し、中性子はその名の通り中性なのでプラスにもマイナスにも帯電していません。** では、「帯電している」とは、どういうことでしょうか？ 冬の乾燥した日には静電気がおきます。セーターを脱ぐときに静電気がおきるのは、セーターがプラスに帯電しているからです。このようにプラスとマイナスの2種類ある電気のどちらかを帯びている状態を「帯電している」と表現します。プラスに帯電しているものとマイナスに帯電しているものは引き合うので、陽子と中性子が集まって原子核を構成し、そのまわりを陽子に引っ張られて電子がぐるぐる回っています。**原子番号は陽子の数をもとにつけられていて、Heは陽子を2個もつので原子番号は2番です。原子の重さを表すときには、電子は陽子に比べてはるかに軽いので電子の数は無視して、陽子と中性子を足した数で表します。これを「質量数」といいます。**

では、中性子は何のためにあるのでしょうか。実は**中性子は、原子核に集まっている陽子がプラス同士で反発してバラバラにならないよ**

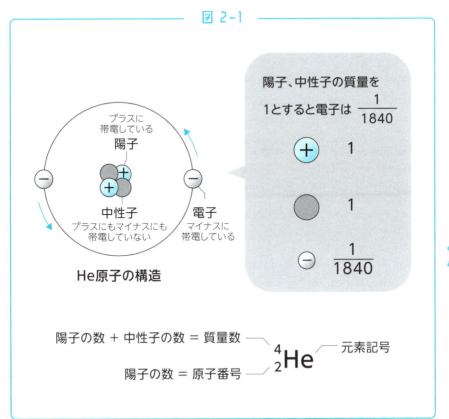

図 2-1　He原子の構造

陽子の数 + 中性子の数 = 質量数
陽子の数 = 原子番号

$${}^{4}_{2}\text{He}$$ ― 元素記号

うに抑える「のり」の役割をしているのです。水素原子は陽子と電子が1個ずつしかありませんが、これは陽子が1個で反発する相手がいないので、中性子が必要ないからなのです。陽子の数が増えていくと、プラス同士反発してバラバラになろうとする力も大きくなるので、中性子も増えていきます（図2-2）。

みなさんは湯川秀樹氏の名前は知っていると思います。そう、日本人初のノーベル賞受賞者ですね。では、湯川秀樹さんのノーベル賞授賞理由はわかりますか？　どうでしょう？「中間子理論」と答えられた人はほとんどいないと思います。では「中間子理論」って何？　と聞かれたら…？　ほとんどの人はお手上げですね。実は陽子と中性子

がこの「中間子」をやり取りすることで原子核がバラバラにならない仕組みになっているのです。湯川氏はこの中間子の存在を理論的に予想したことで、ノーベル賞を授賞したのです。

図 2-2

> 陽子同士は反発するので、バラバラにならないように"のり"の役割をする中性子を増やすことで原子核にくっつけている。

> ウラン235は中性子がたくさんあっても陽子の反発を抑えきれずに壊れてしまう。
> ▼
> 核分裂といい、そのときに発生する熱を使うのが原子力発電所。

	炭素 $^{12}_{6}C$	カルシウム $^{40}_{20}Ca$	銀 $^{108}_{47}Ag$	鉛 $^{207}_{82}Pb$	ウラン $^{235}_{92}U$
陽子の数	6	20	47	82	92
中性子の数	6	20	61	125	143

3 同じ元素でも重さが異なります

～ 同位体 ～

陽子の数は同じ、つまり同じ元素なのに中性子の数が異なるために、質量数が異なる原子が存在することがあります。この関係を同位体といいます。同位体がどんな役に立つのかを中心に見ていきましょう。

天然に存在する炭素原子のほとんどは陽子と中性子を6個ずつもつ ^{12}C ですが、陽子6個と中性子7個をもつ ^{13}C も約1％存在しています。このように**原子番号が同じでも質量数の異なる原子同士の関係を互いに同位体といいます**。実は炭素には ^{14}C というもう1つの種類の同位体もごくわずかに存在しています（^{12}C が1兆個につき1個の割合）。この ^{14}C は放射性同位体とよばれていて、時間がたつと中性子1個が陽子と電子に分裂し、^{14}N に変化するのです（質量数は変化しませんが、陽子が1個増えるので原子番号も6番のCから7番のNに変化します）。このままでは、^{14}C はどんどん減ってなくなってしまいますが、大気中では宇宙線の作用により ^{14}N から ^{14}C に変化する反応が常におきているので ^{14}C の割合は一定に保たれています（図3-1）。^{14}C は CO_2 として存在し、植物が光合成する際に植物にとり込まれ、その植物を動物は食べるので生物の体内には大気中と同じ割合の ^{14}C が存在します。しかし、植物や動物が死んで外部からの ^{14}C の供給が途絶えると内部の ^{14}C は壊れて減り続けます。**放射性同位体が減って最初の量の半分になるまでの時間を半減期といい、**

^{14}C は 5730 年です。つまり、遺物の ^{14}C の量を調べて大気中の ^{14}C の量と比較すればその動植物の死んだ年を推測できるのです。例えば、古いお寺の柱の木の ^{14}C の量を調べれば、その柱の木がいつ切り倒されたのかがわかるのです。

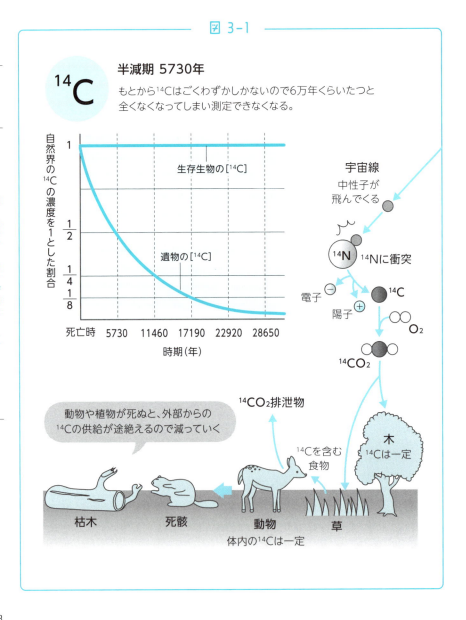

図 3-1

酸素の同位体である ^{16}O と ^{18}O の関係を利用すると過去の地球の気温を推定することができます。海には通常存在する ^{16}O 以外に ^{18}O もわずかに存在します。地球の気温が上がると、海からは軽い $H_2{}^{16}O$ と比べて重い $H_2{}^{18}O$ の蒸発する割合が増えるので、この水蒸気からできる雲からは $H_2{}^{18}O$ を多く含む重い雪が降ります。南極大陸には何万年もの降り積もった雪が氷になって堆積していますので、この氷をドリルで掘り出して含まれる ^{16}O と ^{18}O の比を調べれば地球の過去の気温が推定できるのです（図3-2）。

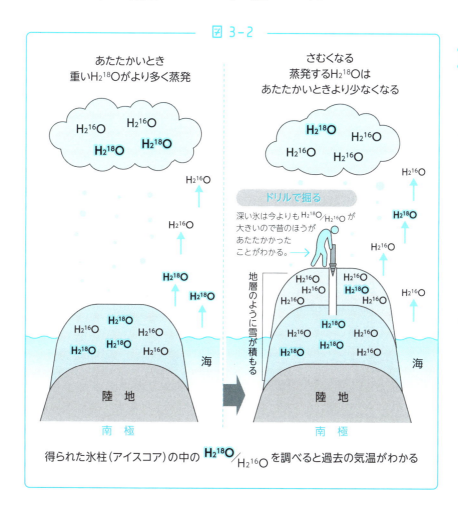

4 周期表はなぜ中央がくぼんでいるのか?

~ 周期表は電子配置を表している ~

周期表(本書巻頭)を左上にある原子番号 1 番の H から順番に見ていくと、2 番目の He は一番右上に離れて位置しています。続いて Li、Be はまた左側に戻り、間が空いて B、C、N、……と続いていきます。この奇妙な元素の並び方は電子の配置を表しています。

原子番号が増えていくと、陽子と電子も増えていきます。C は原子番号が 6 番なので、陽子と電子を 6 個ずつもっています。陽子はすべて原子核にありますが、電子は原子核のまわりにどのように配置されていくのか? というのがこの節のテーマです。電子はマイナスに帯電していて、原子核にあるプラスの陽子に引き付けられるため、なるべく原子核の近くに行こうとします。では、6 個の電子がすべて原子核の近くにいられるのかというと、そうではありません。一番近くにいられる電子は 2 個までと決まっているため、残り 4 個の電子はその外側に位置しているのです(図 4 - 1)。

電子が位置することができる場所を**電子殻**といい、**原子核の近くから K、L、M、…とアルファベット順に並んでいます。それぞれに入ることのできる個数は 2 個、8 個、18 個、……と決まっている**のです。この電子殻に内側から順に電子が入っていきます。つまり、C では電子を 6 個もつので K 殻に 2 個、L 殻に 4 個電子が入っているのです。では、O と S の電子の入り方を比較してみましょう。O では電子を

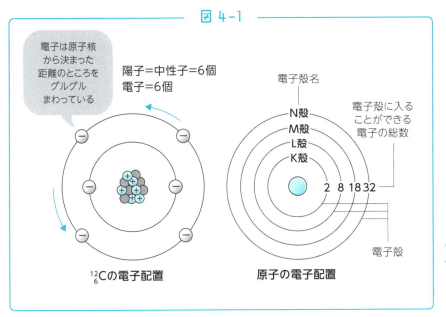

8個もつので、K殻に2個、L殻に6個電子が入ります。Sでは電子を16個もつので、K殻に2個、L殻に8個、M殻に6個電子が入ります。この2個の原子は一番外側の電子殻の電子の数が同じです。周期表を見ると、OもSも同じ16族という縦の列にあります。つまり、<u>16族の「6」という数字は最外殻電子の数を表していたのです</u>（図4－2）。

　<u>この最外殻電子の数は8節以降で解説する化学結合に使われる大切な要素なので、特別に「価電子」という名前でよばれています。</u>

　では、カリウムKではどうでしょうか（図4－3）。本来なら、M殻は電子が18個まで入るので、最外殻のM殻に9個目の電子が入り、19族となるはずです。しかし、Kが周期表でどこにあるのかを見ると、1族のNaの下にあります。このことは、M殻は18個電子が入るのに、8個入ると9個目はもうひとつ外側のN殻に入ることを表しています。同様にCaの20個目の電子もN殻に入ります。

図 4-2 ● ₁H～₁₈Ar までの電子配置

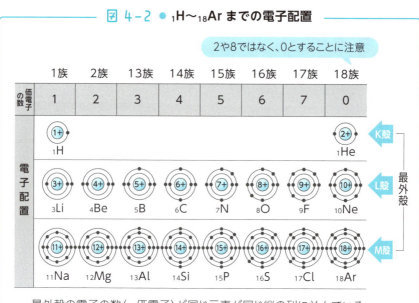

最外殻の電子の数(=価電子)が同じ元素が同じ縦の列に並んでいる。

図 4-3 ● ₁₉K、₂₀Ca の電子配置

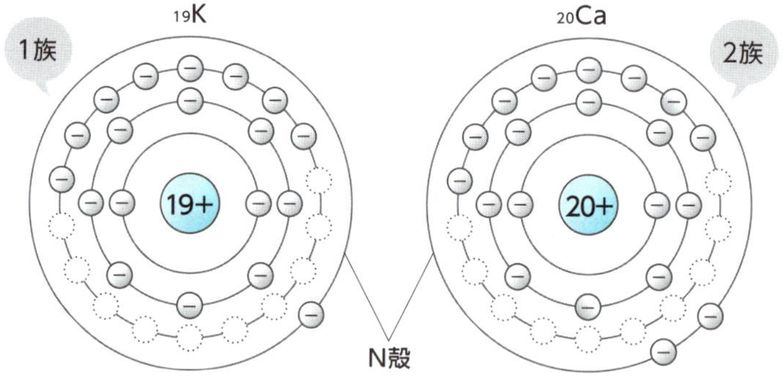

周期表では、KはNaと同じ1族に、CaはMgと同じ2族に位置している。
これはKの19個目の電子、Caの19個目と20個目の電子は、
M殻にまだ電子が入るにもかかわらず、1つ外側のN殻に入ることを意味している。

5 KとCaはなぜもう1つ外側のN殻に電子が入るのか?

〜 ランタノイドとアクチノイドが周期表から外れている理由 〜

　前節では最後にKとCaの電子配置が特殊であるというお話をしました。この理由について見ていきます。この節の内容は高校では学習しないところですので、難しいと感じた方は読み飛ばしてもこの後の理解には影響はありません。

　文章だけではわかりにくいので、図5-1を下から見ながら読んでください。K殻、L殻、M殻、……という電子殻は、さらにs軌道、p軌道、d軌道、f軌道という副殻に分かれていて、s軌道には2個、p軌道には2個×3で6個、d軌道には2個×5で10個、f軌道には2個×7で14個の電子が入ります。K殻には電子が2個入る1s軌道のみがあり、L殻には電子が2個入る2s軌道と6個入る2p軌道があります。M殻には電子が2個入る3s軌道と6個入る3p軌道、それに10個入る3d軌道があります。N殻は……と続いていきます。それぞれの軌道は同じ電子殻にあっても上下に少しずつずれています。この上下の位置の違いは安定性を表しています。図の下にある軌道ほど原子核に近いため安定であり、電子は下にある軌道から満たされていきます。図5-1では、軌道に入る電子の順番を数字（＝原子番号）で表しています。M殻とN殻のところを見ると、M殻の3d軌道よりも、N殻の4s軌道のほうが低い位置にあることがわかります。つまり、電子は3d軌道に入るよりも先により安定な4s軌道に入っていってし

まうのです。この 4s 軌道に入る 2 個の電子が K と Ca の N 殻に入る電子に相当します。その後は再び M 殻の 3d 軌道に電子が入っていきます。3d 軌道が満タンになると 4p 軌道に電子が入ります。そのため、4p 軌道に電子が 1 個入った Ga は、2p 軌道に電子が 1 個入った B と 3p 軌道に電子が 1 個入った Al と同じ 13 族にあるのです。

　この決まりに従って周期表を見ながら原子番号と図の数字を照らし合わせてみてください。すると 57 番目のランタン La の 57 個目の電子は

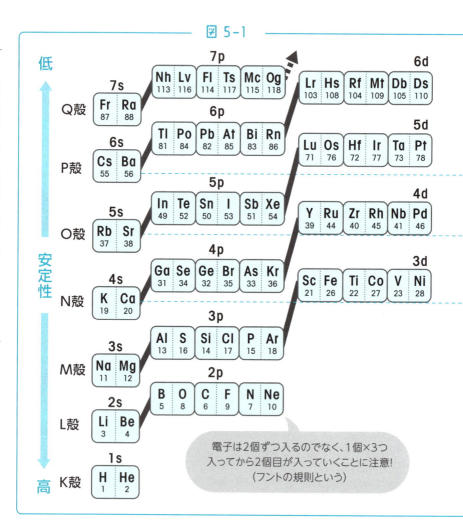

図 5-1

4f軌道に入ります。57番〜71番までの元素はランタノイドというグループに属しています。同様に89番のアクチニウム Ac の89個目の電子は5f軌道に入ります。89番〜103番までの元素はアクチノイドというグループに属しています。このようにランタノイドとアクチノイドという2つのグループが周期表から飛び出している理由は、副殻まで考えることで理解することができるのです。

4fは6sよりも高く、5d、6pよりも低い

4dは5sよりも高く、5pよりも低い

3dは4sよりも高く、4pよりも低い

これが周期表の秘密だ！

- **s** 軌道に電子が入っていくのが1族と2族
- **p** 軌道に電子が入っていくのが13族〜18族
- **d** 軌道に電子が入っていくのが3族〜12族
- **f** 軌道に電子が入っていくのがランタノイドとアクチノイド

6 イオンになる原子、ならない原子の違いとは?

～陽イオンと陰イオン～

「イオン」という言葉はよく聞きます。イオンには陽イオンと陰イオンがありますが、どの元素がどのようなイオンになるのかは決まっています。その「決まり」をひも解いていきましょう。

砂糖水と食塩水はどちらも無色透明ですが、どんな実験をすれば区別できるでしょうか。もちろん味を見ればわかりますが、みなさんが学生のときに先生に言われたように、実験ではたとえ食べ物を扱っていても口に入れてはいけません。

正解は、電流が流れるかどうかを調べればよいのです。砂糖水は電流を流さない、食塩水（塩化ナトリウム水溶液）は電流を流すという違いで区別できます。塩化ナトリウムのように水に溶かしたときに電流を流す物質を電解質といいます。砂糖は水に溶かしても電流を流さないので非電解質です。

電解質は水に溶けたときにプラスの電荷をもつ粒子とマイナスの電荷をもつ粒子に分かれます。これを電離といい、電荷をもつ粒子が移動することで電流を流すのです。このプラスの電荷をもつ粒子を陽イオン、マイナスの電荷をもつ粒子を陰イオンといいます。

例えば、塩化ナトリウム NaCl は水に溶けたときに Na^+ という陽イオンと Cl^- という陰イオンに電離します。Na^+ は「ナトリウムイオン」と読み、元素記号の右上に小さな＋をつけます。Cl^- は「塩化物イオン」

と読み、元素記号の右上に小さな−をつけます。**塩素がイオンになるときには塩素イオンといわずに塩化物イオンとよぶのに気をつけてください**（同様に酸素のイオン O^{2-} は酸化物イオン、硫黄のイオン S^{2-} は硫化物イオンといいます）。また、Na^+ を1価の陽イオン、Al^{3+} を3価の陽イオン、O^{2-} を2価の陰イオンといいます。**放出したり受け入れたりした電子の個数に着目して〜価のイオンという言い方もよく出てきます**ので覚えておいてください。

では、なぜ Na^- と Cl^+ にはならないのでしょうか？ 実はイオンになる原子は、電子を出し入れすることで、最外殻電子の数が安定な数である8個（K殻の場合のみ安定な数は2個）になるからです。

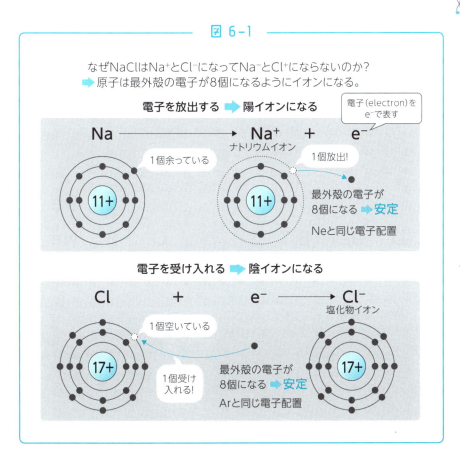

図 6-1

この安定な状態を閃殻(へいかく)といいます。どの元素がどんなイオンになるのかは周期表の場所によって決まっています。周期表の縦の列（族）には最外殻の電子配置が同じものが並んでいるので、同じ族の元素（同族元素といいます）は同じ種類のイオンになります。

　最後に、イオンの大きさについて考えてみましょう。同族のイオンでは、例えば $Li^+ < Na^+ < K^+$ と周期表で下に行くほど外側の電子殻を使うので大きくなっていきます。では、同じ電子配置のイオン、例えば O^{2-}、F^-、Na^+、Mg^{2+} ではどうでしょうか。実は同じ電子配置でも、原子番号が大きくなると陽子の数が増え、原子核に電子が引き付けられるためにイオンの大きさは $O^{2-} > F^- > Na^+ > Mg^{2+}$ と小さくなっていくのです。

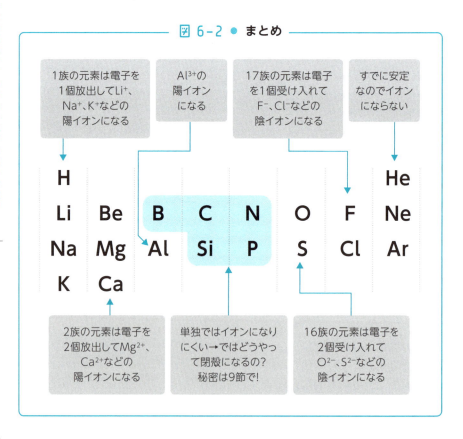

図 6-2 ● まとめ

7 イオンになりやすさを比べる2つの指標

～イオン化エネルギーと電子親和力～

　ある元素が陽イオンになりやすいか、なりにくいかはイオン化エネルギーという尺度を用いると比較することができます。同様に、ある元素が陰イオンになりやすいか、なりにくいかは電子親和力という尺度を用いると比較することができます。

　周期表では左に行けば行くほど陽イオンになりやすくなりますが、同族の元素でも陽イオンになりやすさは差があります。例えば1族の元素では周期表の下にいくほど陽イオンになりやすくなります。この「1価の陽イオンにどれくらいなりやすいか」を比較する尺度がイオン化エネルギーです。**イオン化エネルギーは原子から電子1個を取り去って1価の陽イオンにするために必要なエネルギー**と定義されています。1族の元素では、どれも1価の陽イオンになりやすいという点では同じですが、周期表の下に行くにしたがって取り去る電子は原子核から離れていき、電気的に原子核と引き合う力は弱くなっていくため、イオン化エネルギーも小さくなっていくのです。

　また陰イオンになりやすさを表す尺度として電子親和力があります。**電子親和力は原子が電子1個を受け取って1価の陰イオンになるときに放出するエネルギー**です。ここで注意しなければいけないのは、イオン化エネルギーはすでに原子の中にある電子を1個取り去るのにどれくらい強い力で引っ張ればいいのかということですが、こ

れに対して電子親和力は原子の近くに置いた電子がどれくらい勢いよくくっつくかということです。

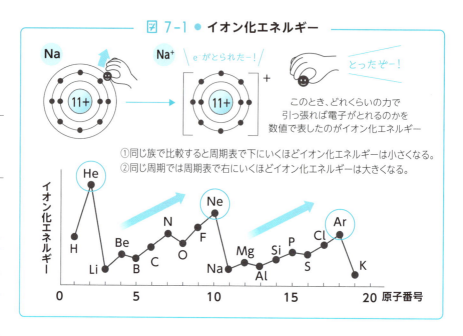

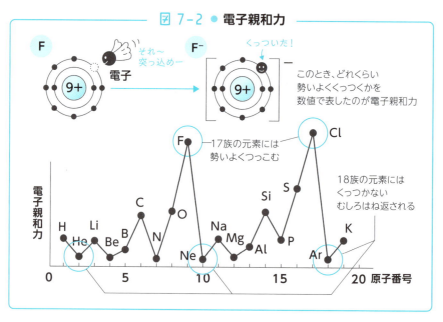

基礎化学 | 理論化学 | 無機化学 | 有機化学 | 高分子化学

化学結合

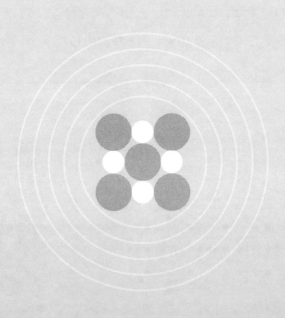

8 陽イオンと陰イオン、合体させるときの作法と命名法

～イオン結合～

　原子が陽イオンになったときに放出される電子はどこに行ってしまうのでしょうか？　実は日常生活では陽イオンは必ず放出した電子を受け入れてくれる陰イオンとセットで存在します。この陽イオンと陰イオンの組み合わせをイオン結合といいます。

　塩化ナトリウムの化学式は NaCl と書きます。こう書くと、ナトリウム Na という元素と塩素 Cl という元素が結合してできていることが一目でわかります。Na は Na^+ という陽イオン、Cl は Cl^- という陰イオンからできていますので、Na が放出した 1 個の電子は Cl が

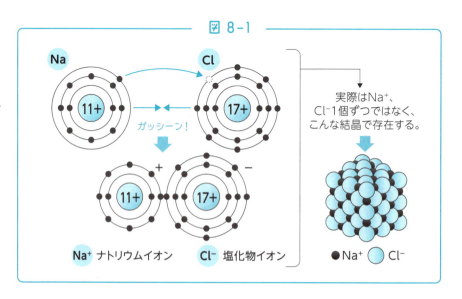
図 8-1

受け入れたという関係になっています。このように、**陽イオンと陰イオンがプラスとマイナスで引き合う力（これをクーロン力といいます）で結合する方法をイオン結合といいます**（図8-1）。

イオン結合している物質は書き方、読み方に決まりがあります。NaCl と書いて塩化ナトリウムと読むように、化学式は**陽イオン→陰イオンの順で書いて、読むときは後ろの陰イオン→陽イオンの順番で読みます**。Cl^-は塩素イオンと読まずに塩化物イオンと読みますが、イオン結合するときには「～物イオン」の「物」をとって読むことに注意しましょう。

陽イオンと陰イオンが結合するときには、電荷の総和が0、つまりプラスとマイナスが合わせて0になるように結合するので、陽イオンと陰イオンの数の比は表8-1のように1つに決まります。

この化学式を組成式といいます。イオンには、ここまでに出てきた1種類の原子からなる単原子イオン以外にも、複数の種類の原子が組み合わさってできている多原子イオンがあります。多原子イオンの中で特に大切な5個のイオンが表8-1の左にありますので、覚えておきましょう。

――――――― 表 8-1 ● **イオン結合の作り方と読み方** ―――――――

多原子イオン

いくつかの原子が組み合わさってイオンになっている。

NH_4^+
アンモニウムイオン

OH^-
水酸化物イオン

SO_4^{2-}
硫酸イオン

NO_3^-
硝酸イオン

CO_3^{2-}
炭酸イオン

この5個は
よく出る

陽イオン ＼ 陰イオン	Cl^- 塩化物イオン	OH^- 水酸化物イオン	O^{2-} 酸化物イオン	CO_3^{2-} 炭酸イオン
Na^+ ナトリウムイオン	$NaCl$ 塩化ナトリウム	$NaOH$ 水酸化ナトリウム	Na_2O 酸化ナトリウム	Na_2CO_3 炭酸ナトリウム
Mg^{2+} マグネシウムイオン	$MgCl_2$ 塩化マグネシウム	$Mg(OH)_2$ 水酸化マグネシウム	MgO 酸化マグネシウム	$MgCO_3$ 炭酸マグネシウム
Al^{3+} アルミニウムイオン	$AlCl_3$ 塩化アルミニウム	$Al(OH)_3$ 水酸化アルミニウム	Al_2O_3 酸化アルミニウム	$Al_2(CO_3)_3$ 炭酸アルミニウム

9 イオンにならずに安定になるには?

基

~ 共有結合 ~

炭素原子 C は最外殻の L 殻に電子を 4 個もっています。ということは、4 個電子を出して 4 価の陽イオンになるのも、4 個電子を受け入れて 4 価の陰イオンになるのも大変です。どんな方法で C 原子は閉殻になっているのでしょうか?

原子はいろいろな方法で安定な閉殻になろうとします。その方法の一つがイオン結合でした。しかし水素や窒素は H_2 や N_2 という分子の形で存在します。これは陽イオンと陰イオンの結合という考え方では説明できません。実は H_2 や N_2 などの分子は、電子を「共有する」という方法で閉殻になっているのです。

図 9-1 を見てください。H_2 ではお互い 1 個ずつもつ電子を共有して閉殻になっています。N_2 ではどうでしょうか? N 原子は最外殻に電子を 5 個もちます。閉殻になるためには電子があと 3 個必要です。そこで、隣にもう 1 個 N 原子をもってきて、5 個の最外殻電子のうち 3 個ずつを共有すればお互い 8 個ずつの閉殻になって安定になれるじゃないか、共有しているわけだから 2 つの原子はもう離れられない (つまり結合している) じゃないか、これが共有結合の基本的な考え方です。

共有結合をより理解しやすくするためには「電子式」という方法が有効です。電子式とは共有結合に影響する最外殻の電子だけを元素記

図 9-1

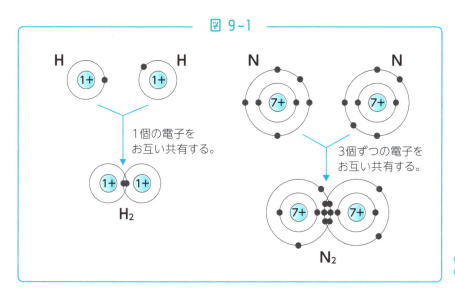

図 9-2 ● 電子式

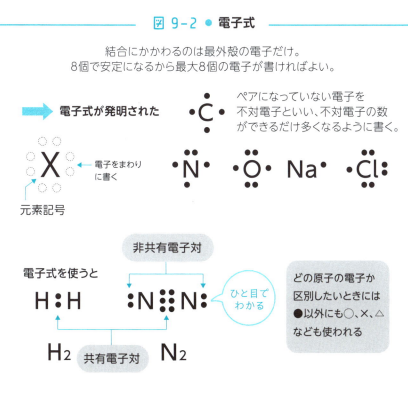

号のまわりに〇や●などで配置したものです。**電子式を使うと、いろいろな分子を簡単に表すことができ、共有されている電子対（これを共有電子対といいます）と共有されていない電子対（これを非共有電子対といいます）も一目でわかります。**

　電子式をさらに簡略化したものが構造式です。そもそも結合に関与しない非共有電子対は書く必要がない場合が多いので省略してしまい、共有電子対1ペアを1本の線（この線を価標ということがあります）で表したものが構造式です。

表 9-1

分子式	Cl_2	NH_3	CH_4	O_2	H_2O	CO_2
電子式	Cl:Cl	H:N:H（上下H）	H:C:H（上下H）	O:O	H:O:H	O::C::O
構造式	Cl—Cl	H—N—H（下H）	H—C—H（上下H）	O＝O	H—O—H	O＝C＝O

共有結合? イオン結合? 見分け方のコツ、教えます

～電気陰性度と分子の極性～

　NaClはイオン結合からなるイオン結晶、Cl_2 は共有結合からなる分子です。では、HClのHとClの結合はイオン結合でしょうか? 共有結合でしょうか? 見分け方を考えてみましょう。

　これは大学入試でよく問われる質問です。HClは気体なので、イオン結晶（結晶は当然固体ですね）ではなく、分子です。分子なのでHとClの結合は共有結合です。この理由を電子式を使って考えてみましょう。水素Hの価電子を●で表し、Naの価電子を〇で表し、塩素Clの価電子を▲で表した電子式を使ってNaCl、Cl_2、HClの結合の様子を表したのが図 10 − 1 です。

　HClの結合に使われている電子が共有電子対であることがわかりますね。ただ、Cl_2 では、共有電子対が 2 つの原子の真ん中にあるのに対して、HClでは共有電子対はCl側に大きく偏っています。これは、H原子は電子を 1 つ放出しても H^+ で安定になり、電子を 1 つ受け取っても閉殻で安定になれるのに対し、Cl原子はあと 1 つ電子を受け取れば閉殻になれるので、Cl原子のほうが共有電子対を引き付ける力が強いからです。この共有電子対を引き付ける力を数値化したものが電気陰性度です（図 10 − 2）。

　電気陰性度は周期表で右にいくほど、上にいくほど大きくなります。ただし、共有結合をしない 18 族の貴ガス（以前は希ガスと表記して

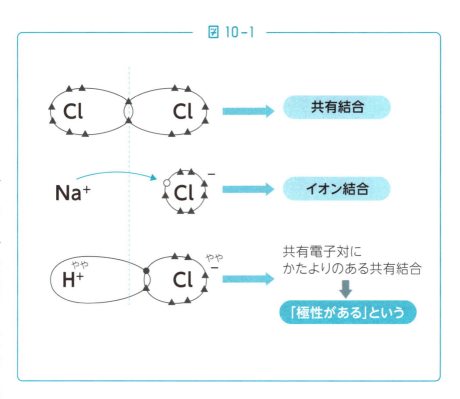

いました）では電気陰性度を定義できないため、**電気陰性度が最大になるものは 4.0 のフッ素 F です**。電気陰性度が同族の元素では上にいくほど大きくなるのは、最外殻がより原子核に近づくために、原子核のプラスの電荷に引き付けられる力が強くなるためです。

異なる原子が共有結合をすると、共有電子対は電気陰性度の大きいほうに偏って存在し、2 つの原子は共有電子対を引き寄せるほうがややマイナス、引き寄せられたほうがややプラスに帯電します。これを元素記号にδ−、δ＋をつけて表します（δは「デルタ」とよんで「わずかに」という意味です）。このとき、結合に極性があるといいます。**極性のある共有結合のうち、極性の大きさがものすごく大きくなったものがイオン結合**というように考えることができるのです。

図 10-2 ● 電気陰性度と分子の極性

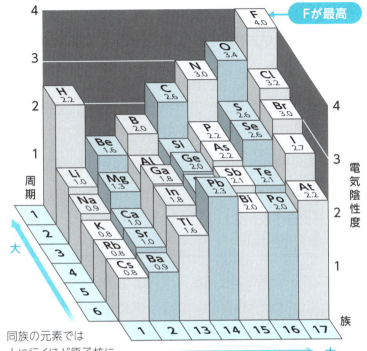

同族の元素では上に行くほど原子核に近いので共有電子対を強く引きつける。

同周期の元素では、右に行くほど陰イオンになりやすいので共有電子対を強く引きつける。

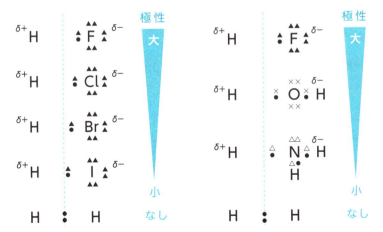

分子の極性の有無は結合だけじゃなく全体の形を見よう！

~ 分子の形と極性 ~

二酸化炭素 CO_2 の C=O 結合には極性がありますが、分子全体では無極性です。メタン CH_4 の C－H 結合にも極性がありますが、分子全体ではやはり無極性です。「何を言っているのかわからない（涙）」という人も、分子の形を3次元的に考えると理解できます。

C 原子と O 原子の電気陰性度を比べると O 原子のほうが大きいので二酸化炭素 CO_2 の C=O 結合には極性があり、共有電子対は O 原子側に偏っているはずです。これは綱引きに例えると、O 原子のほうが綱を引っ張る力が強いということです。しかし、CO_2 という分子全体を見ると C 原子が中心にあり、両側から O 原子が引っ張っているという構図になります（図 11 － 1）。

つまり、分子全体では極性は 0 となり、無極性分子となります。同じくメタン CH_4 も、C 原子と H 原子の電気陰性度を比べると C 原子のほうがわずかに大きいので CH_4 の C－H 結合には極性がありますが、CH_4 という分子全体を見ると C 原子が中心にあり、正四面体の 4 つの頂点方面にある H 原子が対称になっているので、やはり無極性分子です。

では水 H_2O はどうでしょうか？ O－H 結合には極性がありますが、全体で見ると CO_2 同様無極性分子となりそうです。しかし H_2O は極性分子なのです。実は H_2O の形は CO_2 のような直線形ではなく

図 11-1 ● 分子の形と極性

CO_2　電気陰性度　CH_4

$\overset{\delta-}{O} = \overset{\delta+}{C} = \overset{\delta-}{O}$　　H < C < N < O　小 ← 大

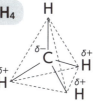

直線形
C＝Oの部分だけを見るとO側に共有電子対は偏っているはず。

▼

両側から180°反対方向に引っ張られているため分子全体では無極性分子になる。

正四面体形
C－Hの部分だけを見るとC側に共有電子対は偏っているはず。

▼

正四面体の4つの頂点方向から中心に向かって引っ張られているため分子全体では無極性分子になる。

折れ線形
一見CO_2と同じように無極性に見えるが、非共有電子対2ペアまで考えるとOを中心にした正四面体。つまり、折れ線形で存在している。

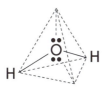

三角錐形
一見CH_4と同じように無極性に見えるが、非共有電子対1ペアまで考えるとNを中心にした正四面体。つまり、三角錐形で存在している。

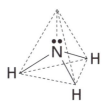

折れ線形をしています。O原子のまわりにはH原子と共有結合している共有電子対2ペア以外にも非共有電子対が2ペアあります。この4ペアの電子対がお互いに反発するので、非共有電子対まで考えればH_2O自体の形は折れ線形となります。同様にアンモニアは三角錐形をしています。このように分子の極性を考えるときには、<u>分子の形を3次元的に考えることが必要になります。</u>

12 金属が電気を通す理由も「結合」というキーワードで説明できた!

～ 金属結合 ～

金属には①金属光沢がある、②電気・熱の良導体である、③たたいて広げたり(展性)、伸ばしたり(延性)できる、という3つの特徴的な性質があります。この性質は金属結合のメカニズムから理解できます。

イオン結合はFe、Mg、Naなどの陽イオンになりやすい金属元素とCl、F、Oなどの陰イオンになりやすい非金属元素との結合です。また、H_2、Cl_2、CH_4などの分子の結合様式である共有結合は非金属元素同士の結合です。では、Fe、Mg、Naなどの1つの元素記号で表される金属では、原子はどのような結合をしているのでしょうか。実は、金属原子同士は「金属結合」とよばれる第3の結合方式で結合をしています。金属結合は各金属原子の最外殻電子をすべての原子で共有している結合です。

最外殻にある電子は金属中のすべての原子を自由に動くことができるので、自由電子といいます。自由電子が動くときに電気や熱を運ぶことができるので、金属は電気や熱の良導体になるのです。金属光沢があるのも自由電子のおかげです。自由電子はその名の通り自由に動けるために、いろいろなエネルギーをもって動いています。金属に当たった光もいろいろな波長があり、それぞれのエネルギーをもちますので、自由電子に跳ね返されて金属が輝いて見えるのです。

また、金属の重要な性質には、針金のように細長く伸ばすことがで

きる（延性）、金箔やアルミホイルに代表されるように薄く広げることができる（展性）ことがあります。金属をたたいても切れたり割れたりしないのは、自由電子が金属原子の間を自由に動くことで、たたかれて原子相互の位置がずれてもすぐに自由電子がずれて金属原子の原子核を包み込むように移動するからです。これは、電子が固定されている共有結合やイオン結合にはない特徴です。

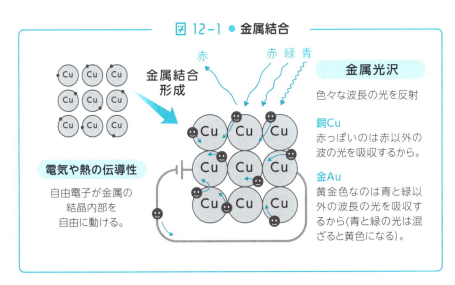

図 12-1 ● 金属結合

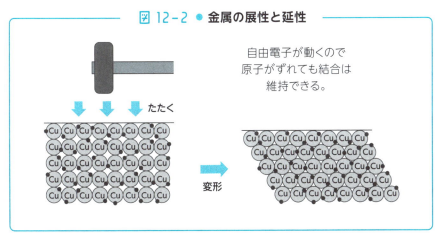

図 12-2 ● 金属の展性と延性

13 これを知っていれば化学通！

〜 配位結合、水素結合 〜

配位結合は共有結合の特殊な形態、水素結合は電子を1個しかもたない水素原子だけができる特徴的な結合です。

アンモニウムイオン NH_4^+ という多原子イオンがあります。アンモニア NH_3 に水素イオン H^+ が結合したイオンですが、この結合では、アンモニアの窒素原子は、水素イオンに非共有電子対を一方的に与えています。このように、**結合する原子間で一方の原子から他の原子に非共有電子対が提供され、これを両方の原子が互いに共有してできる結合を配位結合といいます**。配位結合は、ふつうの共有結合とでき方は異なりますが、できてしまえば共有結合と同じになります。したがっ

図 13-1 ● 配位結合

配位結合を使うと、H_2SO_4、HNO_3 も電子式で表現できる。

配位結合は矢印で書くこともある。

て、アンモニウムイオンができた後4本のN−H結合のうち、どれが配位結合かは区別できません。そこで、[ ]をつけて表します。

　水素原子が電気陰性度の大きい原子（一般的にはフッ素F、酸素O、窒素Nの3種類、FONで「フォン」と覚えます）と共有結合したときは、水素結合という特徴のある結合になります。このときH原子は共有電子対を電気陰性度の大きい原子に引き付けられてH$^+$に近い状態になっています。水素原子が他の原子と異なるのは、電子を失うと原子核だけのとても身軽な状態になれるということです。H_2Oの沸点が高いのは、水素結合をしているH原子が隣のH_2OのO原子の非共有電子対にも引き付けられているのが原因です。分子同士がお互い強く引き合っていると、分子がバラバラになる、つまり気体の状態になりにくくなり沸点が高くなります。F、O、NにHが結合した、H_2O、HF、NH_3は水素結合のおかげでどれも沸点が格段に高いことがわかります。

図 13-2 ● 水素結合

水素結合 身軽な水素の浮気症が原因だ！

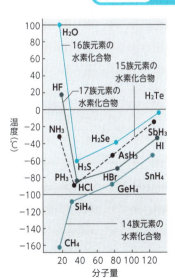

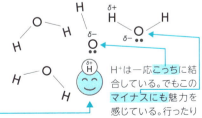

H_2O、HF、NH_3の3つの物質の沸点が他の物質に比べて異常に高くなっている。

14族元素の水素化合物は無極性分子なので15、16、17族元素の水素化合物より沸点が低く、分子量が大きくなるにつれて沸点は高くなる。

H$^+$は一応こっちに結合している。でもこのマイナスにも魅力を感じている。行ったり来たりしながらお互いの水分子をグイグイ引きつける。

水素原子はこの状態では原子核しかないのでとても身軽。だから、ふらふら行動できる。

14

基

結合のまとめ、いろんな結合の違いの確認

～結合の方式による物質の分類～

ここまでたくさんの結合が出てきました。世の中にある結晶は構成原子の結合の種類をもとに 4 つに分類することができるのです。

周期表の元素を金属元素と非金属元素に分けた上で、それぞれの組み合わせでできる結晶を考えてみましょう。

まずは、非金属元素同士が結合してできている**分子結晶**です。固体の分子は分子結晶といい、CO_2 の固体であるドライアイスが代表例です。無極性分子の分子結晶は分子同士がとても弱い力（分子間で引き合う力、で文字通り**分子間力**といいます）で引き合っているだけなので、液体や固体にするには分子の熱運動を抑えるために低い温度が必要です。ただし、極性分子は電荷の偏りが大きくなるほどイオン結合に近づきますので、融点・沸点は高くなります。

非金属元素同士が結合してできるもう一つの形として**共有結合の結晶**があります。例えば石英 SiO_2 は、化学式で書くと CO_2 と似ていますが、その固体はドライアイスが CO_2 の塊の集合体であるのに対して、$Si-O$ の共有結合のネットワークが固体全体に広がっている点で異なります。そのため融点・沸点も非常に高く、結晶は硬く、電気は通しません（例外は黒鉛です）。石英以外ではダイヤモンドがあります。

そして、金属元素と非金属元素がイオン結合してできる**イオン結晶**で

す。陽イオン、陰イオンが強く結びついているので、イオン同士が動き出せるようになる液体にするには高い温度が必要です。また、結晶は硬くてもろく、方向性をもって割れるのが特徴です。固体の状態では電気を通しませんが、高温で融かして液体にしたり、水に溶かした水溶液の状態にするとイオンが動けるようになるので電気を通します。

　最後に金属元素同士が結合してできた**金属結晶**です。常温で液体の水銀から金属最高の融点をもつタングステン（3422℃）まで融点・沸点、結晶の硬さは様々です。電気・熱をよく通し、延性・展性があり、金属光沢があるのが特徴です。

表 14-1 ● 結合の方式による物質の分類

結晶の種類		分子結晶	共有結合の結晶	イオン結晶	金属結晶
結合の種類		分子内：共有結合 分子間：分子間力	共有結合	イオン結合	金属結合
構成元素		非金属 ー 非金属	非金属	金属 ー 非金属	金属 ー 金属
性質	融点	昇華しやすいものが多い	非常に高い	クーロン力のせいでとても高い	高いものが多いHgのように低いものもある
	機械的性質	軟らかくてもろい	とても硬い	硬い。が、たたくと決まった面で割れる	延性・展性あり
	電導性	なし	なし（例外　黒鉛）	なし（融解液、水溶液では、陽イオンと陰イオンが自由に動けるようになるので電導性あり）	あり
	水への溶解度	溶けにくい	溶けない	溶けやすいものが多い	溶けない
物質の例		ドライアイス CO_2ショ糖 $C_{12}H_{22}O_{11}$	ダイヤモンド C二酸化ケイ素 SiO_2	塩化ナトリウム NaCl硫酸カリウム K_2SO_4	鉄 Fe銅 Cu

CO_2

$$O=C=O \quad O=C=O$$
$$O=C=O \quad O=C=O$$
$$O=C=O \quad O=C=O$$

SiO_2

化学式は同じでも
結合の様子は
すいぶん違う

47

15

基

固体の構造をミクロの視点で見てみると…

～ 金属結晶とイオン結晶の構造 ～

金属結晶やイオン結晶は、球状の原子やイオンが積み重なってできていると考えることができます。積み重なり方について考えてみましょう。

金属結晶中の球状の原子は、どのようにして積み重ねられているのでしょうか。一番ギュウギュウに詰め込んだ最密構造は、<u>面心立方格子</u>と<u>六方最密構造</u>です（図15-1）。1つの原子が12個の原子に接しており（これを配位数といいます）、充填率という単位格子中に占める原子の体積の割合は74%です。結晶構造にはもう一つの<u>体心立方格子</u>という構造もあります。この構造では1つの原子が8個の原子に接しており、充填率は少し小さくて68%です。どの構造をとるかは金属によって異なりますが、鉄のように911℃を超えると体心立方格子から面心立方格子に変化するケースもあります。単位格子という結晶の最小の構造に含まれる原子の数や、単位格子の1辺の長さから原子半径を求めさせる問題がよく出題されます。例題として、アルミニウム Al の密度 $2.7g/cm^3$ を用いて、アルミニウムの原子半径を求めてみましょう。

Al の原子量は27なので、Al 原子1個の質量は原子量をアボガドロ定数（注：アボガドロ定数は16節で詳しく解説しています）で割って $27/(6.0 \times 10^{23}) = 4.5 \times 10^{-23}$〔g〕。密度は単位格子の質量/単位格子の体積で、Al の原子半径を r とすると単位格子1辺の長

図 15-1 ● 金属結晶の構造

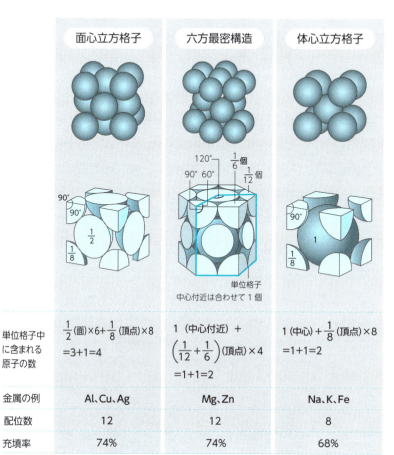

原子半径rと単位格子の1辺の長さaの関係

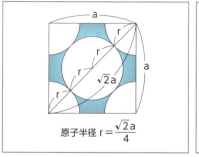

原子半径 $r = \dfrac{\sqrt{2}a}{4}$

面心立方格子

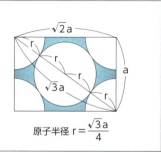

原子半径 $r = \dfrac{\sqrt{3}a}{4}$

体心立方格子

さは $2\sqrt{2}r$〔cm〕なので、$(4.5 \times 10^{-23} \times 4) / (2\sqrt{2}r)^3 = 2.7$。この式を解いて $r = 1.43 \times 10^{-8}$〔cm〕。つまり、<u>結晶構造がわかれば、密度だけを調べれば原子半径がわかるのです。</u>

では、イオン結晶の場合はどう考えればよいでしょうか。陽イオン：陰イオン＝１：１型のイオン結晶は図 15－2 のように主に<u>塩化セシウム CsCl 型</u>と、<u>塩化ナトリウム NaCl 型</u>の２種類があります。NaCl 型ではどちらか一方のイオンに着目すると面心立方格子と同じ構造です。Cl^- の隙間に Na^+ が入り込んでいるように見えますね。イオン結晶はより多くの異符号のイオンに囲まれたほうが安定なので、８配位の CsCl 型をとろうとしますが、陽イオンと陰イオンの大きさに差があるときは CsCl 型では不安定になりやすいので（CsCl 型構造の単位格子で Cs^+ を小さくしていった場合を考えてください。Cl^- 同士が接してしまいますね）、NaCl 型の構造になりやすいことが知られています。

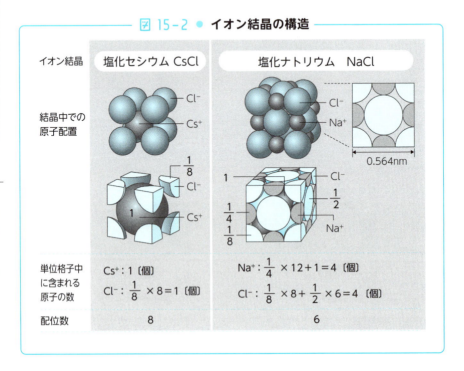

図 15-2 ● イオン結晶の構造

基礎化学 理論化学 無機化学 有機化学 高分子化学

物質量と化学反応式

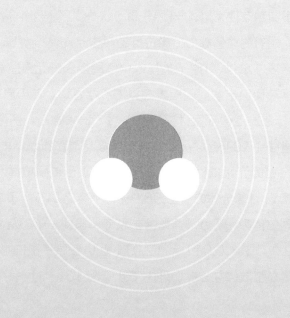

16 モルがわかると化学がわかる

～ 原子量とアボガドロ定数 ～

　原子1粒は目に見えないほど小さいので、その質量も1粒ずつ量ることは不可能です。どんな方法を使って原子の質量を扱えばいいのでしょうか。

【原子量】

　原子はとても軽いので質量を1粒ずつ測定することはできません。例えば質量数12の炭素原子は 1.9926×10^{-23} 〔g〕ととっても軽いのです！ そこで、この ^{12}C 原子1粒の質量を12として、他の原子の質量を相対的に表すことにしています。これが相対原子質量です。この相対原子質量を使えば、^{1}H 原子は1、^{16}O 原子は16と表すことができます。相対的な値なので単位はありません。しかし、実際には原子の質量を表すには、「原子量」という周期表で元素記号の上に書いてある数字を使います。周期表を見てください。この原子量は、HやO以外のほとんどの元素は整数になっていません。例えばC炭素原子の原子量は12.01となっています。なぜだかわかりますか？

　実はほとんどの元素には3節で紹介したように同位体が存在しています。炭素Cでは全体のうち98.9％は ^{12}C という原子ですが、それ以外にも同位体の ^{13}C が1.1％含まれています。そのため全体では $12 \times 0.989 + 13 \times 0.011 = 12.011$ という原子量になるのです。これが原子量が整数にならない理由です（図16－1）。

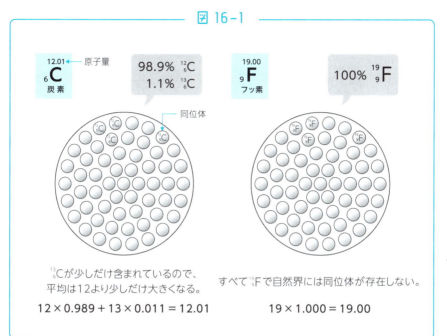

図 16-1

【アボガドロ定数 6.02×10^{23}】

原子はとても小さいので、ある程度のまとまりで扱う方が便利です。

そこで、**アボガドロ定数という 6.02×10^{23} 個のまとまりを考えます。このまとまりを物質量といい、単位として mol（モル）をつかって 1mol と表します。**同じものを 12 個集めると 1 ダースというように、化学の世界では同じものをアボガドロ定数（6.02×10^{23}）個集めると 1mol というのです。なぜこんなきりの悪い数字なのかというと、この数だけ原子を集めると、各原子の相対原子質量にそのまま単位の g をつけて扱えるようになって便利だからです。例えば、^{12}C の炭素原子なら

1.9926×10^{-23} g/個 × 6.02×10^{23} 個 = 12.0g

となって、^{12}C の粒を 6.02×10^{23} 個、つまりアボガドロ数個集めると、相対原子質量に g の単位をつけて扱えることがわかります。

17 原子量、式量、分子量、正しく使い分けられますか？

~ モルの取扱説明書 ~

みなさん「モル」についてわかりましたか？ きっと「うーん、なんとなく」という感想の人がほとんどなのではないでしょうか。でもモルは化学ではとっても大切なところなので、もう少しだけ頑張ってみましょう。

前節では、同じものをアボガドロ定数個集めたまとまりを1molといい、原子を1mol集めると原子量に等しい質量〔g〕になるということを解説しました。これと同じ考え方で CO_2、O_2 などの分子を1mol集めたときの質量を表す分子量も原子量の和で求めることができます。例えば CO_2 の分子量が44（＝ Cの原子量 12 ＋ Oの原子量 16 × 2）であることは何を表すのかというと、1molの CO_2 が44gであることを表します。分子の場合は分子量といいますが、イオン結合しているイオン結晶やイオンそのもの、金属などは分子ではないので、分子量の代わりに式量とよび方が変わります。ですが式量と名前が変わっても、原子量の和が1molの質量を表すことは同じです。例えば炭酸イオン CO_3^{2-} の式量は、Cの原子量 12 ＋ Oの原子量 16 × 3 ＝ 60となり、電子が2個くっついている分は無視します。これは電子の質量が原子の質量に比べてとても小さいからです。また、金属、例えば銅 Cu では原子量 63.5 をそのまま式量として扱います。

では体積との関係はどうでしょうか。液体や固体では物質によって1molの体積は異なりますが、気体ではすべての物質の1molの

体積は22.4Lになります。気体では粒子が空間を飛び回っているので、粒子間の結合や相互作用は無視することができますし、また粒子の大きさも空間の広さに比べて非常に小さいので無視できます。そのため、気体は種類によらず1molで22.4Lの体積を占めるのです。ただし、気体は温度や圧力によって体積が変わってしまうので、<u>0℃、1気圧の標準状態での体積が1molで22.4Lになる</u>ことに注意しましょう。

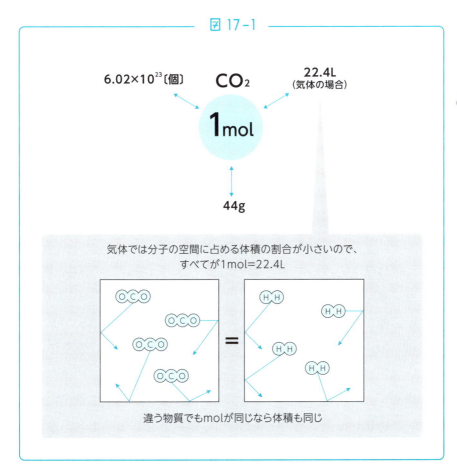

図 17-1

18 化学反応を化学式を使って表す

～化学反応式の作り方～

　「水素が燃焼して水になった」という文章は各国の言葉により異なりますが、2H₂ + O₂ → 2H₂O という化学式を使って表した化学反応式なら世界各国で通じます。

　「水素を燃焼させると、酸素と反応して水が生じる」、この反応を化学反応式で表してみましょう（図 18 − 1）。

　化学反応式とは、化学反応を化学式を使って表したものです。この反応では反応前の物質が水素と酸素、反応後の物質が水なので、それぞれ化学式で表して間を→で結びます。続いて、右辺と左辺で原子の数を比較します。左辺には H 原子と O 原子が 2 個ずつ、右辺には H 原子が 2 個に O 原子が 1 個です。原子の数が合っていないので、合わせる必要がありますが、化学式の中の数字をいじってはいけません。例えば、O₂ を O としたり、H₂O を H₂O₂ とすれば両辺の原子の数は合いますが、これでは酸素や水の化学式として誤ったものになってしまいます。そこで「係数」をつけていって両辺の原子の数を合わせます。この化学反応式では H₂O の前に係数の 2 をつけます。<u>この係数の 2 は H₂O が 2 個あるということを表していますので、H 原子は 4 個、O 原子は 2 個あります。</u>そこで、左辺の H₂ にも係数の 2 をつけて原子の数を合わせて完成です。

　よく化学反応式では生成物はすべて暗記するのですか？ という質

問を受けますが、そうではありません。「燃焼する」ということは言い換えると「酸素と反応する」ということです。酸素と反応すると反応物中のH原子はH₂Oに、C原子はCO₂に、金属原子は酸化物になります。この原則を知っていれば、メタンCH₄やエタノールC₂H₅OHが燃焼してもCO₂とH₂Oしかできないということがすぐにわかるので、あとは係数さえ合わせれば化学反応式ができるのです。

化学反応式のもう一つのタイプは反応物をそれぞれ陽イオンと陰イオンに分けて、相手を組み替えるタイプです。例えば塩酸と水酸化ナトリウム水溶液の中和反応がこれに当たります。

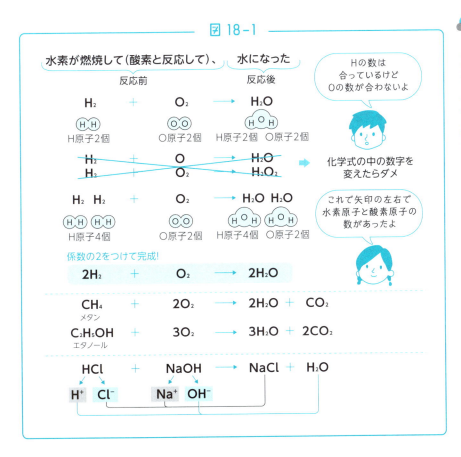

図 18-1

19 化学反応式を学ぶと何の役に立つのか?

～化学反応の量的関係～

化学反応式を使うとどんな便利なことがあるのでしょうか。実は反応物を何g反応させれば生成物が何g得られるのかということがわかります。これを化学反応の量的関係といいます。

水素の燃焼の化学反応式についてもう一度考えてみましょう。この反応では2分子のH_2と1分子のO_2が反応して2分子のH_2Oができるということを表しています。物質量では2molのH_2と1molのO_2が反応して2molのH_2Oができるということですね。物質量で表すとなんだか急にわかりにくくなったような気がしますが、1molは6.02×10^{23}〔個〕の集団なので、分子の個数の関係で考えていることは変わりません。

では質量の関係はどうでしょうか。Hの原子量1とOの原子量16を使って質量比を計算します。H_2の分子量は2ですが、係数の2がついているので合計で4、O_2の分子量は32、H_2Oの分子量は18ですが係数の2がついているので合計で36、つまりこの化学反応の質量比は4:32:36 = 1:8:9です。例えば2mol（4g）の水素を完全に燃焼させたいなら、1mol（32g）の酸素が必要だということがわかるのです。

では体積の関係はどうでしょうか。反応でできたH_2Oがすべて水蒸気になったとすると、**気体は0℃、1気圧で1molが22.4Lの体**

積を占めるので、体積の量的関係は物質量の量的関係と同じになります。つまり、この反応ではH₂とO₂と生成するH₂O（水蒸気）の体積比は係数の比となり、2：1：2になります。例えば、2mol（44.8L）の水素を完全に燃焼させたいなら、1mol（22.4L）の酸素が必要だということがわかるのです。

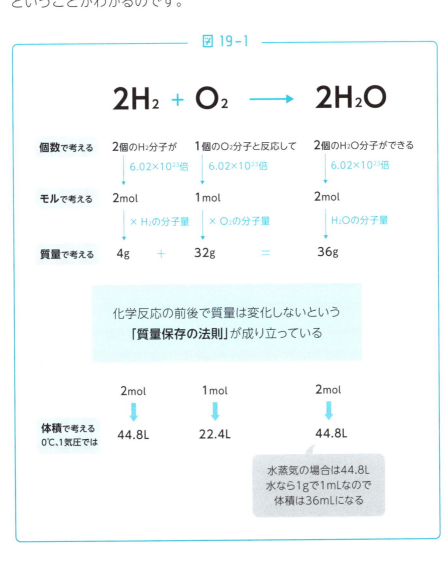

図19-1

20 モルがもう少しだけ続きます

～質量パーセント濃度とモル濃度～

　みなさんは小学生のときに食塩水の濃度の計算で苦しみませんでしたか？「4％の食塩水 100g と 7％の食塩水 200g を混ぜました。できた食塩水は何％ですか」というやつです。でも、化学の世界では濃度は濃度でもモル濃度を使います。

　上の問題はどう解けばよいのでしょうか。2つの水溶液を混ぜると 300g になります。4％の食塩水 100g には 100 × 0.04 = 4 [g] の食塩が溶けていて、7％の食塩水 200g には 200 × 0.07 = 14 [g] の食塩が溶けています。濃度は（溶けている食塩の質量）/（水溶液

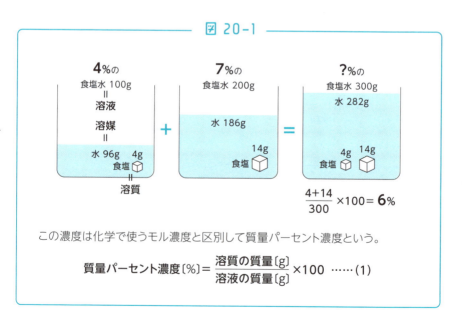

図 20-1

この濃度は化学で使うモル濃度と区別して質量パーセント濃度という。

$$質量パーセント濃度 [\%] = \frac{溶質の質量 [g]}{溶液の質量 [g]} \times 100 \quad \cdots\cdots (1)$$

の質量）× 100 で求められるので（4 + 14）/300 × 100 = 6%
となります（図 20 − 1）。

　このようにして計算した濃度は質量パーセント濃度といいます。食塩水では溶けている食塩を溶質、溶かしている水を溶媒、食塩水を溶液といいます。これを式で表すと（1）式のようになります。<u>この質量パーセント濃度は日常生活では広く使われていますが、化学の世界では図 20 − 2 の（2）式のモル濃度がメインで使われます。</u>これはなぜかというと、化学では物質量 mol を基準とした個数をベースにして扱うので、質量を基準とした質量パーセント濃度では、化学反応

化学の世界ではモル濃度をメインで使う。

$$\text{モル濃度〔mol/L〕} = \frac{\text{溶けている溶質の物質量〔mol〕}}{\text{溶液の体積〔L〕}} \quad \cdots\cdots (2)$$

なぜか？

$$\text{HCl} + \text{NaOH} \longrightarrow \text{NaCl} + \text{H}_2\text{O}$$

この反応式を質量パーセント濃度で考えると……

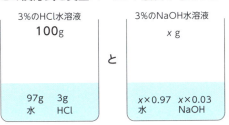

HClとNaOHは1:1のモル比で反応するため質量はモルに直さないといけない。

$$\frac{3}{(1 + 35.5)} = \frac{x \times 0.03}{(23 + 16 + 1)}$$
Hの　Clの　　　　Naの　Oの　Hの
原子量 原子量　　　原子量 原子量 原子量

$$x = 109.6$$
ととても面倒！

しかしモル濃度なら……

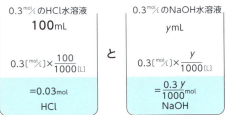

$$0.03 = \frac{0.3y}{1000} \text{ で } y = 100$$
とすぐに計算できる！

の量的関係を扱う際に一度 mol に直さなくてはならず面倒だからです。例えば 18 節の最後に出てきた塩酸と水酸化ナトリウムの中和反応では、3％の塩酸 100g と中和する同濃度の水酸化ナトリウム水溶液の質量は？ と聞かれてもすぐには答えられません（100g ではありませんよ）。どう計算するかというと、100g 中に含まれる HCl が 3g、この HCl の物質量を計算して、これと同じ NaOH の物質量は何 g かを計算して、その質量が含まれる 3％ NaOH 水溶液の質量を計算して……ととても面倒です。ではどうするのか。モル濃度〔mol/L〕を使うのです。モル濃度なら 1L あたりに含まれる溶質の個数を基準にしていますので、0.3mol/L の塩酸 100mL と中和する 0.3mol/L の NaOH 水溶液の体積は？ という質問にはすぐに「100mL」と答えを出すことができて便利だからです。

基礎化学 | 理論化学 | 無機化学 | 有機化学 | 高分子化学

第4章

物質の状態変化

21 圧力とは何か？ 化学における もっともわかりにくい単位

〜 中学校で学ぶ圧力の復習 〜

　お腹の上に体重60kgの人がのっているのを想像してください。うーん、考えただけで苦しくなりそうですね。でもこのときにお腹にかかっている圧力は1気圧の1/8でしかないのです。

　これから始まる理論化学には、気体による圧力である「気圧」という言葉が出てきます。天気予報では「中心気圧が960hPa（ヘクトパスカル）の強い台風が近づいています」というように、気圧という言葉がよく出てきます。この気圧を表す単位である「hPa」とはどういう単位か考えていきましょう。

　あなたのお腹の上に体重60kgの人がのっているのを想像してください。うーん、かなり苦しそうですね。このときはどれくらい圧力がかかっているのでしょうか（図21-1）。

　60kgの人が地球に引っ張られている力は約600N（Nはニュートンと読む力の単位です）です。Paは単位面積$1m^2$にかかっている力なので、600Nを両足の足の裏の面積0.25〔m〕× 0.20〔m〕= 0.05〔m^2〕で割ると600 ÷ 0.05 = 12000〔N/m^2〕が得られます。これと気圧を比較してみましょう。地球上の海抜0m地点の平均的な大気による圧力は1013hPaで、これを1気圧といいます。この圧力は気体分子がぶつかることで生じているので、気圧というのです。〔hPa〕はヘクトパスカルと読み、h（ヘクト）＋ Pa（パスカル）で

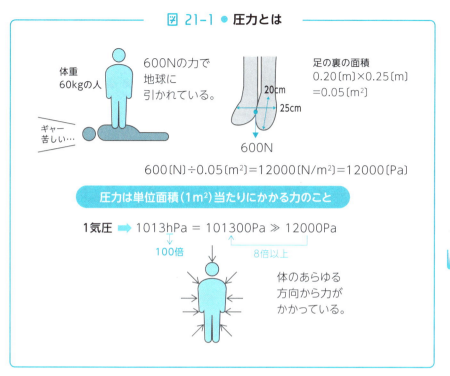

図 21-1 ● 圧力とは

す。hは100倍を表す接頭辞（1km = 1000mなのでk（キロ）は1000倍を表す接頭辞ですね）ですので、1013hPaは101300Paです。体重60kgの人の両足にかかる圧力は12000Paなので、1気圧とは人間の体に体重60kgの人が8人以上ものっているほどの圧力があらゆる方向からかかっているということです。私たちはとてつもない圧力を受けながら暮らしているのですね。

地球上で人間が気圧でつぶれないのは、人間の体の内側から同じ圧力で押し返しているからです。空気を入れて膨らませた風船は外側から1013hPaの気圧で押されているのと同時に、内側からも1013hPaの気圧で押し返しているので、その大きさは変わらないのです。

22 固体、液体、気体を粒子の視点で見てみよう

〜 物質の三態と状態変化 〜

氷は温度が上がると0℃で融けて水になり、さらに温度が上がると100℃で沸騰してすべてが水蒸気になります。この変化は日常生活では固体の姿しかない鉄でも、気体の姿しかない酸素でも同じようにおこります。固体、液体、気体の状態をまとめて物質の三態といいます。

世の中に存在する物質は、温度と圧力を決めると、固体、液体、気体のいずれかの状態をとります。これを物質の三態といい、この3つの状態をミクロの視点で見てみると図22－1のようになります。これから理論化学の内容を進めていくのにあたって、粒子のイメージをもつことを大切にしてください。

では、図22－1を詳しく見ていきましょう。物質は固体の状態では動いていないように見えますが、構成する粒子は完全に動きが止まっているわけではありません。ミクロの視点で見ると、固体でも構成粒子は規則正しく配列したその位置で細かく振動・回転しているのです。この固体を加熱すると、粒子の熱振動が激しくなっていき、ある温度で融けて液体になりますが、この現象を融解といい、融解がおこる温度を融点といいます。液体では、粒子は緩く結びついていますが、自由に動くことができます。だから液体は流動性をもつのです。さらに液体を加熱していくと液体の中から気泡が発生する沸騰という現象がおきます。沸騰するときの温度を沸点といいます。気体になっ

た粒子はお互いの分子間力を振り切って空間を自由に飛び回っています。この飛び回る速度は、酸素では室温で秒速約400mにもなります。

さて、固体はミクロの視点で見ると、粒子が振動・回転しているという話をしましたが、この**振動・回転すら完全に止まってしまいすべての物質が固体になる温度が−273℃**です。私たちが普段温度の単位として使っている「℃（セルシウス度）」は、水を基準にしており、水が凍りはじめる温度を0℃、沸騰する温度を100℃として決めたものです。しかし化学の世界ではこのすべての物質の振動が止まってしまう温度である−273℃を0とした温度の単位を利用したほうが便利です。これが**絶対温度**というもので、**単位にはK（ケルビン）を使います**（0℃＝273K、100℃＝373Kです）。

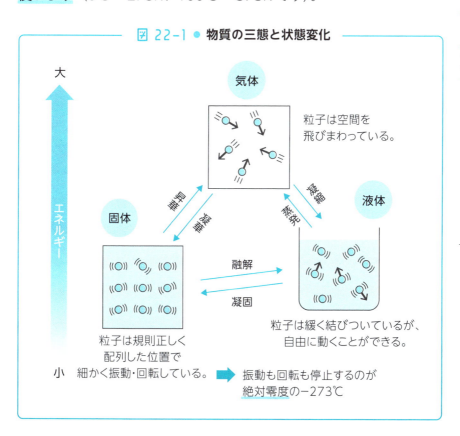

図 22-1 ● 物質の三態と状態変化

23 「打ち水」は水が冷たいから涼しくなるわけではありません

～ 融解熱と蒸発熱 ～

氷点下20℃の氷を一定の火力で加熱していくとどのように温度変化するでしょうか？ 実は温度は直線的に増加するのではなく、0℃と100℃のところでいったんフラットになります。

まず図23－1を見てください。－20℃に冷やされた1molの氷を一定の熱で加熱していったときの温度変化のグラフです。－20℃から0℃までではグラフは右上がりの直線になっています。この間に与えられた熱エネルギーは氷の分子の熱振動を増加させるのに使われています。1gの氷の温度を1℃上げるには2.1Jの熱が必要です。これを氷の比熱といいます。0℃になると氷が融けはじめますが、融けている間の温度は0℃のまま変わりません。この間に加えられた熱は、固体の氷から液体の水に状態変化をさせるために使われたのです。このとき必要な熱を融解熱といいます。氷がすべて融けると再び温度が上がり始め、0℃から100℃まではグラフは右上がりの直線になります。この間に与えられた熱エネルギーは水分子の熱振動を増加させるのに使われます。1gの水の温度を1℃上げるに4.2Jの熱が必要です。100℃になると沸騰がはじまり、すべてが水蒸気になるまでは温度は100℃のまま変わりません。この間に加えられた熱は、液体の水から水蒸気に状態変化をさせるために使われたのです。このとき必要な熱を蒸発熱といいます。融解熱は粒子がしっかり結びついている状態を

崩すだけでいいので1molあたり6.0kJですが、蒸発熱は緩く結びついている粒子を完全に自由にして空間を飛び回らせるだけのエネルギーが必要なので、1molあたり41kJと大きくなります。どの物質でも融解熱 << 蒸発熱の関係があります。

夏の暑い日に水を撒くことを「打ち水」といいますが、これは水が蒸発する際にまわりから熱を奪うことで涼しくする効果を狙うもので、水が冷たいから涼しくなるわけではないのです。

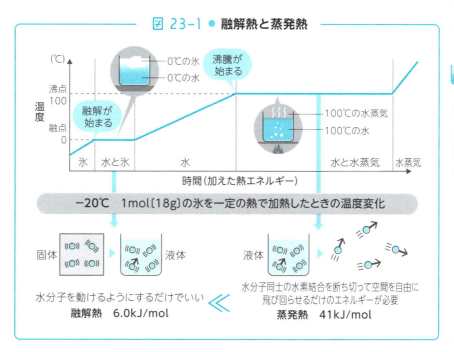

図 23-1 ● 融解熱と蒸発熱

表 23-1 ● 物質の融解熱と蒸発熱（1013hPa）

物質	化学式	融点〔℃〕	融解熱〔kJ/mol〕	沸点〔℃〕	蒸発熱〔kJ/mol〕
窒素	N_2	−210	0.72	−196	5.6
水	H_2O	0	6.0	100	41
鉄	Fe	1535	13.8	2750	354

窒素は弱い分子間力（ファンデルワールス力）のみで引き合っているので、融解熱、蒸発熱ともに小さい。
鉄は金属結合で原子同士が結合しているので、融解熱、蒸発熱とも大きく、蒸発熱は特に大きい。

富士山の山頂では水は88℃で沸騰します

〜 液体の蒸気圧 〜

　圧力鍋を使うと料理がおいしくできたり、富士山の山頂ではぬるいカップラーメンしかできなかったりという現象は蒸気圧について知ると理解することができます。

　お鍋に水を入れてほうっておくと、いずれ水は蒸発してなくなってしまいます。お鍋を加熱して水を沸騰させると、ふたをしてもふたが動くほど水が盛んに蒸発して、もっと速く水はなくなります。つまり、水は加熱しなくても蒸発するけれども、加熱することで勢いよく蒸発させられることがわかります。この水分子が蒸発する勢いによって生じる蒸気の圧力を蒸気圧といいます。密閉された容器内では、決まった温度では液体→気体になる分子と気体→液体になる分子の数は等しくなっていて、見かけ上液体は減ったり増えたりしません。このときに液体が示す圧力は一定ですので特に「飽和」をつけて**飽和蒸気圧**といいます。蒸発が止まっているのではなく、蒸発する分子の数と凝縮する分子の数が等しいことに注意しましょう。

　蒸気圧は温度が上がると加速度的に大きくなります。このグラフを**蒸気圧曲線**といいます（図24−1）。

　蒸気圧曲線を見ると水の沸点である100℃のときの蒸気圧は1013hPa、つまり1気圧です。これは、**水を加熱していき、蒸気圧がまわりの圧力である大気圧と等しくなったときに沸騰が始まる**とい

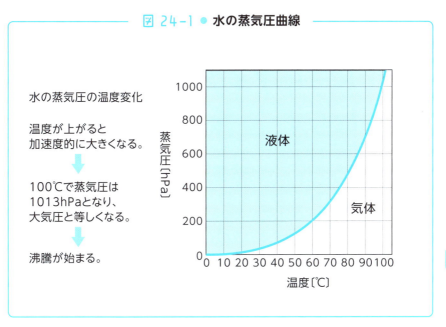

うことを表しています。沸騰が始まると、液体の内部からも盛んに蒸発がおこります。

　沸騰は大気圧と等しくなったときにおこるので、大気圧が1013hPaよりも低ければ沸点は100℃よりも低くなりますし、逆に1013hPaよりも高ければ沸点は100℃以上になります。圧力鍋を使うのは、内部の圧力を1013hPaよりも上げられるため100℃以上で加熱することができ、食材に速く熱が通って味もしみ込みやすくなるからです。逆に富士山の山頂では気圧が地上の6割くらいしかないので、水は88℃で沸騰してしまいます。つまり、カップラーメンを作ろうとしてもぬるいものしかできないのです。

25 ドライアイスはなぜ液体にならず、直接気体になるのか

～ 状態図 ～

地球は奇跡の星といわれています。それは宇宙探査がここまで進んでも、いまだに地球以外で液体の水の存在が確認できていないからです。これはなぜでしょうか？

水は1013hPa、つまり1気圧のもとでは融点の0℃より温度が下がると氷になり、沸点の100℃をこえると水蒸気になります。ではまわりの圧力を変化させると融点と沸点はどう変わるでしょうか？沸点は24節の蒸気圧曲線に従って変化しますが、融点はどうでしょうか？ <u>蒸気圧曲線の温度と圧力の範囲を拡大して表したものが状態図です。</u>水の状態図を図25－1に示しました。この状態図をもとに1気圧0℃で氷に圧力を加えていったときの変化について考えてみましょう。イメージは氷をギューッと押しつぶそうとするイメージです。水が氷になるときには体積が増えることを思い出してください。逆に、氷に圧力をかけると融けて水になります。これを再び凍らせるには、温度を下げる必要があります。これは、圧力が高くなると氷は融点が下がることを表しています。逆に圧力を下げていくと融点は上昇していきます。これを表したのが図25－1の融解曲線です。圧力を下げていくと融点は上がり、沸点は下がるので1気圧で100℃あった融点と沸点の差はどんどん縮まっていきます。そして、6.1hPa、0.01℃のときに融点と沸点の差はなくなります。<u>この点を三重点といい、水

が固体、液体、気体のどの状態でも存在できるのです。この三重点よりも圧力が低いと水は液体として存在できません。水が液体として存在できないというとイメージしにくいですが、例えばドライアイスは二酸化炭素の固体ですが、昇華するので液体にはならずに直接気体に変化します。

　地球に液体の水が存在しているということは、状態図の3本の曲線で分けられた領域のうち、ちょうど液体の領域に地球があるからで、これはすごいことなのです。現在のように宇宙探査が進んでも、地球以外にはいまだ液体の水は発見されていません。

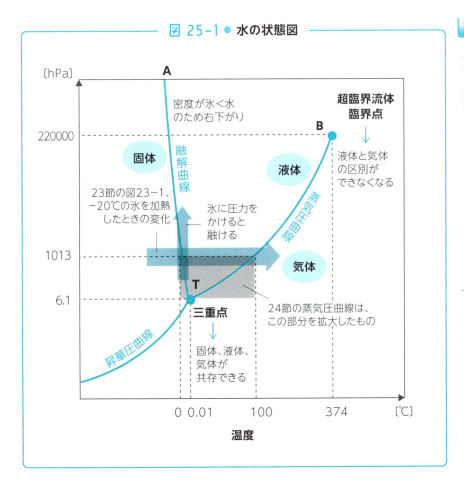

図 25-1 ● 水の状態図

二酸化炭素の状態図を図25－2に示しました。二酸化炭素をはじめほとんどの物質は融解曲線は右上がりになっています。これは固体のほうが液体よりも密度が大きいため、液体に圧力をかけると固体に変化することを示しています。融解曲線が右下がりなのは、固体が液体よりも密度が小さい水の大きな特徴なのです。

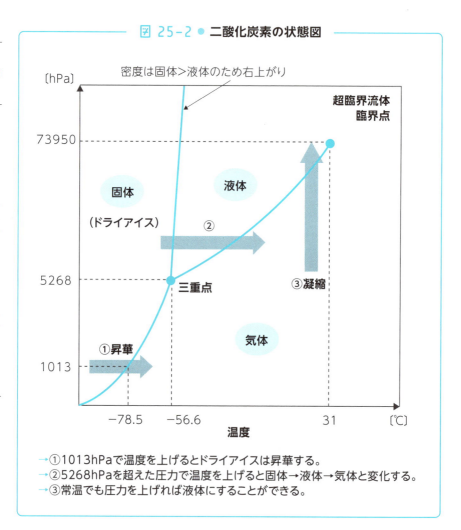

図 25-2 ● 二酸化炭素の状態図

→①1013hPaで温度を上げるとドライアイスは昇華する。
→②5268hPaを超えた圧力で温度を上げると固体→液体→気体と変化する。
→③常温でも圧力を上げれば液体にすることができる。

基礎化学 | 理論化学 | 無機化学 | 有機化学 | 高分子化学

第5章

気体の性質

26 気体の性質を数式で表すと…

~ ボイルの法則とシャルルの法則 ~

風船の中に入れた気体の体積が膨張するのはどんなときでしょうか？ そう、風船を温めたときですね。それと、まわりの気圧が低くなったときも膨張します。この現象はどんな数式で表すことができるのでしょうか。

【ボイルの法則】

山に登ると、お菓子の袋がふくらみます。これは、山の上では気圧が小さくなっているからです。では、風船をもって1気圧(1013hPa)の地上から、富士山山頂（約630hPa）やエベレスト山頂（約300hPa）に登るとこの風船の体積はどれくらいになるでしょうか？この疑問に答えられるのがボイルの法則です。ボイルの法則は「気体の温度と物質量が一定のとき、気体の体積は圧力に反比例する」というものです。わかりやすく言うと、まわりの気圧が半分になれば、体積が2倍になるという法則です。つまり、富士山の山頂は気圧が地上の約2/3なので体積は約1.5倍に、エベレストの山頂では気圧が地上の約30％なので体積は約3.4倍になります（図26 - 1）。

【シャルルの法則】

風船を温めると気体分子の運動が激しくなるので体積は増えます。では、風船を27℃から57℃にすると体積は何倍になるでしょうか？この疑問に答えられるのがシャルルの法則です。シャルルの法則は「物質量と気圧が一定のとき、気体の体積は絶対温度に比例する」というものです。このときに注意しなければいけないのは温度は絶対温度で

考えるということです。27℃は300K、57℃は330Kなので温度は1.1倍になっています。絶対温度と体積は比例関係にあるのでこのとき体積も1.1倍になるのです（図26-2）。

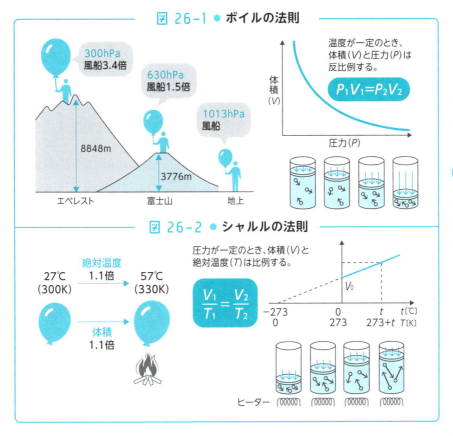

ボイルの法則とシャルルの法則をまとめると、「一定の物質量の気体の体積は圧力に反比例し、絶対温度に比例する」という一つの法則として表され、これをボイル・シャルルの法則といいます。

図26-3 ● ボイル・シャルルの法則

一定の物質の気体の体積Vは、
圧力Pに反比例し、絶対温度Tに比例する。

$$\frac{P_1 V_1}{T_1} = \frac{P_2 V_2}{T_2}$$

27 気体の計算で いちばんよく使います

〜 気体の状態方程式 〜

気体の状態方程式は圧力 P、体積 V、物質量 n、絶対温度 T の関係を 1 つの式で表したもので、使いこなせれば強力な武器になります。

0℃ = 273K、1013hPa における気体の 1mol の体積は何 L だったか覚えていますか？ 忘れちゃったよ、という人は 17 節を見てください。そう、22.4L でしたね。これをボイル・シャルルの法則に代入してみましょう（(1) 式）。すると、83.1hPa・L/mol・K という数字が得られます。この値は常に一定で**気体定数といい、記号 R で表します。**この気体定数 R を用いると、1mol の気体については $Pv_1 = RT$ となります（(2) 式）。物質量が n mol の気体が占める体積 V は 1mol あたりの体積 v_1 の n 倍なので $V = nv_1$ であるため、$v_1 = V/n$ を代入して $PV = nRT$ が得られます（(3) 式）。この式を**気体の状態方程式**といいます。この気体の状態方程式は気体についての最重要事項ですが、なぜこれが重要かというと、この式一つでいろいろなことが計算でわかるからです。

例として、27℃、831hPa で 3.0L の窒素の物質量を求めてみましょう。

$PV=nRT$ の公式に値を代入していきます。物質量を求めたいのでこれを n mol と置きます。P は 831hPa、V は 3.0L、R は気体定数で 83.1hPa・L/mol・K、T は 273 + 27 で 300K ですのでこれらの数値を代入して n を求めると、

$831 \times 3.0 = n \times 83.1 \times 300$

の式を解いて $n = 1/10 = 0.10$ 〔mol〕となります。

図 27-1 ● 気体の状態の方程式

ボイル・シャルルの法則

$$\frac{PV}{T} = k \quad \text{一定}$$

一定っていくつ？

あらゆる気体は0℃=273K、1013hPaで1mol、22.4Lの体積をもつ。ということをヒントに k（一定値）を求めてみよう。

$$\frac{Pv_1}{T} = \frac{1013〔hPa〕\times 22.4〔L/mol〕}{273〔K〕} = 83.1 \left[\frac{hPa \cdot L}{mol \cdot K}\right] \quad \cdots\cdots(1)$$

この $83.1 \left[\dfrac{hPa \cdot L}{mol \cdot K}\right]$ を気体定数といい、R で表す。

つまり $\dfrac{Pv_1}{T} = R$ より $Pv_1 = RT$ ……(2)

物質量 n〔mol〕では体積 V〔L〕は v_1〔L〕（←1molでの体積）の n 倍なので

$V = nv_1$

$v_1 = \dfrac{V}{n}$ これを式(2)に代入すると、

$$P \times \frac{V}{n} = RT$$

$$\boxed{PV = nRT} \quad \cdots\cdots(3)$$

これを気体の状態方程式という。

28 混合気体のそれぞれの圧力はどう考えるの？

～混合気体と分圧～

大気には窒素や酸素だけではなく、水蒸気や二酸化炭素なども少量含まれていますが、単純化するために大気を窒素と酸素が4：1で圧力が1000hPaの気体として考えていきましょう。

この大気の圧力である1000hPaのことを、気体全体の圧力という意味で全圧といいます。では、窒素と酸素それぞれの圧力（これを窒素と酸素の分圧といいます）は何hPaになるでしょうか。

これは簡単ですね。窒素と酸素が4：1の比で混ざっているので窒素が800hPa、酸素が200hPaです。

つまり、**混合気体の全圧は、各成分気体の分圧の和に等しい**ということになります。これを分圧の法則といい、イギリスのドルトンが発見しました（図28－1）。

でもちょっと待って、本当に理解できたのか一つ、質問してみますね。

1000hPaの空気が10Lの入れ物に入っています。窒素と酸素が4：1のモル比で含まれています。この入れ物に体積の比が4：1、つまり8Lと2Lの体積に分ける仕切りを入れて、窒素を8Lの側に寄せて、酸素を2Lの側に寄せる（もちろん実際にはできないですが）とそれぞれの分圧はいくつですか？

どうですか？「さっきとどう違うの？ 窒素の分圧が800hPaで酸素が200hPaでしょ」と答えてしまった人は間違っています。図28－2

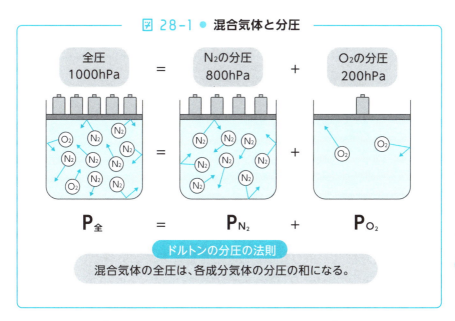

をよく見てください。ドルトンの分圧の法則は体積が全圧のときと分圧のときで同じ場合を想定しているのです。この質問のように体積を成分気体の構成比と同じ割合で分割した場合には、分圧＝全圧になります。

　<u>圧力は温度が一定なら単位体積当たりに含まれる分子の数に比例す</u><u>る</u>ので、この質問の場合では圧力も等しくなるのです。

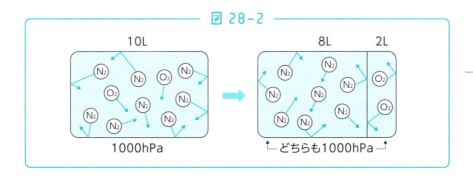

29 実在するのはいつも理想から離れているものですね

～ 理想気体と実在気体 ～

0℃、1013hPa で 1mol の気体の体積を実際に測定すると、表 29-1 のように 22.4L からわずかにずれています。あらゆる温度、圧力で気体の状態方程式が成り立つと仮定した気体を理想気体といいますが、私たちが通常扱う気体（これを実在気体といいます）には分子自身に体積があり、分子間力もはたらくためにずれが生じるのです。

表 29-1 ● 0℃、1013hPa における 1mol の実在気体の体積

アンモニアのように水素結合による強い分子間力をもつ気体はずれも大きくなる。

化学式	分子量	沸点〔℃〕	1molの体積〔L〕
H_2	2	−253	22.42
CH_4	16	−161	22.37
HCl	36.5	−85	22.24
NH_3	17	−33	22.09

気体の状態方程式はどんな温度でも使えるわけではありません。温度をどんどん下げていくといずれ気体は凝縮して液体になってしまい、体積と圧力は激減してしまいます（図 29-1、2）。また、圧力を上げる、つまり気体を圧縮していっても液体になってしまい、体積は激減します（図 29-3）。

ということは**気体の状態方程式が成立するのは、気体が凝縮して液体にならない程度の高い温度と、低い圧力の場合に限るのです。**液体

にならなくても温度が低いと、分子の熱運動のエネルギーが小さくなり、分子同士が引き合う力（分子間力）が無視できないくらいの割合を占めるようになるので理論値からのずれも大きくなります。逆に高温では分子間力が無視できるくらい分子が激しく熱運動していますので理論値に近づきます（図 29 − 4）。

また、分子の大きさが大きかったり、圧力が高かったりする（つまり気体の粒子がぎゅうぎゅうに詰まっている）状態では、気体の状態方程式で導かれる体積に気体自身の体積がプラスされるため、理論値から大きくずれてしまうのです（図 29 − 5）。

つまり、低温でも液体や固体にならない、ヘリウムのような**分子間力が小さくて、分子自身の体積が小さい場合は気体の状態方程式がよく適用できる**のです。

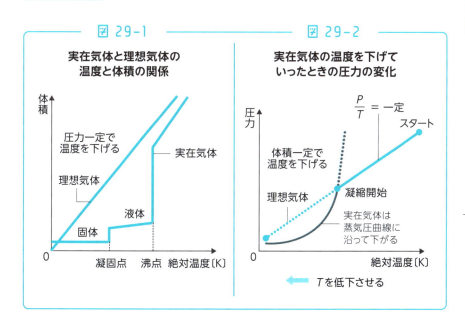

図 29-3 ● 実在気体を加圧していったときの体積の変化

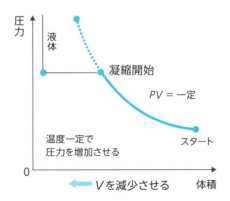

図 29-4

温度を変えたときの圧力変化に伴う理想気体からのずれ

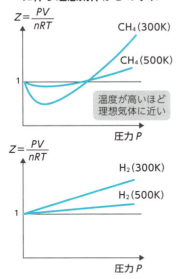

図 29-5

H_2、CH_4、NH_3 の理想気体からのずれ

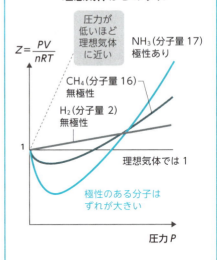

基礎化学 | 理論化学 | 無機化学 | 有機化学 | 高分子化学

第6章

溶液の性質

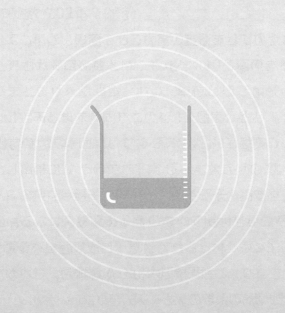

30 塩と砂糖、どちらも水に溶けるがそのメカニズムは異なります

〜 溶解の仕組み 〜

　食塩（塩化ナトリウム）も砂糖（スクロース）もどちらも水に溶けます。でもミクロの視点で見ると、その溶解の仕組みは全く異なります。どう異なるかこれから見ていきましょう。

　氷が水になるときのように物質が固体から液体に状態を変えるときには、「融」の漢字を使って「融ける」、「融解する」といいます。一方、固体の食塩を水に入れたときには「溶」の漢字を使って「溶ける」、「溶解する」といいます。食塩が水に溶解して食塩水になったとき、溶けた食塩のことを<u>溶質</u>、水のことを<u>溶媒</u>、溶解によってできた食塩水のことを<u>溶液</u>といいます。この3つの用語はこれからも頻繁に出てくるので覚えておいてください。

　では塩化ナトリウムはどんなメカニズムで溶けるのでしょうか。図30−1を見てください。水分子H_2Oは、H−Oの共有結合に偏りをもち、電気陰性度の大きいO原子はマイナスに帯電し、H原子はプラスに帯電する極性分子です。水の中に塩化ナトリウムを入れると、Na^+はO原子に引き付けられてO原子に取り囲まれるように、同様にCl^-はH原子に引き付けられてH原子に取り囲まれるようにバラバラになっていきます（この現象を<u>水和</u>といいます）。これがイオン結合からなるイオン結晶の溶解のメカニズムです。

　ではスクロースはどんなメカニズムで溶けるのでしょうか。図30

−2のスクロースの構造式を見てください。スクロースは水に溶けても電離しない非電解質の分子結晶なので、塩化ナトリウムのようにイオンには分かれることができません。でも、水と似ている−OHという極性をもつ構造をたくさんもっています。このたくさんの−OHが水分子と水素結合して水和するので水に溶けるのです。このヒドロキシ基−OHのように極性があり水和されやすい部分を親水基といい、親水基により水に溶ける物質のことを親水性をもつといいます。

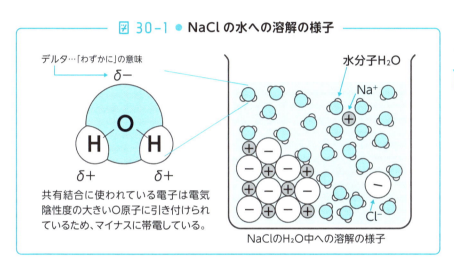

図 30-1 ● NaClの水への溶解の様子

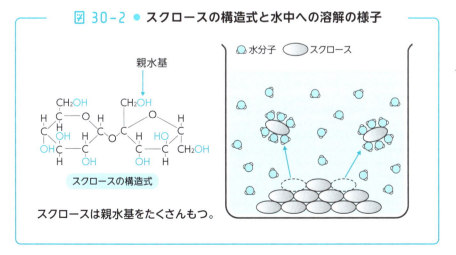

図 30-2 ● スクロースの構造式と水中への溶解の様子

スクロースは親水基をたくさんもつ。

31 水100gにNaClは何gまで溶けるでしょうか?

～ 固体の溶解度 ～

　海に溶けている塩分は主に塩化ナトリウムですが、塩化ナトリウムは水100gには約36gまでしか溶けません。このとき「塩化ナトリウムの溶解度は36である」という言い方をします。

　溶解度は溶質の種類と温度に大きく依存します。
　特に硝酸カリウムは溶解度の温度依存性が大きいのが特徴です。また、塩化ナトリウムは溶媒の水の温度が変化しても溶解度がほとんど変わらないという特徴があります。この溶解度の違いが何の役に立つのかというと、混合物を分けて純粋な物質にするのに役立ちます。例えば、硝酸カリウム KNO_3 に少量の硫酸銅（Ⅱ）五水和物 $CuSO_4・5H_2O$ が混ざった混合物を考えます。KNO_3 は白い結晶で、$CuSO_4・5H_2O$ は青い結晶なので見た目には白い粉末の中に青い粒々が入っています。これを分けるときにピンセットで青い粒々をひとつずつ拾い出すのはとてつもなく手間がかかります。そこで、溶解度の違い（図31 − 1）を利用した<u>再結晶</u>という方法を使います。まずすべての混合物を熱湯に溶かします。その後、この水溶液を冷やしていくと、少量の $CuSO_4$ は溶けたままですが、KNO_3 は溶解度が小さくなるために溶けきれなくなってその一部が結晶となって出てきます。これをろ過すると、純粋な KNO_3 が得られます。

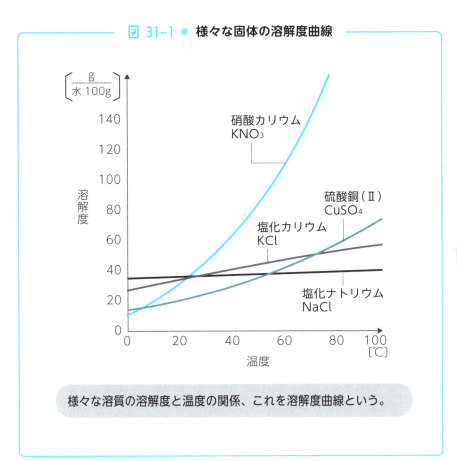

図 31-1 ● 様々な固体の溶解度曲線

様々な溶質の溶解度と温度の関係、これを溶解度曲線という。

32 スキューバダイビングで注意しなければいけないことは？

〜 気体の溶解度 〜

ダイビングで注意しなければいけないことの一つに減圧症（潜水病）があります。深いところから急に浮上したときに血液中に溶け込んでいた窒素が血管中で気体になってしまい、血管をふさいで血液の循環障害をおこしてしまうのです。この減圧症にはヘンリーの法則がかかわっています。

2Lの炭酸飲料のペットボトルにはCO_2はどれくらい溶けているのでしょうか。一般的な炭酸飲料にはCO_2が4気圧（4052hPa）に加圧されて溶け込んでいることをもとにして計算してみましょう。表32−1によると、CO_2は0℃では1気圧（1013hPa）で7.67×10^{-2}〔mol〕水に溶けます。**ヘンリーの法則**によると4気圧では4倍の0.307mol溶けます。このCO_2の体積は22.4〔L/mol〕× 0.307〔mol〕= 6.88〔L〕となりますので2Lのペットボトルの体積の3倍以上のCO_2が含まれていることになります。

> **ヘンリーの法則**
> 溶解度の小さい気体では、温度が一定ならば一定量の溶媒に溶ける気体の物質量は、その気体の圧力（混合気体の分圧）に比例する。

では、大気中に放置された 0℃で 1L の水には空気はどれくらい溶けるでしょうか。これも考えてみましょう。空気を窒素 80％と酸素 20％の混合物だと考えると、表 32 − 1 から窒素は $10.3 \times 10^{-4} \times 0.8 = 8.24 \times 10^{-4}$〔mol〕、酸素は $21.8 \times 10^{-4} \times 0.2 = 4.36 \times 10^{-4}$〔mol〕、これを体積に直すと $(8.24 \times 10^{-4} + 4.36 \times 10^{-4}) \times 22.4 = 0.0282$〔L〕で 28.2mL です。案外少ないですね。

　ここから減圧症について考えてみます。海中では 10m 潜るごとに、水圧によって 1 気圧に相当する分だけの圧力が体にかかります。30m 潜ると大気圧の 1 気圧分を足して 4 気圧分です。体重が 60kg の人なら血液は 4.5L なので、先ほどの計算で 28.2mL に窒素の割合 80％をかけて 4.5 倍すると約 100mL の窒素が血液中に溶け込んでいることになります。30m から水面まで一気に浮上すると、100mL のうち 3/4 の 75mL 分の窒素が体中の血管で気体になってしまうのです。これを防ぐために、通常は窒素に比べて血液中に溶けにくく、窒素酔いというふらふらしてしまう症状のおきにくいヘリウムを窒素の代わりに 80％ボンベに詰めています。

表 32-1 ● 水に対する気体の溶解度

1気圧のときの、水1Lに溶ける気体の物質量〔mol〕を表す。

温度	N_2	O_2	He	CO_2	NH_3
0℃	10.3×10^{-4}	21.8×10^{-4}	4.21×10^{-4}	7.67×10^{-2}	21.2
20℃	6.79×10^{-4}	13.8×10^{-4}	3.90×10^{-4}	3.90×10^{-2}	14.2
40℃	5.18×10^{-4}	10.3×10^{-4}	3.87×10^{-4}	2.36×10^{-2}	9.19
60℃	4.55×10^{-4}	8.71×10^{-4}	4.03×10^{-4}	1.64×10^{-2}	5.82

33 煮立った味噌煮込みうどんは 100℃を大きく超えています

〜 蒸気圧降下と沸点上昇 〜

　ぐつぐつと煮えている味噌煮込みうどんは、水の沸点100℃をはるかに超えて150℃前後まで温度が上がっているため、万が一こぼれてやけどをしてしまうと大変です。この現象は「蒸気圧降下」と「沸点上昇」という二つのキーワードで説明することができます。

　24節の水の蒸気圧曲線をもう一度見てください。温度が上がっていくと水の蒸気圧も上がっていき、1013hPaになったとき、つまり外気圧と等しくなったときに沸騰するのでした。では、水にわずかな量のショ糖（スクロース）を溶かすとどうなるでしょうか。実は図33－1のモデル図に示したようなメカニズムで蒸気圧が少し下がります。この現象を蒸気圧降下といいます。蒸気圧降下とは、液体に不揮発性（蒸発しにくい性質）の物質を溶かして溶液にすると、元の液体に比べて蒸気圧が低くなる現象です。

　1013hPaのもとで、純粋な水が100℃で沸騰しているときに100℃のショ糖を加えるとどうなるでしょうか。温度は100℃のままですが、蒸気圧降下がおきて蒸気圧が1013hPaから下がるために、再び沸騰させるためには温度を100℃よりも高くしなくてはいけません。このように、液体に不揮発性の溶質を溶かすと、元の液体に比べて沸点が高くなる現象が沸点上昇です。（図33－2）。味噌煮込みうどんは、塩や調味料などが溶け込んでいるため、沸点上昇により

100℃よりもはるかに高い温度になっています。そのためこぼれると熱湯のときよりもひどいやけどになってしまうのです。

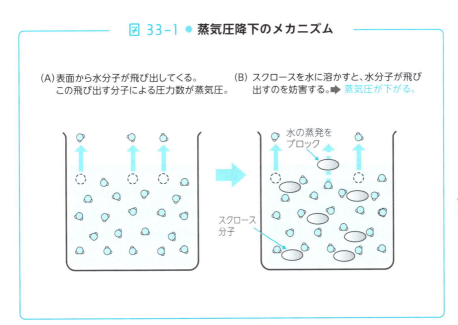

図 33-1 ● 蒸気圧降下のメカニズム

(A) 表面から水分子が飛び出してくる。この飛び出す分子による圧力数が蒸気圧。

(B) スクロースを水に溶かすと、水分子が飛び出すのを妨害する。➡ 蒸気圧が下がる。

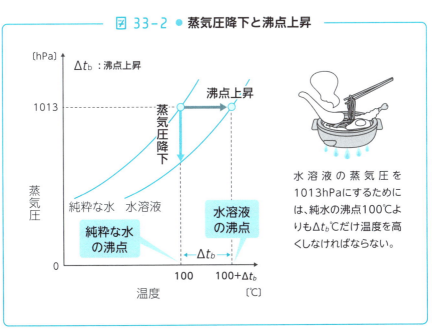

図 33-2 ● 蒸気圧降下と沸点上昇

水溶液の蒸気圧を1013hPaにするためには、純水の沸点100℃よりもΔt_b℃だけ温度を高くしなければならない。

氷＋食塩で冷凍庫なみに冷やすには？

~ 凝固点降下 ~

氷に塩を入れると−20℃くらいまで冷やすことができます。アイスクリームが今みたいにコンビニで簡単に買えなかった時代、アイスクリームは卵黄と牛乳、砂糖を混ぜて熱伝導性のよい金属の容器に入れ、氷に塩を入れて冷やしたボウルの中で混ぜながら作るものでした。これは、凝固点降下という現象によるものです。

氷が浮いている0℃の水に食塩を溶かしたときのことを考えてみましょう。図34−1を見てください。溶かす前の水は氷が浮かんでいて、見た目には何も変化がないように見えますが、実は水→氷になる分子と氷→水になる分子の数が等しい状態です（A）。ここに食塩が溶けると、溶けた食塩は水中でNa^+とCl^-になって水→氷になる水分子を邪魔することになります。すると、水→氷になる分子よりも氷→水になる分子のほうが多くなって氷が融けてしまいます（B）。この水溶液を再び凍らせるにはもっと温度を下げて、水から氷になる分子を増やす必要があります。これが**凝固点降下**という現象です。

では、氷に食塩を入れると冷える現象は凝固点降下でどう説明できるのでしょうか。氷に食塩を加えると、氷の表面にわずかにある水滴に塩が溶け込みます。するとこの水溶液は融点が下がっているので、再び凍ることはできません。むしろまわりの氷をさらに融かします。氷が融けるときには、融解熱によりまわりから熱を奪うので、温

度は0℃よりもさらに下がっていくのです。氷に食塩を加えると、温度は−20℃近くまで下がりますが、食塩を加えないときよりも氷は早く融けてしまいます。凍結防止剤もこれと同じ原理を利用しています。雪が降った道に凍結防止剤として塩化ナトリウムを撒くのは、凝固点を下げることで降った雪が氷になって道が凍結するのを防ぐためです。

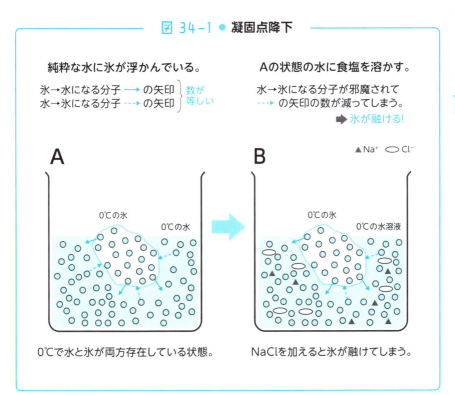

35 計算法をマスターしてもう一歩上へ

~ 沸点上昇と凝固点降下の計算法 ~

どれくらい溶質を溶かしたら、沸点は何℃上昇し、凝固点は何℃下がるのか、計算法を紹介します。このときの計算には、モル濃度ではなく、質量モル濃度を使用します。

> **質量モル濃度**
> 溶媒1kgに溶けている溶質の量を物質量〔mol〕で表した濃度。
>
> 質量モル濃度〔mol/kg〕= 溶質の物質量〔mol〕 / 溶媒の質量〔kg〕

化学の世界の計算ではモル濃度〔mol/L〕を使うのでした(20節)。モル濃度は溶液の体積1Lあたりの溶質の物質量を表しますが、沸点上昇や凝固点降下では溶液の温度を広い幅で変化させるので溶液の体積も変化してしまいます。そこで、温度を変化させても変わらない溶媒の質量を単位に用いた質量モル濃度〔mol/kg〕を使用するのです。

【沸点上昇と凝固点降下の計算法】

沸点が何℃上昇するかという沸点上昇度、凝固点が何℃降下するかという凝固点降下度は質量モル濃度に比例します。といっても、その変化量は沸点上昇、凝固点降下では異なりますし、溶媒の種類によっても変わります。そこで、<u>質量モル濃度が1.0mol/kgのときの沸点上昇の温度をモル沸点上昇、凝固点降下の温度をモル凝固点降下とい</u>

い、その値を溶媒ごとにまとめると表 35 − 1 のようになります。

───── 表 35−1 ● **各溶媒のモル沸点上昇、モル凝固点降下** ─────

溶媒	沸点〔℃〕	モル沸点上昇(K_b)〔K・kg/mol〕	モル凝固点降下(K_f)〔K・kg/mol〕
水	100	0.52	1.85
ベンゼン	80.0	2.53	5.12
酢酸	118	2.53	3.90

沸点上昇Δt_bや凝固点降下
Δt_fは、溶液の質量モル濃度
m〔mol/kg〕に比例する。

$$\Delta t_b = K_b m$$
$$\Delta t_f = K_f m$$

　ここで一つ注意しなければいけないのが、溶液中で電離する塩化ナトリウム NaCl のような電解質です。例えば、水 1kg に NaCl を 0.10mol 溶かした溶液では、NaCl は完全電離するので Na^+ と Cl^- が各 0.10mol ずつ生じ、合計 0.20mol のイオンを含む水溶液となります。そのため、沸点は 0.52 × 0.20 = 0.10〔K〕上昇し、凝固点は 1.85 × 0.20 = 0.37〔K〕下がります。沸点上昇や凝固点降下は、電離によって溶質粒子の数が増える場合、電離により増加した溶質粒子の総物質量に比例するため、この NaCl 水溶液は 0.10mol/kg の非電解質水溶液の 2 倍の沸点上昇・凝固点降下を示すことになります（表 35 − 2、35 − 3）。

表35−2 ● **水溶液の沸点上昇（Δt_b）**

	濃度〔mol/kg〕	0.10	0.20
溶質	グルコース	0.052	0.104
	尿素	0.052	0.104
	塩化ナトリウム	0.104	0.208
	塩化カルシウム	0.156	0.312

表35−3 ● **水溶液の凝固点降下（Δt_f）**

	濃度〔mol/kg〕	0.10	0.20
溶質	グルコース	0.185	0.370
	尿素	0.185	0.370
	塩化ナトリウム	0.370	0.740
	塩化カルシウム	0.555	1.110

$NaCl → Na^+ + Cl^-$でΔt_b、Δt_fは2倍に、$CaCl_2 → Ca^{2+} + 2Cl^-$でΔt_b、Δt_fは3倍になる。

　道路の凍結防止剤には塩化ナトリウム以外にも塩化カルシウムも広く用いられています。もちろん、塩化ナトリウム NaCl でも凍結防止効果はあるのですが、塩化カルシウム $CaCl_2$ だと Ca^{2+} と 2 個の Cl^- に電離するために、効果が 3 倍になるからです。

36 青菜に塩、このことわざも化学で説明できます

〜 浸透圧 〜

「青菜に塩」ということわざがあります。青菜に塩をかけるとしんなりしてしまうことから、ショックなことがあって落ち込んでいる人のことを表すことわざです。これは浸透圧という現象をキーワードにして説明することができます。

浸透圧について理解するにはまず半透膜について知ることが必要です。「膜」はいいとして、「半透」とはどういう意味でしょうか？ 実は「『半』分『透』過する」、つまり大きい物質は通さないけれども、小さい物質は通すことのできる穴が開いている膜のことです。わかりやすくいうと水は通り抜けられるけれども、タンパク質やデンプンなどの大きな分子は通さない膜のことです。セロハン膜や細胞膜などが代表的な半透膜です。

半透膜の両側にただの水が入っているときには半透膜にぶつかってくる水分子の数も同じなので、ぶつかる水分子により生じる力である「半透膜を通り抜けて逆側に浸透しようとする圧力」、略して浸透圧も同じになります。では、図36 − 1を見てください。①のようにA、B側に純水を入れて、液面の高さを同じにした状態から、A側にデンプンを加えると、A→Bに移動する水分子の数がデンプンにブロックされて減るために、浸透圧のバランスが崩れます。その結果、ぶつかる水分子の数が多いB側からは、一部の水分子が半透膜の穴を通り抜けてA側に浸透してA側の液面は上がります。液面の上昇は水分子の行

図 36-1 ● 浸透圧

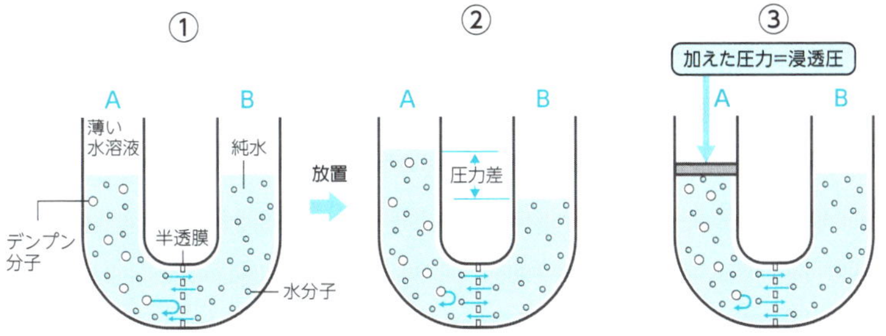

① ② ③

加えた圧力＝浸透圧

A側に移動する水分子
のほうが多くなる。

A側にデンプンを加える。

浸透圧によりA→B、B→Aの
水分子の数が等しくなる。

A側の液面が高くなる。

A側の液面を上昇
しないようにするには、
圧力をかける必要がある。

A側に浸透圧に等しい圧力をかけている。

浸透圧は高分子の平均分子量の測定に用いられる！（ファントホッフの法則）

デンプンなどの高分子はつながっている数にばらつきがあるので、
平均の分子量になる。

$$\pi V = nRT$$

π：浸透圧〔hPa〕　n：物質量〔mol〕
V：体積〔L〕　　　T：絶対温度〔K〕

Rは気体定数を用いる。
気体の状態方程式と同じように変形させると
分子量M、溶質の質量w〔g〕を用いて

$M = \dfrac{wRT}{\pi V}$ となり、Mが求められる。

き来する数が等しくなるまで続きます（②）。このとき、A 側の液面が
上がらないようにするには A 側の液面にふたをして圧力をかけなくて
はいけません（③）。この圧力が**浸透圧**です。**浸透圧はごく濃度が薄い
希薄溶液では、気体の状態方程式と同じ式が成り立つ**ことが実験から
わかっています。

　青菜に塩をかけると青菜の表面に濃度の大きい（浸透圧の大きい）
水溶液ができるので、青菜の細胞から水が絞り出されてくるのです（細
胞膜は半透膜のはたらきをします）。ナメクジに塩をかけるとしぼん
でしまうのも同じ理由で、ナメクジの体についた浸透圧の大きい食塩
水により、ナメクジの体内の水が絞り出されてしまうからです。

37 名前はマニアック、でもどこにでもあるんです

～ コロイド ～

　コロイドというとなんだか難しそうな名前ですが、私たちの身近にある物質です。例えば牛乳には脂肪分が 3 〜 4％含まれていますが油は浮いてきません。マヨネーズには約 70％もの脂質が含まれていますがやはり分離はしていません。これは脂質の粒が分離しない程度の大きさの粒であるコロイド粒子になって安定化しているからです。

　コロイド粒子とは、透明な水溶液（コロイドを扱うときは特にこれを真の溶液といいます）の溶質のようには半透膜を通り抜けられない大きさで、懸濁液・乳濁液中の粒子のようにろ紙を通り抜けられない粒子よりも小さな粒子のことです（図 37 − 1）。このコロイド粒子が液体中に分散した溶液（溶解とは真の溶液に使う言葉ですのでここでは分散を使います）をコロイド溶液といいます。

　コロイドは、図 37 − 2 に示すようにコロイド粒子を分散させている物質（分散媒）、コロイド粒子（分散質）の種類によってさまざまなものがあります。また、流動性のあるもの（ゾル：生クリームやマヨネーズなど）とないもの（ゲル：バターやマシュマロなど）という分類方法もあります。

　コロイド溶液の特徴の一つに**時間がたっても沈殿しない**というものがあります。牛乳を飲むときにパックを振らなくても、上澄みの薄い部分のみを飲んでしまうことはありません。でも牛乳は濃いものは

３％くらい脂肪が入っています。脂肪は軽いのになぜ時間がたっても浮いてこないのでしょうか？ 実は牛乳に含まれる脂肪分は、まわりをカゼインというタンパク質で囲まれた細かい粒子になって、乳化と

図 37-1 ● コロイド粒子の大きさ

コロイドの2つの現象

チンダル現象

コロイド粒子に光が散乱して光の進路が見える。

朝、部屋のカーテンをあけたときに光の通路が見えるのは部屋に舞っているホコリ（コロイド粒子）に光が散乱されるから。

ブラウン運動

コロイド粒子に分散媒の粒子が衝突して不規則に運動する。

大玉転がしで大玉（コロイド粒子）をたくさんの人の手（分散媒）が押して動かしているイメージ。

図 37-2 ● 分散質と分散媒

		分散質		
		気体	液体	固体
分散媒	気体	存在しない	空気 / 水滴 / 雲	空気 / 固体粒子 / 煙
	液体	ビール / CO_2 / ビールの泡	酢など / 油 / マヨネーズ	水 / 黒鉛 / 墨汁
	固体	SiO_2 / 空気 / シリカゲル	ゼラチン / 水 / ゼリー	Al_2O_3 / Cr_2O_3 / ルビー

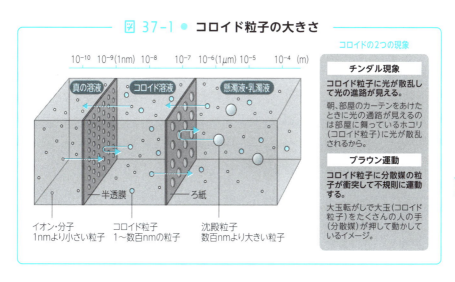

いう水と混ざりやすい状態になっているのです。また、マヨネーズでも卵黄に含まれるタンパク質が脂肪の粒子を取り囲んでくっつくのを防いでいます。このタンパク質のことを<u>保護コロイド</u>といいます。

　牛乳に食塩をたくさん加えてよく混ぜると、コロイド粒子がくっついて大きな粒子になり、沈殿します。これを<u>塩析</u>といいます（図37-3）。豆腐ににがりを打って固めるのも塩析です。

　下水処理場でもコロイド粒子の沈殿作用を利用しています。下水に含まれる泥などのコロイド粒子を沈殿させるために、沈殿池で硫酸アルミニウムを沈殿剤として使い、コロイド粒子を沈殿させてから処理工程に回します。ここで沈殿したコロイドは疎水性なので、塩析とはいわずに<u>凝析</u>といいます（図37-4）。

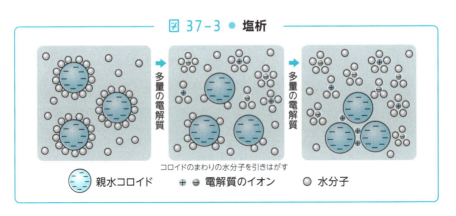

図37-3 ● 塩析

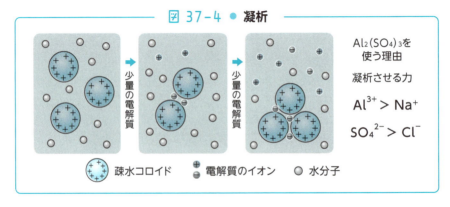

図37-4 ● 凝析

Al$_2$(SO$_4$)$_3$を使う理由
凝析させる力
Al^{3+} > Na$^+$
SO$_4$$^{2-}$ > Cl$^-$

38 人工透析はどんな仕組みで血液をきれいにしている?

～ 透析 ～

　腎臓のはたらきが失われてしまうと、人工透析を行なわないと生きていくことができません。みなさんは人工透析の役割、「血液中の老廃物を取り除くこと」はご存じだと思いますが、ここにはどんな技術が使われているのでしょうか? 実は「半透膜」、「コロイド」をキーワードにして理解することができます。

　まず、透析とはどのような技術でしょうか。一言でいうと、**コロイド粒子と不純物を分離する技術**です。塩化鉄（Ⅲ）を沸騰水に入れたときに生成する水酸化鉄（Ⅲ）は電離して溶解しているわけではないのですが沈殿もせず、たくさんの水酸化鉄（Ⅲ）粒子が集まってコロイド粒子として存在しています（図38－1）。このコロイド溶液には塩化水素HClが含まれています。このHClをコロイド溶液から取り除く方法が透析です。セロハンの袋にHClの混ざった水酸化鉄（Ⅲ）のコロイド溶液を入れて水中につるしておくと、大きさの小さいH^+やCl^-は袋の外に出ていき、コロイド粒子はセロハンの袋に残ります。このときにセロハンの袋のまわりの水をゆっくり流すことで、袋の外に出たH^+やCl^-は流されていくので袋の中のHClを完全に除去することができます。

　「人工透析」では、図38－2のように老廃物を含んだ血液をダイアライザーとよばれる透析装置に流します。ダイアライザーには赤血

球、白血球、タンパク質などを通過させないくらいの小さな穴の開いた細い糸が数千本束ねられて、長さ約 30 センチの筒状の透明プラスチックの中に詰まっています。この糸の中に流れる血液から、外側の透析液に老廃物が移動されて除去されます。また、血液中に不足する HCO_3^- を透析液側から血液に補充します。腎臓には、H^+ を尿中に排出して血液を弱アルカリ性に保つはたらきがありますが、腎臓のはたらきが衰えると血液の pH が酸性に偏るため、弱アルカリ性の HCO_3^- を血液中に補給して pH を弱アルカリ性に戻してやるのです。

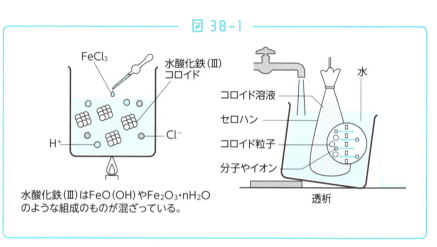

図 38-1

水酸化鉄(Ⅲ)は FeO(OH) や $Fe_2O_3 \cdot nH_2O$ のような組成のものが混ざっている。

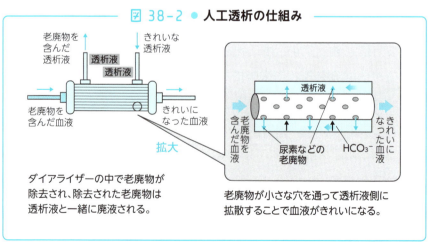

図 38-2 ● 人工透析の仕組み

ダイアライザーの中で老廃物が除去され、除去された老廃物は透析液と一緒に廃液される。

老廃物が小さな穴を通って透析液側に拡散することで血液がきれいになる。

基礎化学 | 理論化学 | 無機化学 | 有機化学 | 高分子化学

第7章

化学反応と熱

39 カロリー（cal）とジュール（J）、熱を表す単位とは

〜 熱の基本 〜

　私たちは日常生活で「ドーナツは1個200kcalもあって、カロリーが高い」という言い方をします。このカロリーが熱量を表す単位です。これは、ドーナツに火をつけて灰にするまで燃やしたときに出る熱が200kcalということです。揚げ物のカロリーが高いのは脂質をたくさん含んでいるため、よく燃えるからです。

　熱の量を表す単位にはカロリー〔cal〕とジュール〔J〕があります。1calは1gの水の温度を1K（ケルビン：これは絶対温度の単位でしたね）上げるのに必要な熱量として定義された単位です。これを水の比熱といい、1cal／(g・K) と表します。20年くらい前まではこのcalという単位を使っていましたが、現在では国際的な標準単位であ

図 39-1

熱の量を表す単位

1cal ＝ 4.2J

1gの水の温度を1K上昇させる熱量。栄養学の分野のみで使用されている。

1Wの電熱線が4.2秒で出す熱量。国際的に使われている。この本ではJを使う。

比熱：ある物質の温度を1K上昇させるのに必要な熱量

るジュール〔J〕を使うことになっています。1cal = 4.2J なので、水の比熱は 4.2J/（g・K）になります。

水は他の物質と比べて比熱が大きい、つまり温まりにくく冷めにくい物質です。例えば鉄の比熱は 0.44J/（g・K）で、水の約 10 分の 1 しかありません。0℃、1.0L の水を 100℃まで温度上昇させるには 420kJ の熱が必要ですが、同じ重さの鉄を 0℃から 100℃まで温度上昇させるには 44kJ の熱ですむのです。

表 39-1 ● いろいろな物質の比熱

物質名	比熱 J/(g・K)	物質名	比熱 J/(g・K)
水	4.2	鉄	0.44
エタノール	2.4	銅	0.39
ガラス	0.80	アルミニウム	0.90
水銀	0.14	銀	0.23

さて、現在化学の世界ではもう出てくることのない cal という単位ですが、1g の水の温度を 1℃上げる熱量というのは理解が容易なので、いまだに栄養表示の世界では使われています。食べ物の熱量は kcal で表しますね。するとドーナツ 1 個はどれくらいのエネルギーになるのでしょうか。計算してみましょう。まず、200kcal の k（キロ）は 1000 倍の意味なので 200kcal は 20 万 cal です。これは、200L の浴槽の水の温度を 1℃上昇させることができる熱量です。ドーナツ 1 個で結構大きなエネルギーが出ることがわかります。

化学反応に伴う熱の出入りをどう表すか

～発熱反応、吸熱反応とエンタルピー～

化学反応では熱の出入りを伴います。ホッカイロは鉄が酸化されるときに発生する熱を利用したものですし、ガスコンロで料理ができるのも都市ガスのメタンが燃焼するときに大きな熱を発生するからです。

【発熱反応と吸熱反応】

みなさんがガスコンロで調理するとき、都市ガスのメタンが燃焼して熱が放出されています。1molのメタンCH_4が燃焼すると891kJの熱を発生します。この反応について、各物質のもつエネルギー（これをエンタルピーといい、Hで表します）の相対関係を図で表すと、図40－1のエネルギー図で表せます。エネルギー図では、大きなエンタルピーをもつ物質を上に、小さなエンタルピーをもつ物質を下に表記します。したがって、熱を発生する発熱反応では矢印が上から下へ向かいます。このときエンタルピーは反応後に減少しているのでエンタルピー変化ΔHは負になります。

一方、周囲から熱を吸収する反応もあります。石炭を真っ赤になるまで加熱して水蒸気を触れさせると、石炭中の黒鉛Cが反応して一酸化炭素と水素ガスが発生します。1molの黒鉛Cが反応すると131kJの熱が吸収されます。この吸熱反応をエネルギー図で表すと図40－2のように表せます。

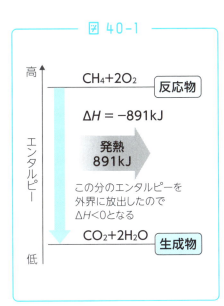
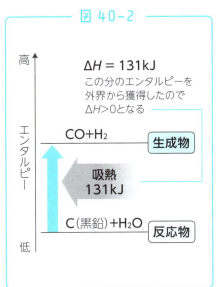

化学反応に伴って、発生または吸収される熱量を反応熱といいます。すべての物質は固有のエンタルピーをもっていて、化学反応がおこり、反応物が生成物に変化すると、その固有のエンタルピーの差が反応熱として表れるのです。

【エンタルピー変化と化学反応式】

水素の燃焼を化学反応式で表すと（1）式になります。この化学反応式に熱の出入りの情報を追加してエンタルピー変化を表すと、（2）式となります。二つ並べて違いを見てください。違いはどこか、わかりますか？ 答えは次のページを見てください。

$$2H_2 + O_2 \rightarrow 2H_2O \quad \cdots\cdots (1)$$
$$H_2(気) + \frac{1}{2}O_2(気) \rightarrow H_2O(液) \quad \Delta H = -286kJ \quad \cdots\cdots (2)$$

① 係数に分数がついている。

② H_2、O_2 のあとに（気）とついている。H_2O のあとに（液）とついている。

③ 反応のエンタルピー変化の値が書いてある。

この3つですね。なぜそうするのか、解説します。

① エンタルピー変化では、着目している物質の係数を「1」とする決まりがあります。ここで着目しているのは H_2 の燃焼エンタルピーなので H_2 の係数を1にします。そのために O_2 の係数は分数になっても OK なのです。

② エンタルピー変化を表す式では液体を表す（液）、気体を表す（気）など、物質の状態を化学式のあとに書きます。ただし、H_2 や O_2 は通常気体なので省略することも多いです。

③ H_2 が 1mol 燃焼したときの反応エンタルピーは $-286kJ$ なので、この変化量を式の後に書き加えます。ちなみに、図 40-1 と図 40-2 の反応エンタルピーは以下のように表されます。

CH_4（気）$+ 2O_2$（気）$\rightarrow CO_2$（気）$+ H_2O$（液）　$\Delta H = -891kJ$

C（黒鉛）$+ H_2O$（気）$\rightarrow CO$（気）$+ H_2$（気）　$\Delta H = 131kJ$

黒鉛とダイヤモンドではエンタルピーが異なるために、C（固）ではなく、同素体名を付記しています。

41 化学変化どころか物理変化まで エンタルピー変化で表せます

〜いろいろな反応エンタルピー〜

　反応エンタルピーの表し方を理解したところで、いろいろな反応エンタルピーの式を実際に作ってみましょう。氷が融けて水になるという単なる状態の変化は化学反応ではありませんが、熱の出入りを伴っているために反応エンタルピーで表すことができるのです。他にも溶解エンタルピーや中和エンタルピーも反応エンタルピーで表せます。

《状態変化を反応エンタルピーで表す》

　23節で水の状態変化について解説しました。1013hPaのもとで、0℃ 1molの氷が融解するときに吸収する熱量は6.0kJです。これを融解エンタルピーといい（1）式のように表します。もちろんこれは逆向きに書いて、（2）式のように水が氷に変化するときに発生する熱量（凝固エンタルピー）として表すこともできます。

　また、1013hPaのもとで、25℃ 1molの水が蒸発するときに吸収する熱量は44kJです。これを蒸発エンタルピーといい、（3）式のように表します。

融解エンタルピー　H_2O（固）→ H_2O（液）$\Delta H = 6.0$ kJ ……（1）
凝固エンタルピー　H_2O（液）→ H_2O（固）$\Delta H = -6.0$ kJ ……（2）
蒸発エンタルピー　H_2O（液）→ H_2O（気）$\Delta H = 44$ kJ ……（3）

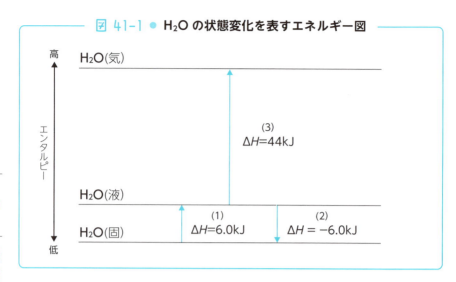

《生成エンタルピーを反応エンタルピーで表す》

　化合物がその成分元素の単体から生成するときのエンタルピー変化を生成エンタルピーといいます。「単体」というところが大切なポイントです。単体の生成エンタルピーは 0 kJ/mol と定義する決まりです。例えば CH_4、NaCl の生成エンタルピーを表す式は（4）、（5）式になります。炭素を C（固）ではなく、C（黒鉛）と表すのは炭素の同素体としてダイヤモンドもあり、ダイヤモンドだと生成エンタルピーが 2kJ 大きくなるからです。常温でどちらの状態も考えられる同素体の場合にはその種類も明記します。

$$C（黒鉛）+ 2H_2（気）\rightarrow CH_4（気） \quad \Delta H = -74.9 \text{kJ} \cdots\cdots (4)$$
　　└ もしダイヤモンドだと -76.9kJ になる。
$$Na（固）+ \frac{1}{2}Cl_2（気）\rightarrow NaCl（固） \quad \Delta H = -411 \text{kJ} \cdots\cdots (5)$$

《溶解エンタルピーを反応エンタルピーで表す》

　（6）(7) 式のように溶質 1mol を多量の溶媒に溶解したときのエ

ンタルピー変化を溶解エンタルピーといいます。溶解は化学反応では
ありませんが、状態変化の反応エンタルピーと同様に広い意味での反
応エンタルピーに含めます。

$$H_2SO_4（液）+ aq \rightarrow H_2SO_4\ aq\quad \Delta H = -95.3kJ \cdots\cdots (6)$$

$$NaCl（固）+ aq \rightarrow NaCl\ aq\quad \Delta H = 3.9kJ \cdots\cdots (7)$$

　aq は多量の水を表し、化学式のあとにつけると水溶液を表す。

《中和エンタルピーを反応エンタルピーで表す》

　水素イオン H^+ と水酸化物イオン OH^- が中和して、1mol の H_2O
ができるときは $\Delta H = -56.5kJ$ のエンタルピー変化があります。こ
れを中和エンタルピーといいます。一般に、薄い水溶液中では強酸と
強塩基が完全に電離しているので、塩酸と水酸化ナトリウムの反応で
も、硫酸と水酸化カリウムの反応でも（8）式の反応エンタルピーで
表すことができます。

$$H^+aq + OH^-aq \rightarrow H_2O（液）\quad \Delta H = -56.5kJ \cdots\cdots (8)$$

　なお、旧課程では反応エンタルピーの式は「熱化学方程式」という名称で、以下の
ように水素の燃焼を表していました。

$$H_2（気）+ \frac{1}{2} O_2（気）= H_2O（液）+ 286kJ$$

　熱化学方程式では発熱反応のときに放出されるエネルギーの符号は＋なので、外界
がエネルギーを得たという考えをしていることがわかります。しかし、物理学など一
般的には物質の内部に視点を置いて、発熱反応のときはエネルギー（エンタルピー）
を失ったと考えているので、新課程では熱化学方程式ではなく、エンタルピー変化で
化学反応を表すように修正されたのです。

113

熱の計算問題には必ずと言っていいほど出てくる法則

～ヘスの法則～

　一酸化炭素 CO は、黒鉛 C が不完全燃焼（酸素が充分にない状況で燃焼すること）する際に二酸化炭素 CO_2 と一緒にできる気体です。つまり、炭素から CO のみを発生させることはできないため、CO の生成エンタルピーを調べることができません。そこで、ヘスの法則を使うのです。

　黒鉛の燃焼エンタルピーを調べると（1）式のようになります。CO だけを生成させることができなくても、CO だけを集めることはできます。黒鉛を不完全燃焼させて CO と CO_2 ができたとき、アルカリ性の水溶液を通すと酸性の CO_2 は水溶液に吸収されるため、CO だけを集めることができるからです。こうして集めた CO の燃焼熱も、実験から（2）式のように求めることができます。知りたいのは CO の生成熱なので、これを x〔kJ〕として（3）式のように表します。

$$C（黒鉛）+ O_2（気）\to CO_2（気）\quad \Delta H = -394\text{kJ} \quad \cdots\cdots (1)$$

$$CO（気）+ \frac{1}{2}O_2（気）\to CO_2（気）\quad \Delta H = -283\text{kJ} \quad \cdots\cdots (2)$$

$$C（黒鉛）+ \frac{1}{2}O_2（気）\to CO（気）\quad \Delta H = -x〔\text{kJ}〕 \quad \cdots\cdots (3)$$

　1840 年に化学者ヘスは「反応エンタルピーは、反応の経路によらず、反応のはじめの状態と終わりの状態で決まる」ということを発見

しました。これをヘスの法則といいます。この法則を使うと x を求めることができます。x の求め方は 2 通りあります。反応エンタルピーを数式のように使って解く解き方と、エネルギー図で表して解く解き方です（図 42 − 1）。複雑になるとエネルギー図を書くのはややこしくなるので、数式のようにして解く方法がおすすめです。

図 42-1

◎**数式のように使って解く方法**

C（黒鉛）+ O_2（気）→ CO_2（気）　$\Delta H = -394kJ$ ……（1）

CO（気）+ $\frac{1}{2}O_2$（気）→ CO_2（気）　$\Delta H = -283kJ$ ……（2）

（1）式から（2）式を引いて CO_2 を消去して、CO（気）を右辺に移すと

C（黒鉛）+ $\frac{1}{2}O_2$（気）→ CO（気）　$\Delta H = -111kJ$

となり、CO の生成エンタルピーは、$-111kJ/mol$ であることがわかる。

◎**エネルギー図を使って解く方法**

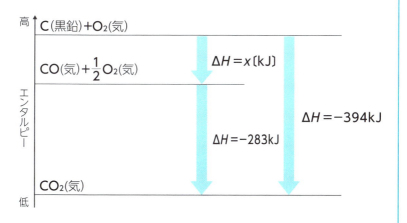

ヘスの法則が適用できるもう一つの例を紹介します（図42-2）。

希塩酸に直接固体の水酸化ナトリウムを加えて中和する場合（経路Ⅰ）と、一度固体の水酸化ナトリウムを水に溶かして水溶液にしてから希塩酸と混ぜて中和する場合（経路Ⅱ）です。ヘスの法則より、Ⅰの発熱量はⅡの二つの反応の発熱量の和に等しくなります。このことは、固体の水酸化ナトリウムと塩酸の中和反応の反応エンタルピーは、反応の経路によらず$\Delta H = -101 \mathrm{kJ/mol}$で一定であることを示しています。

反応経路Ⅰ 直接、固体の水酸化ナトリウムと希塩酸を中和反応させる。

NaOH(固) + HCl aq → NaCl aq + H₂O(液)　$\Delta H = -101 \mathrm{kJ}$ ……(4)

反応経路Ⅱ まず、固体の水酸化ナトリウムを水に溶解させる。

NaOH（固） + aq → NaOH aq　$\Delta H = -44.5 \mathrm{kJ}$ ……(5)

次に、この水溶液を塩酸と中和反応させる。

NaOH aq + HCl aq → NaCl aq + H₂O（液）　$\Delta H = -56.5 \mathrm{kJ}$ ……(6)

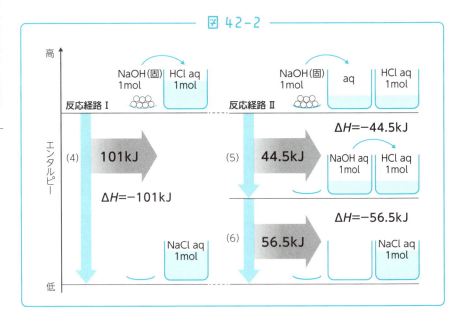

図42-2

共有結合を切断するのに必要なエネルギーは?

～結合エネルギー～

メタンCH_4にはC-Hの4本の共有結合があります。これを無理やり引っ張って、CH_3と原子状のHにバラしてしまうのに必要なエネルギーがC-H共有結合の結合エネルギーです。さらにこの結合エネルギーの3倍のエネルギーを加えると原子状の1個のC、4個のHにバラバラにすることができます。

これをエンタルピー変化で表すと、以下のようになります。

$$CH_4 (気) = C (気) + 4H (気) \quad \Delta H = 1644 kJ$$

CH_4 1分子中にはC-H結合が4本あるので、C-H結合1molあたりの結合エネルギーの平均値は411kJ/molとなり、これがC-Hの結合エネルギーとなります。

図43-1を見ると、二重結合や三重結合は結合エネルギーが大きいことがわかります。

反応物も生成物も気体の場合は、結合エネルギーを使って化学反応の反応エンタルピーを求めることができます。ここで、「気体の場合は」と断っているのは、生成物が液体の場合は、反応後に凝縮して液体になる際に変化するエンタルピーも考えなくてはいけないからです。

次に、水素と塩素から塩化水素が生成する反応エンタルピーについて考えてみましょう。この反応のエンタルピー変化ΔHのQkJは(1)

図 43-1

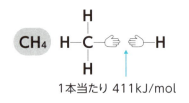

0Kにおける値。( )内に分子が示してあるデータは分子内の1つの結合についての値を表す。

表　結合エネルギー一覧

結合(分子)	結合エネルギー〔kJ/mol〕
H–H	432
Cl–Cl	239
H–Cl	428
C–H(CH_4)	411
N–H(NH_3)	386
O–H(H_2O)	460
C–C(C_2H_6)	366
C=O(CO_2)	799
O=O	494
C=C(C_2H_4)	719
C≡C(C_2H_2)	957
C–C(ダイヤモンド)	354

式のように表されます。表から、各結合の結合エネルギーは(2)〜(4)式の反応エンタルピーで表されるので、(2)＋(3)−(4)×2よりQは−185kJと求められます。

H_2（気）＋Cl_2（気）→ 2HCl（気）　$\Delta H = Q$〔kJ〕……(1)

H_2（気）→ 2H（気）　$\Delta H = 432$kJ ……(2)

Cl_2（気）→ 2Cl（気）　$\Delta H = 239$kJ ……(3)

HCl（気）→ H（気）＋Cl（気）　$\Delta H = 428$kJ ……(4)

(2)＋(3)−(4)×2より

Q = 432 ＋ 239 − 428 × 2 = −185kJ

これをエネルギー図で表すと図43−2になります。

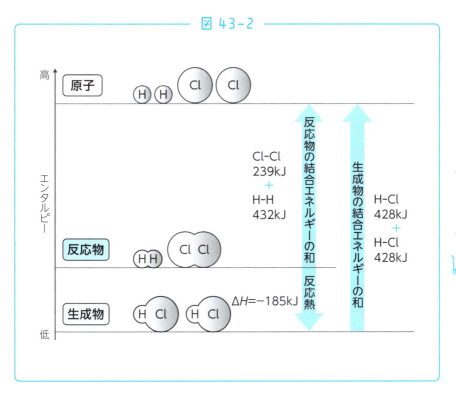

　一般に、反応物と生成物がともに気体の反応エンタルピーは結合エネルギーの値から次のように求められます。

反応エンタルピー＝反応物の結合エネルギーの和 − 生成物の結合エネルギーの和

こうこう化がくの窓

本来は吸熱反応は自然にはおきない!?

今までいろいろな反応を見てきましたが、ほとんどが発熱反応でした。水は高いところから低いところに流れるように、「世の中のすべての物質はエンタルピーの低い状態をとろうとする」という原則があります。つまり発熱反応が原則で、吸熱反応は例外なのです。では、なぜ吸熱反応がおこるのでしょうか。

実は化学反応が自発的におきるかどうかは、「世の中のすべての物質はエンタルピーの低い状態をとろうとする」という原則に加えて、「世の中のすべての物質はより乱雑な状態をとろうとする」というもう一つの原則にも支配されていたのです。この乱雑さを数値化したものがエントロピーです。エントロピーは、物質が乱雑な状態であるほど大きくなります。

そのため、たとえ反応後にエンタルピーが高い状態になったとしても、その影響を打ち消すほど物質のエントロピーが増大していれば、その化学反応は吸熱反応として自発的におこるのです。

塩化ナトリウム $NaCl$ の水への溶解を例にして考えてみましょう。1mol の $NaCl$ が水に溶けるときには 3.88kJ の吸熱がおきます。$NaCl$ は溶けると電離して、ナトリウムイオン Na^+ と塩化物イオン Cl^- になって溶媒の水に分散して乱雑さが増大するため、エントロピーは増大します。このため、エントロピー増大の原則のほうが強くはたらき、吸熱反応がおきるのです。尿素や硝酸アンモニウムが水に溶けるときは熱の吸収量が大きいので、ヒヤロンなどに使われています。ヒヤロンはたたくと中の水袋が破れて、尿素や硝酸アンモニウムが溶けこんで温度が下がるのです。

基礎化学 | 理論化学 | 無機化学 | 有機化学 | 高分子化学

第8章

反応の速さと平衡

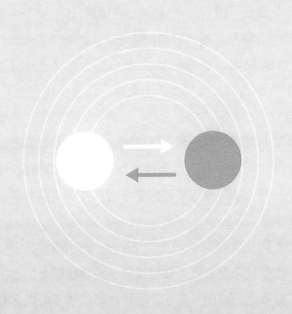

44 化学反応のメカニズムを結婚に例えると…

～ 反応のメカニズムと活性化エネルギー ～

　「C」という目的物を得るために、反応物「A」と「B」を化学反応させるケースを考えます。このとき、一度にたくさんのCを得ようとAとBを多量に反応させてしまうと、発火したり、爆発したりする危険性があります。工場やプラントで火災や爆発が発生するのは、たいてい化学反応が制御できなくなったときです。安全対策の面から、化学反応のメカニズムを理解して、反応を上手に制御することが必要です。

　「A」という物質と「B」という物質から物質「C」ができるというA＋B→Cという化学反応を「結婚」をモデルに考えてみましょう。男性がA、女性がB、結婚して夫婦になったらCと例えます（図44－1）。

　AとBがぶつかることは男女の出会い、化学反応がおきてCができることは結婚して夫婦になることとします。ここで注意することは、男女は出会ってもたいていの場合は結婚まではいかないということです。出会った後に結婚するには男性と女性が一種の興奮状態（！？）になることが必要です。そして結婚するとお互い「落ち着いた」状態に戻るのです。

　化学反応でも同じようにAとBがぶつかっただけでCになるとは限りません。化学反応がおきるためには、遷移状態というエネルギーの高い状態になる必要があります。遷移状態にするのに必要な最小のエネルギーを、その反応の活性化エネルギーといいます。ぶつかった

物質のうち、この活性化エネルギーを超えたものだけが反応できるのです。まさに結婚と同じですね。水素に空気中で火をつけると爆発的に反応するのに、火をつけないと反応しないのは、活性化エネルギーがあるからです。いったん火がつくと、反応した水素から発生した熱が、まわりの水素に一気に伝わっていき、爆発的に反応するのです。

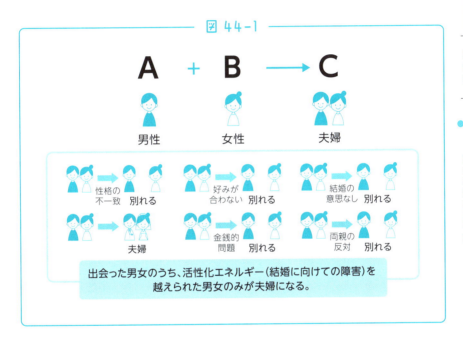

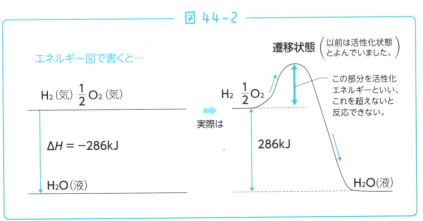

45

化学反応の速度も結婚に例えてみます

〜 反応速度の表し方 〜

物体の動く速度を〔km/ 時〕という単位を使って表せば、自転車と車の速度が一目で比較できるように、化学反応の速度も統一した単位で表せたら便利ですね。反応速度はどんな方法で表現するのでしょうか。

前節ではＡとＢが反応してＣになる化学反応を、結婚を例にして表しましたので、反応速度も結婚を例にして表してみましょう。男性と女性がたくさんいるほど出会う確率は増加するので、年間の結婚の数も増えます。

年間の結婚の数 ＝ （比例定数）×（男性の数）×（女性の数）

ここで比例定数は重要な意味をもちます。例えば、男性と女性の年齢構成で結婚適齢期の人数が多かったり、男女が早く結婚をしたいと焦っていたりすると、比例定数は大きくなります。しかしこれでは不正確で、男女の数が同じでも出会う確率は人口密度の高い都会か、人がまばらな田舎かで変化します。つまり、同じ人口であれば、結婚の数は男性と女性の人口密度に比例します。

ある人口あたりの年間の結婚の数
＝ （比例定数）×（男性の人口密度）×（女性の人口密度）

この例をもとに考えてみましょう。Ａ＋Ｂ→Ｃという化学反応にお

いて、一定の時間にCができる反応速度vは、A、Bそれぞれのモル濃度を［A］、［B］と表して、比例定数をkとすると、一般的に次のように表されます（反応物が気体の場合は濃度の代わりに分圧で表します）。

$$v = k [A] \times [B]$$

このとき、kを速度定数といい、それぞれの化学反応に固有の定数です。先ほどの男女の結婚の例で説明したように、このkが反応速度を支配する重要な定数となります。例えば温度が上がると、kの値は大きくなり、反応速度も大きくなります。**一般的に10℃温度が上昇すると、kは3倍にもなる**ため化学反応では温度管理が特に重要です。温度が上がると、①粒子全体の平均熱運動速度が上がるので衝突する粒子の数が増える、②活性化エネルギーを超える粒子が増える、という二つの理由より、［A］と［B］が同じままでもやはりkが大きくなって、反応速度が速くなります（図45－1）。結婚に例えると、男女の結婚へのモチベーションが高くなれば、①結婚へ向けて出会いの数が増える、②結婚というハードルを越えるエネルギーをもつカップルが増える、といったところでしょうか。

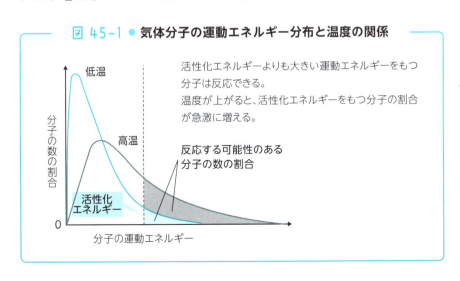

図45-1 ● 気体分子の運動エネルギー分布と温度の関係

46

鉄がさびるのは 反応速度が遅い反応です

～ 反応速度の速い反応と遅い反応 ～

水素の燃焼は一瞬でおきる反応速度がとても速い反応です。これに対して水素とヨウ素からヨウ化水素ができる反応は反応速度が遅い反応です。この理由を考えてみましょう。

水素の燃焼は一瞬でおきますが、ただ酸素と混合するだけでは反応せず活性化エネルギーを超える必要があることを前節で説明しました。これをもう少し詳しく見ていきます。図 46 − 1 は、水素が燃焼する際にどのような経路をとるのかをエネルギー図で表したものです。スタートは左下の H_2（気）と $\frac{1}{2}O_2$（気）で、ゴールは右下の H_2O（液）です。

活性化エネルギーの山を越えるときに、もし原子状の H や O を経由するとするならば、H−H の共有結合を切るのに必要なエネルギー 432kJ と、O＝O の共有結合を切るのに必要なエネルギーの半分 247kJ の和である 679kJ のエネルギーを与える必要があることがわかります。これは数千℃の温度に相当します。しかし、実際は数百℃に加熱するだけで爆発的に反応します。このことは、水素の燃焼では、原子状の H や O の状態を経由しないで、遷移状態を経由するだけでよいことを意味しています。さらに、発生する反応熱が 286kJ とたいへん大きいので、この熱が近くの分子が反応するための活性化エネルギーに使われて連鎖的に反応します。このように水素が燃焼する反応は、反応速度がたいへん速い反応です。

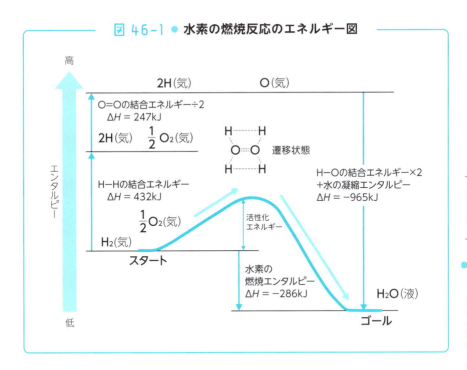

　これに対して遅い反応の代表例として水素 H_2 とヨウ素 I_2（うがい薬の成分で消毒薬として使われます）が反応して、ヨウ化水素 HI になる反応を考えてみましょう。化学反応の活性化エネルギーは実験を何回か繰り返して求めるのですが、この反応は活性化エネルギーが 178kJ と正確に測定されているので、反応のメカニズムを考えるのに最適です。

　次ページの図 46－2 はこの反応をエネルギー図を使って表したものです。この反応が仮に原子状の水素 H やヨウ素 I を経由するとした場合、やはり数千℃以上の高温にする必要がありますが、実際は数百℃程度に加熱するだけでヨウ化水素 HI が生成しはじめます。ただし、前節の水素の燃焼のような速い反応とは違い、この反応で発生する反応熱は 9kJ と小さいために、反応はゆっくりと進みます。この反応は反応エンタルピーが小さく、活性化エネルギーが大きいので、反応

<u>速度は小さいのです。</u>

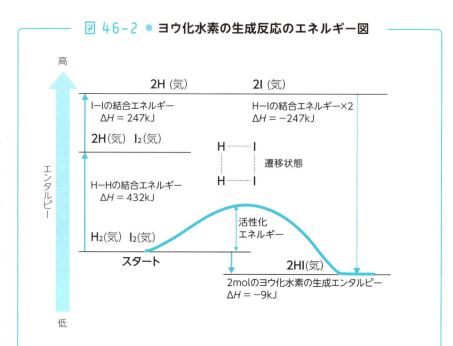

図 46-2 ● ヨウ化水素の生成反応のエネルギー図

47

活性化エネルギーを下げて反応速度を上げる

〜 触媒 〜

触媒という言葉を知っていますか？ 自分自身は変化しないのに、反応の手助けをして反応速度を上げる役割をする物質のことです。

触媒を用いると、活性化エネルギーがより小さい経路で反応が進行するようになり、反応速度が上昇します（図47-1）。

反応速度が遅い反応として前節で $H_2 + I_2 \rightarrow 2HI$ という反応を紹介しましたが、この反応に白金 Pt 触媒を加えると反応速度が上がります。これは、Pt 触媒のはたらきにより活性化エネルギーが174kJ から49kJ に下がるからです。このことは、

$$v = k \times [H_2] \times [I_2]$$

の反応速度式で速度定数の k が大きくなることを表しています。ただし、9kJ の反応熱は反応物と生成物のもっているエネルギー（エンタルピー）の差で決まるので、**触媒を用いても反応エンタルピーの値は変わら**

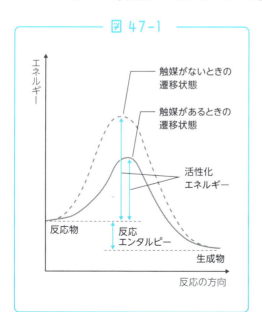

図 47-1

ないことに注意する必要があります。

　Ptは触媒として有用な物質です。酸素と水素は混合しただけでは反応しませんが、Ptが存在すると火をつけなくても室温で爆発的に反応します。ただ、いつでもPtが触媒としてベストな選択かというとそうではありません。それぞれの反応には別々の種類の最適な触媒があり、これを見つけるには1つ1つ触媒の種類と割合を変えて試すしかないのが現状です。

　ここまで聞くと触媒なんて日常生活に関係ないじゃないかと思うかもしれませんが、そんなことありません。自動車には排気ガス中に含まれる窒素酸化物、一酸化炭素、炭化水素などの有害成分を無害な窒素、二酸化炭素、水蒸気に変えるためにPt、パラジウムPd、ロジウムRhを組み合わせた触媒が利用されています（図47-2）。

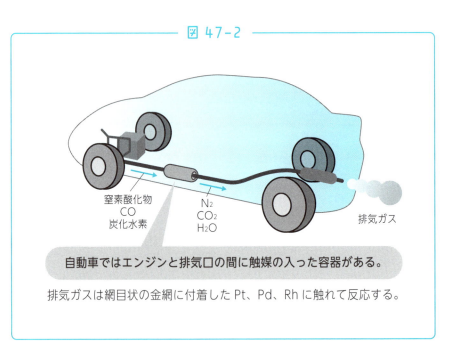

図47-2

窒素酸化物 CO 炭化水素 → N_2 CO_2 H_2O 　排気ガス

自動車ではエンジンと排気口の間に触媒の入った容器がある。
排気ガスは網目状の金網に付着したPt、Pd、Rhに触れて反応する。

こうこう化がくの窓

触媒と第一次世界大戦の密接なかかわり

　1914年7月28日に始まった第一次世界大戦は、当初は「クリスマスまでには終わるだろう」と楽観的な見方が大半を占めていました。しかし、結果的には足かけ5年の長期戦になってしまったのです。この要因の一つは、大戦直前にドイツが火薬の原料の合成に成功したことがあげられますが、このドイツの火薬製造に触媒が深くかかわっています。

　銃器に使われる火薬の製造には、硝酸が必要です。当時はこの硝酸の原料に、チリで採掘される硝石（主成分は硝酸カリウム）を使用していました。ヨーロッパの国々は、火薬を製造するために大西洋を横断して硝石を輸入していました。しかし第一次世界大戦の直前、ドイツ人化学者のハーバーが、窒素と水素から触媒を使って効率的にアンモニアを合成することに成功し、このアンモニアを酸化することで硝酸を容易に製造することができるようになりました。これはドイツにとっては、当時世界最大の海軍国であるイギリスの艦隊が支配している大西洋を横断して硝石を運ぶ必要がなくなったことを意味し、大きなメリットのある発見でした。戦争中、海上封鎖によりドイツの硝石の輸入を阻止していたイギリスは、ドイツの火薬が底をつくはずの時期になっても、なぜ戦争を続けられるのか疑問に思いながら戦い続けていたようです。

　窒素と水素からアンモニアを合成する方法は、化学反応式では$N_2 + 3H_2 \rightarrow 2NH_3$と書きます。この反応の活性化エネルギーは234kJと大きいために、通常では反応を進めるのが難しいという特徴があります。しかし、この反応にFe_3O_4を中心とする触媒を使用すると、活性化エネルギーが234kJから96kJに下がります。この触媒を発見したことが、アンモニアの効率的な合成を成功させたのです。

48

行ったり来たりできる 反応と一方通行の反応

～ 可逆反応と不可逆反応 ～

物質「A」と物質「B」を反応させて化合物「C」ができる化学反応（A＋B → C）を考えます。この反応を正反応としたとき、逆向きの C → A＋B の方向（これを逆反応とよびます）にも反応が進むことがあります。C が生成する正反応と、分解する逆反応が両方おきることを可逆反応といい、その結果、C のモル濃度が見かけ上一定になっているとき、この反応は平衡状態にあるといいます。

まず、水素の燃焼（$2H_2 + O_2 → 2H_2O$）について見てみます。この反応がおきて、H_2O が 1.0mol 生成するときには、286kJ という大きな熱が発生して、あっという間に反応します。一般的に反応熱が大きく、反応速度が速い化学反応では、逆反応はおきません。このタイプの反応を不可逆反応といいます。中和反応や気体が発生する反応も不可逆反応です。

では、水素とヨウ素からヨウ化水素が生成する反応（$H_2 + I_2 → 2HI$）ではどうでしょうか。この反応によってヨウ化水素 HI が 1.0mol 生成するときには、4.5kJ しか発熱しないため、反応速度は極めて遅い反応でした。水素とヨウ化水素の気体は無色で、ヨウ素の気体は紫色です。水素とヨウ素を密閉容器に入れて一定温度に保つと、この反応は右向きに進んでヨウ化水素が生成し（これを正反応とします）、ヨウ素のせいで紫色だった容器の中の気体の色は次第に薄くなっ

ていきますが、完全に無色にはなりません。また、ヨウ化水素のみを密閉容器に入れて一定温度に保つと、水素とヨウ素に分解する反応が進んで、容器内は無色から紫色に変化していきますが、やはりヨウ化水素がなくなることはありません。つまりこの反応は、小さい熱しか発生しない発熱反応なので、逆向きにも反応がおきるのです。

このように、正反応と逆反応の両方がおきる反応を可逆反応といいますが、可逆反応では、ある時間が経過すると、正反応の速度と逆反応の速度が等しくなり、見かけ上反応が停止しているように見えます。この状態を平衡状態といいます（図48－1）。

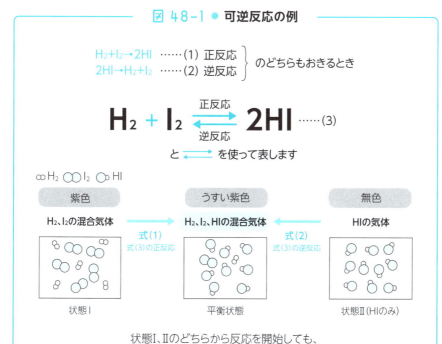

49

●⇄● 化学平衡を数式で表すと…

～ 反応速度と平衡定数の関係 ～

化学反応で、生成物がどれだけできるのかを予想するのはとても大事な問題です。不可逆反応では化学反応式の量的関係から計算できますが、平衡反応でも生成物がどれくらい得られるのかがわかると便利です。

図 49 - 1 を見てください。正反応の反応速度を v_1、逆反応の反応速度を v_2 とし、それぞれの速度定数を k_1、k_2 とすると、(1)、(2) 式のように表されます。平衡状態では $v_1 = v_2$ なので (3) 式のように表してから式を変形していくと、(4) 式が得られます。このとき、k_1、k_2 の速度定数は、温度が一定ならば定数として扱うことができるので、$\dfrac{k_1}{k_2}$ も温度で決まる定数となります。これを大文字の K で表し、(5) 式で表したこの K を可逆反応の平衡定数といいます。

この式を使って、1L の体積の密閉容器に水素 1.0mol とヨウ素 1.0mol を封入して 448℃に保ったとき、ヨウ化水素は何 mol 生成するのか計算してみます。ただし、448℃でこの反応の平衡定数 K を 64 とします（図 49 - 2）。

平衡状態に達するまでに、H_2、I_2 がそれぞれ $x$mol ずつ反応したとすると、(6) 式のような方程式が成り立ちます。

この方程式を解くと、$x = 0.80$ となるので、ヨウ化水素は 0.80 × 2 = 1.60mol 生成することがわかります。平衡定数は、温度が 448℃ならば H_2、I_2、HI の濃度にかかわらず 64 なので、この平衡状態に水素を追加した場合でも、同じように計算を行なうことにより、ヨウ化水素がさらに生成してくる量を算出することができます。

図 49-1

$$H_2 + I_2 \underset{v_2}{\overset{v_1}{\rightleftarrows}} 2HI$$

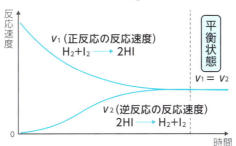

正反応について　$v_1 = k_1[H_2][I_2]$　……(1)

逆反応について　$v_2 = k_2[HI][HI] = k_2[HI]^2$　……(2)

平衡状態では $v_1 = v_2$ なので

$k_1[H_2][I_2] = k_2[HI]^2$　……(3)

式を変形して　$\dfrac{k_1}{k_2} = \dfrac{[HI]^2}{[H_2][I_2]}$　……(4)

$\dfrac{k_1}{k_2}$ を K とおく。　$K = \dfrac{[HI]^2}{[H_2][I_2]}$　……(5)

図 49-2

	H_2	+ I_2	⇄ $2HI$
反応前	1.0	1.0	0
反応量	$-x$	$-x$	$+2x$
平衡時	$1.0-x$	$1.0-x$	$2x$

$K = \dfrac{[HI]^2}{[H_2][I_2]} = \dfrac{(2x)^2}{(1.0-x)(1.0-x)} = 64$ ……(6)

第8章
反応の速さと平衡

50 水に溶けない塩でも実は本当に少しだけ溶けています

～ 溶解平衡と溶解度積 ～

塩化銀 AgCl や硫酸バリウム BaSO₄ は水に溶けない塩です。これらを難溶性塩といいます。ただ、溶けないとはいってもごくわずかには溶けます。どれくらい溶けるのかは溶解度積という数字を使うとわかります。

AgCl が沈殿している状態の水溶液、つまり AgCl の飽和水溶液を考えます。すると、溶けている微量の AgCl は Ag⁺ と Cl⁻ に電離し、AgCl（固）⇄ Ag⁺ + Cl⁻ の溶解平衡が成り立っています。この溶解平衡に対して図 50 - 1 のように化学平衡を適用すると、溶解度積が導き出せます。溶解度積は平衡定数と同様に温度が変わらなければ常に一定です。

図 50-1 ● AgCl の溶解平衡

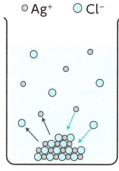

左の平衡状態に化学平衡を適用して、平衡定数を数式で表すと、以下のようになる。

$$K = \frac{[Ag^+][Cl^-]}{[AgCl(固)]}$$

ここで AgCl（固）の濃度は、沈殿が存在している限りは変動しないものとして一定とみなせる。すると、K[AgCl（固）]は温度が変化しない限り常に一定の定数とみなせるので、これを溶解度積 K_{sp} と定義して、以下のように表す。sp は solubility product（英語で溶解度積の意味）の略語である。

$$[Ag^+][Cl^-] = K[AgCl(固)] = K_{sp}$$

表 50 − 1 の溶解度積を使って、1L の水に、AgCl が一体何 g まで溶解するのか求めてみましょう。AgCl を溶かしたときには $[Ag^+]$ $= [Cl^-]$ なので、$K_{sp} = 1.8 \times 10^{-10}$ より、$[Ag^+] = [Cl^-] = \sqrt{(1.8 \times 10^{-10})} = 1.34 \times 10^{-5}$ となります。AgCl の式量は 143.5 なので、$143.5 \times 1.34 \times 10^{-5} = 1.92 \times 10^{-3}$　つまり、1.92mg までは溶解します。本当に少ししか溶けないことがわかりますね。

表 50-1 ● いろいろな塩の溶解度積

塩	溶解度積K_{sp}〔mol/L〕^{2}
AgCl	1.8×10^{-10}
AgBr	5.2×10^{-13}
AgI	2.1×10^{-14}
CuS	6.5×10^{-30}
ZnS	2.2×10^{-18}
CaCO$_3$	6.7×10^{-5}

【共通イオン効果】

　NaCl の飽和水溶液に HCl の気体を吹き込むと新たに NaCl が沈殿してきます。これは、吹き込まれた HCl が飽和水溶液中で H^+ と Cl^- に電離して、水溶液中の Cl^- 濃度が増加した結果、NaCl（固）$\rightleftarrows Na^+ + Cl^-$ の溶解平衡が左に移動したためです。ここでは、NaCl と HCl に共通の Cl^- の濃度が減少する方向に平衡が移動したため、もとの NaCl の溶解度が見かけ上減少しました。この現象を共通イオン効果といいます。

51

●⇄● 平衡がどちらに移動するかはどう判断するの？

～ ルシャトリエ（平衡移動）の原理 ～

窒素と水素が反応してアンモニアが生成する反応 $N_2 + 3H_2 \rightleftarrows 2NH_3$ （ΔH =－92kJ）は、代表的な可逆反応なので、平衡状態になります。アンモニアをたくさん得るには、この平衡をなるべく右側に偏らせることが必要になります。

アンモニアの生成の平衡をなるべく右側に偏らせるには、ルシャトリエの原理（平衡移動の原理ともいいます）を知る必要があります。この法則は一言でいえば**外部から与えられた影響をやわらげる方向に平衡は移動する**ということです。これは覚えておいてください。では具体例を見てみましょう。

①反応物、生成物の濃度を変化させる

平衡状態にあるときに、新たに窒素を加えたとします。すると、「影響をやわらげる方向」に平衡が移動するので窒素が減ってアンモニアが生成します。また、生成したアンモニアを取り除くと、再び平衡が移動してアンモニアが生成してきます。

②圧力容器の体積を変化させて、圧力を変化させる

圧力容器の体積を変化させると圧力が変化します。体積を小さくすると圧力が大きくなるので、単位体積あたりの粒子の数が増えます。すると、ルシャトリエの原理から粒子を減らす方向に平衡が移動します。平衡が右側に移動するとき、1分子の窒素 N_2 が3分子の水素 H_2 と反応し、2分子のアンモニア NH_3 ができるので、全体では2分

子減少したことになります。逆にこの平衡が左側に進むときは2分子増加することになります。つまり、アンモニアを多く得るためには、圧力を大きくすると有利です。ただし、**Heなど反応に関与しない貴ガスを加えて全圧を上げても、反応物の分圧は変化しないので平衡は移動しない**ことに注意しましょう。

③温度を変化させる

例えば温度を上げたときは、その影響をやわらげる方向、つまり吸熱方向であるアンモニアが水素と窒素に分解する方向に平衡が移動します。アンモニアを多く得るためには、反応系を冷やしたほうが発熱方向に平衡が移動するので、有利なことがわかります。

④触媒を加える

触媒を加えると、活性化エネルギーが小さくなって反応速度が速くなります。ただし、正反応と逆反応両方の速度がともに大きくなるの

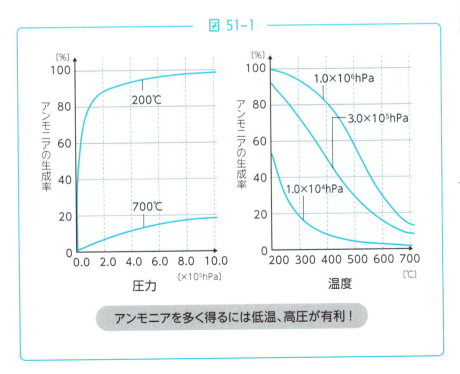

図 51-1

アンモニアを多く得るには低温、高圧が有利！

で、平衡状態は変化しません。

以上の①〜④から考えて、なるべくたくさんのアンモニアを得るためには、原料の水素と窒素を供給しながら、生成したアンモニアを取り除き、高圧、低温で反応させるのがよい、ということになります。

ただし、高圧がよいといっても装置の耐久性には限度がありますし、低温にすると、たとえ触媒を使っていてもアンモニアの生成速度が遅くなり時間がかかります。そこで、現在は 300 〜 500 気圧、500 ℃前後にしてアンモニアを合成しています。

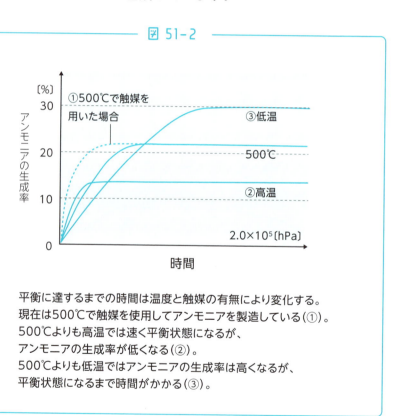

平衡に達するまでの時間は温度と触媒の有無により変化する。
現在は500℃で触媒を使用してアンモニアを製造している(①)。
500℃よりも高温では速く平衡状態になるが、
アンモニアの生成率が低くなる(②)。
500℃よりも低温ではアンモニアの生成率は高くなるが、
平衡状態になるまで時間がかかる(③)。

基礎化学 | 理論化学 | 無機化学 | 有機化学 | 高分子化学

第9章

酸と塩基

52 酸と塩基とは何だろう

～ 酸と塩基の定義 ～

　酸性、アルカリ性という言葉は聞いたことがあると思います。塩基性は、中学まではアルカリ性といいますが、高校以降の化学では塩基性といいます（なぜよび方を変えるのでしょうか。その理由は次節のコラムを読むとわかります）。いったい何を基準に酸性や塩基性を決めているのでしょうか。

　お酢には酢酸、レモンにはアスコルビン酸、梅干しにはクエン酸…酸っぱい食べ物には"〜酸"という酸性を示す酸が含まれています。一方、塩基性を示す物質を塩基といいます。塩基として有名なものは水酸化ナトリウム、アンモニアがありますが、せっけんや重曹も塩基です。酸と塩基の定義は当初はアレニウスが提唱した「酸とは水に溶けたときに水素イオン H^+ を放出する物質」、「塩基とは水に溶けたときに水酸化物イオン OH^- を放出する物質」でした。

　しかし、このアレニウスの定義では、OH^- をもたないけれども、塩基としての性質をもつアンモニア NH_3 を塩基に含めることができません。また、H^+ は単独で存在するのではなく、H_2O と結合して H_3O^+ という形（H_3O^+ をオキソニウムイオンといいます）で存在することがわかってきました（ただし、この本ではこの節以外では H_3O^+ を簡略化した形である H^+ を使用しています）。そこでこのアレニウスの定義をもうちょっと拡大して、「酸とは H^+ を与えられる物質のこと」「塩基とは H^+ を受け取る物質のこと」と修正されました。これを提唱した2人の科学者の名前をとって「ブレンステッド・ローリーの定義」といいます。そもそもなぜ OH^- をもつ物質が塩基にな

れるのかというと、$OH^- + H^+ \rightarrow H_2O$ という反応によって、H^+を消費できるからなのです。つまり塩基としての性質は、OH^-の存在にあるのではなく、H^+を受け取れるという能力にあると考えれば、アンモニアは、$NH_3 + H^+ \rightarrow NH_4^+$の反応で$H^+$を受け取れるため、塩基としての性質をもつと説明することができるのです。

図 52-1 ● 酸と塩基の定義のまとめ

アレニウスの定義

酸　水に溶けて水素イオン H^+ を放出するもの
例　$HCl \rightarrow H^+ + Cl^-$

塩基　水に溶けて水酸化物イオン OH^- を放出するもの
例　$NaOH \rightarrow Na^+ + OH^-$

ブレンステッド・ローリーの定義

酸　H^+ を与えられる物質のこと
例　$HCl + H_2O \rightarrow H_3O^+ + Cl^-$

塩基　H^+を受け取る物質のこと
例　$NH_3 + H_2O \rightarrow NH_4^+ + OH^-$

この定義では、H_3O^+ だけでなく NH_4^+ も酸、OH^-だけでなく Cl^-も塩基と定義できる。このとき、NH_4^+ を NH_3 の共役酸、Cl^-を HClの共役塩基という。

53 酸と塩基の強さはどうやって表す？

~ pH ~

　コンビニで売っているおにぎりの原材料の表示を見ると、pH 調整剤と書いてあります。pH は「ピーエイチ」と読み、酸性、塩基性の強さを表す指標です。pH を調整して弱酸性にすると細菌が繁殖しにくくなり、賞味期限を延ばすことができます。ただ、酸性が強くなりすぎると酸っぱく感じて風味を損なうので、食べたときに酸味を感じないぎりぎりの pH を見極めているのです。

　中性では H^+ や OH^- がまったく存在しないのかというとそうではありません。純水もわずかに電離していて、**水素イオンのモル濃度 $[H^+]$ と、水酸化物イオンのモル濃度 $[OH^-]$ の積は、1.0×10^{-14} $(mol/L)^2$ という水のイオン積が常に成り立っている**ため、代表的な中性物質である純粋な水では、$[H^+] = [OH^-] = 1.0 \times 10^{-7}$ (mol/L) と H^+ や OH^- のモル濃度がそれぞれ 10^{-7} mol/L で等しくなっているのです（図 53 − 1）。

図 53-1 ●【水のイオン積】純水はごくわずかだが電離している！

$$H_2O \rightleftarrows H^+ + OH^-$$

純水では、$[H^+]$ と $[OH^-]$ が等しく、25℃では、
$$[H^+]=[OH^-]=1.0\times10^{-7} \text{ (mol/L)}$$

$[H^+]$ と $[OH^-]$ の積を水のイオン積といい、記号 K_w で表す。
$$K_w = [H^+][OH^-] = 1.0\times10^{-14} \text{ (mol/L)}^2$$

中性である純水に酸を溶かすと、[H^+] ＞ [OH^-] となり、H^+が多くなるため酸性を示します。逆に純水に塩基を溶かすと、[H^+] ＜ [OH^-] となり、OH^-が多くなって塩基性を示します。つまり、酸性とは [H^+] が 10^{-7}mol/L より大きい状態であり、中性とは [H^+] が 10^{-7}mol/L のときの状態であり、塩基性とは [H^+] が 10^{-7}mol/L より小さい状態であるということになります。ただ、このままの状態では、数値が小さすぎてわかりにくいので、対数を用いて身近な数字に変換したものが pH です。この数値は図 53 − 2 のように定義されます。

図 53-2 ● 水素イオン濃度と pH

[H^+]=1.0×10^{-n}〔mol/L〕 のとき、pH=n

例えば、[H^+]=1.0×10^{-2}〔mol/L〕のとき pH=2、
[H^+]=1.0×10^{-13}〔mol/L〕のとき pH=13、
[OH^-]=1.0×10^{-2}〔mol/L〕のとき水のイオン積より
[H^+]=1.0×10^{-12}〔mol/L〕なので pH=12 となる。

もちろん中性では [H^+] ＝ [OH^-] =1.0×10^{-7}〔mol/L〕なので pH=7 となる。

　身近な物質の酸と塩基の強さを pH を用いて分類すると表 53 − 1 のようになります。

　pH の強さは見ただけではわからないので、これを目で見てわかるようにできれば便利です。このために使われるのが pH 指示薬です。pH 指示薬は、pH を知りたい水溶液に 1、2 滴加えてその色で pH を判断します。pH 指示薬には無数の種類が存在しますが、高校の化学ではメチルオレンジ（pH3.2 以下で赤、4.3 以上で黄色）、フェノールフタレイン（pH9.6 以上で赤、8.5 以下で無色）、ブロモチモール

ブルー（BTB、pH7付近で緑、酸性で黄色、塩基性で青）の3種類を覚えておきましょう。

— 表 53-1 ● 水素イオン濃度とpHの関係、及び身近な物質のpH —

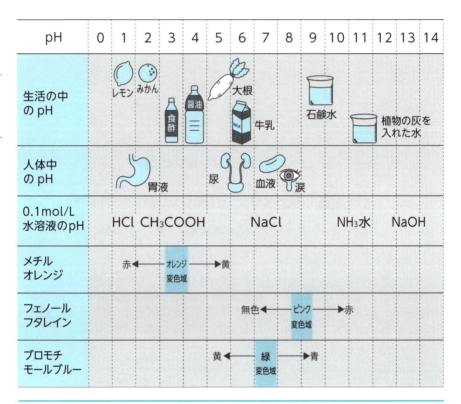

【アルカリという言葉の由来】
　アラビア語のal（冠詞）＋ kali（灰）に由来します。植物または海の藻類の灰を水に浸したものは強い塩基性です。塩基性のものはタンパク質を分解する性質があるので、人間の皮脂やタンパクからなる汚れを落とすはたらきがあります。そのため洗剤はもちろん、セッケンすらない時代には「灰」が汚れ落としに使われていました。江戸時代には洗剤として灰を売り買いする職業もあったほどです。そこでこの灰の主成分である炭酸カリウムと炭酸ナトリウムをアルカリ、そこに含まれるカリウムやナトリウムが属する周期表1族の金属元素をアルカリ金属というグループ名でよぶようになったのです。つまり、以前は気体のアンモニアはアルカリの概念には含まれていなかったのです。中学では「アルカリ性」というのに、高校で「塩基性」というのは、「塩基性」のほうがより広い範囲の物質を含めることができるからなのです。

54 酸と塩基をもう少し詳しく分類すると…

~ 強弱と価数による酸と塩基の分類 ~

　酸と塩基はたくさんありますが、この酸と塩基の分類には、「価数」による分け方と「強弱」による分け方の二つがあります。「酢酸は1価の弱酸」、「水酸化カルシウムは2価の強塩基」という言い方をします。どんな決まりで分類しているのでしょうか。

　まずたくさんある酸と塩基のうち代表的なものを表54-1に分類してみました。「価数」は、酸の場合はH^+をいくつ放出できるか、塩基の場合はH^+をいくつ受け取れるかということを表します。「硫酸は2価の酸」、「水酸化カルシウムは2価の塩基」というように使います（(1)式、(2)式）。ここは簡単ですね。

　少し厄介なのは強弱の分類です。例えば塩化水素HClを水に溶かして、濃度の薄い水溶液にすると水素イオンH^+と塩化物イオンCl^-に電離して塩酸となります。このとき、(3)式のように電離度を定義すると、濃度の薄い塩酸の電離度は1.0、つまり溶かしたHClが100%電離するのです。この電離度をもとに、電離度が1.0に近いものを「強い」、逆に0に近くてほとんど電離しないものを「弱い」と定義しています。濃度の薄い塩酸は電離度が1.0なので「強酸」とよぶのです。

　強酸である塩酸に対し、「弱い」酸の代表的なものが酢酸です。酢酸は塩化水素とは異なり、水溶液にしたときにごくわずかしか電離し

表 54-1 ● 酸と塩基の価数と強弱による分類

強酸	弱酸	価数	強塩基	弱塩基
塩化水素 HCl 硝酸 HNO₃	酢酸 CH₃COOH	1	水酸化ナトリウム NaOH 水酸化カリウム KOH	アンモニア NH₃
硫酸 H₂SO₄	硫化水素 H₂S シュウ酸 (COOH)₂ 二酸化炭素 CO₂	2	水酸化カルシウム Ca(OH)₂ 水酸化バリウム Ba(OH)₂	水酸化銅 (Ⅱ) Cu(OH)₂ 水酸化マグネシウム Mg(OH)₂
	リン酸 H₃PO₄	3		

硫酸は H^+ を 2 個もつので 2 価の酸　　　　$H_2SO_4 \rightarrow 2H^+ + SO_4^{2-}$ … (1)

水酸化カルシウムは OH^- を 2 個もつので 2 価の塩基

$$Ca(OH)_2 \rightarrow Ca^{2+} + 2OH^- \quad \text{… (2)}$$

$$電離度 \alpha = \frac{電離した酸（塩基）の物質量〔mol〕（またはモル濃度）}{溶解した酸（塩基）の物質量〔mol〕（またはモル濃度）} \quad \text{… (3)}$$

$$HCl \rightarrow H^+ + Cl^- \qquad CH_3COOH \leftrightarrows CH_3COO^- + H^+$$

ません（電離の式で使われている矢印に逆向きのものもついていることに注目してください）。酢酸分子が 60 個あったら、そのうちのたった 1 個しか電離せず、残りの 59 個は分子のままでいます。つまり、電離度は 0.017 です。ただし、電離度は温度や濃度によって大きく変化することに注意してください。

　同じことが塩基についてもいえます。強塩基の水酸化ナトリウム NaOH は、ナトリウムイオン Na^+ と水酸化物イオン OH^- に完全電離します。しかし、弱塩基のアンモニア NH_3 は、ほんの一部のみが水分子と反応して NH_4^+ と OH^- になり、ほとんどが分子の NH_3 のままになっています。

　ところで、「強い」「弱い」という区別はずいぶんとあいまいだなと思われたかもしれません。その感想は正しいのです。例えば強酸であ

る塩酸と弱酸である酢酸を比べたときに、どちらが酸性が強いのか考えてみましょう。同じモル濃度なら当然塩酸のほうが酸性は強いのですが、仮に塩酸のほうがずっと濃度が薄いとすると、どちらが強い酸性なのかは、H^+のモル濃度を比較しないとわかりません（図 54 − 1）。

図 54-1 ● どっちが酸性が強い？

pH を使うと数値で液性が判断できるので便利！

電離度 1.0 である 0.00010 mol/L の塩酸

VS

電離度 0.010 である 0.10 mol/L の酢酸

H^+のモル濃度は「溶質のモル濃度×電離度」で計算できる。

塩酸から放出されるH^+
0.00010〔mol/L〕×1.0＝0.00010〔mol/L〕＝$1.0×10^{-4}$〔mol/L〕→ pH＝4

酢酸から放出されるH^+
0.10〔mol/L〕×0.010＝0.0010〔mol/L〕＝$1.0×10^{-3}$〔mol/L〕→ pH＝3

⇒酢酸のほうがpH が小さいので、この場合は酢酸のほうが酸性は強い

第9章 酸と塩基

55 酸と塩基を混ぜると…?

～ 中和 ～

強い酸性、強い塩基性は生物にとっても有害ですし、環境にも悪影響を与えます。そこで、酸と塩基を混ぜてお互いの性質を打ち消しあう中和という操作が必要になるときがあります。中和の仕組みを見ていきましょう。

まず、塩酸と水酸化ナトリウム水溶液を混ぜたときに何がおきているのかを見てみましょう。図 55 − 1 では、塩酸に水酸化ナトリウム水溶液を加えていったときの水溶液中の様子を表しています。このような**酸と塩基の反応（(1) 式）を中和反応といい、水以外の生成物（この反応では NaCl）を塩**（「しお」とはいわないことに注意しましょう）とよびます。

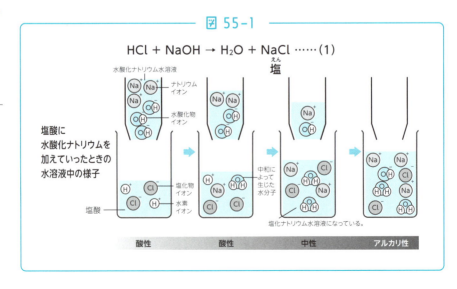

図 55-1

$HCl + NaOH \rightarrow H_2O + NaCl \cdots\cdots (1)$

【塩の種類】

　塩には、表 55 − 1 に示すように酸のすべての H^+ を他の陽イオンで置き換えた正塩と、一部分のみを置き換えた酸性塩があります。また、塩基の OH^- の一部分を他の陰イオンで置き換えた塩基性塩もあります。これらの分類は、各塩の組成に基づくもので、その水溶液の性質とは関係ありません。例えば酸性塩である硫酸水素ナトリウムの水溶液は酸性ですが、炭酸水素ナトリウムの水溶液は塩基性です。

　塩の水溶液の液性を見分けるにはポイントがあります。塩酸と水酸化ナトリウム水溶液のような強酸と強塩基の中和反応でできた塩は中性です。一方、強酸と弱塩基の中和反応でできた塩は酸性の性質が勝つので酸性になり、弱酸と強塩基の中和反応でできた塩は塩基性の性質が勝つので塩基性になると考えてください。この詳しい理屈と計算方法はこの後の 58 節で見ていきます。

表 55-1 ● 塩の種類

種類	組成	例	
正塩	酸のHも塩基のOHも残っていない塩	塩化ナトリウム　NaCl 酢酸ナトリウム　CH_3COONa	塩化アンモニウム　NH_4Cl 硫酸銅(Ⅱ)　　　　$CuSO_4$
酸性塩	酸のHが残っている塩	炭酸水素ナトリウム　$NaHCO_3$ 硫酸水素ナトリウム　$NaHSO_4$	
塩基性塩	塩基のOHが残っている塩	塩化水酸化カルシウム　　$CaCl(OH)$ 塩化水酸化マグネシウム　$MgCl(OH)$	

炭酸水素ナトリウム　$NaHCO_3$ ⟶ 酸性塩だけど水溶液は塩基性

塩化アンモニウム　NH_4Cl　　⟶ 正塩だけど水溶液は酸性

酢酸ナトリウム　CH_3COONa　⟶ 正塩だけど水溶液は塩基性

硫酸水素ナトリウム　$NaHSO_4$ ⟶ 酸性塩で水溶液は酸性
　　　　　　　　　　　　　　　　（硫酸が半分中和された状態）

第 9 章

酸と塩基

56 できるやつは電離度は使いません。その理由は…

～ 電離定数を使った弱酸、弱塩基の pH の計算法 ～

弱酸、弱塩基の pH を求めるのに電離度を使う方法は、表 56 − 1 のように濃度が変化すると電離度も変化してしまうので、使いにくいという弱点があります。この弱点は電離定数という平衡定数を使うことで解決することができます。

酢酸は水溶液中では $CH_3COOH \rightleftarrows CH_3COO^- + H^+$ の平衡が成り立っているので、この式の平衡定数は 49 節に従って、

$$K_a = \frac{[CH_3COO^-][H^+]}{[CH_3COOH]}$$

— 表 56-1 ● 酢酸の濃度と電離度 —

酢酸の濃度c〔mol/L〕	電離度α (25℃)
1.0	0.0052
0.1	0.016
0.01	0.051
0.001	0.15

と表すことができます。このときの平衡定数 K_a を酸の電離定数といいます。この電離定数は温度が変わらなければ固有の値なので、この K_a を使えば電離度を使うよりも pH を有利に計算することができます。具体的に電離平衡時において、酢酸の初濃度を c mol/L、電離度を $α$ として酢酸の pH を表してみましょう（図 56 − 1）。

では、塩基の場合ではどうでしょうか。アンモニアは水溶液中では $NH_3 + H_2O \rightleftarrows NH_4^+ + OH^-$ の平衡が成り立っているので、この場合の平衡定数は

図 56-1 ● 弱酸の電離度と電離定数

$$CH_3COOH \rightleftarrows CH_3COO^- + H^+$$

電離前	c	0	0	[mol/L]
変化量	$-c\alpha$	$+c\alpha$	$+c\alpha$	[mol/L]
電離平衡時	$c(1-\alpha)$	$c\alpha$	$c\alpha$	[mol/L]

したがって、
酢酸の電離平衡K_aは
次のように表される。

$$\blacktriangleright \quad K_a = \frac{[CH_3COO^-][H^+]}{[CH_3COOH]} = \frac{c\alpha \times c\alpha}{c(1-\alpha)} = \frac{c\alpha^2}{(1-a)}$$

弱酸では電離度αは1よりかなり小さいので、
$1-\alpha$は1とみなすことができる。そのため、

$$\blacktriangleright \quad K_a = c\alpha^2$$

という近似式が得られる。したがって、
電離度αは次のようになる。

$$\blacktriangleright \quad \alpha = \sqrt{\frac{K_a}{c}}$$

さらに、弱酸の$[H^+]$は$c\alpha$ [mol/L]
なので、次のように表される。

$$\blacktriangleright \quad [H^+] = c\alpha = c\sqrt{\frac{K_a}{c}} = \sqrt{cK_a}$$

$$K = \frac{[NH_4^+][OH^-]}{[NH_3][H_2O]}$$

と表すことができます。電離平衡では、水のモル濃度 $[H_2O]$ は充分大きくて変化量が少なく、常に一定とみなすことができるのでK $[H_2O]$ を K_b とすると

$$K_b = \frac{[NH_4^+][OH^-]}{[NH_3]}$$

と表すことができます。このときの平衡定数 K_b を塩基の電離定数といいます。弱塩基の $[OH^-]$ についても弱酸の場合と同様に計算すると図 56 - 2 の結果が得られます。

図 56-2 ● 弱塩基の電離度と電離定数

弱塩基についても、弱酸の場合と同様に次式が得られる。

$$\alpha = \sqrt{\frac{K_b}{c}} \quad , \quad [OH^-] = \sqrt{cK_b}$$

57 中和反応を pH の変化で見てみよう①

～ 強酸に強塩基を加えていったときの滴定曲線 ～

酸に塩基を加えていったときに pH がどのように変化していくのかを計算で明らかにしていきましょう。加えていく塩基の水溶液の体積と pH の関係をグラフにしたものを滴定曲線といいます。この節では強酸に強塩基を加えていった場合の滴定曲線について計算します。

0.10mol/L の塩酸 20mL に同じ濃度の水酸化ナトリウム水溶液を加えていくときの pH の変化を考えてみましょう。中和点を求めるには H^+ の物質量と OH^- の物質量が等しくなったときなので、図 57 − 1 (1) 式が成り立ちます。

図 57-1

H^+ の物質量 $= a \times c \times \dfrac{V}{1000}$ 〔mol〕

OH^- の物質量 $= b \times c' \times \dfrac{V'}{1000}$ 〔mol〕

であるので、次の式が成立する。

$\dfrac{acV}{1000} = \dfrac{bc'V'}{1000}$

または $acV = bc'V'$ …… (1)

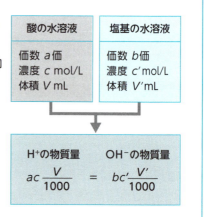

ここでは、1 価、同濃度の酸、塩基同士の中和反応なので、中和点は水酸化ナトリウム水溶液を 20mL 加えたときです。そこで、滴定前、NaOH 水溶液を 5mL 加えたとき、10mL、15mL、18mL、19mL、20mL（中和点）、30mL、40mL 加えたときの pH を計算で求めてグラフを書いてみます。

① 滴定前　pH = 1.00

　pH を出すには、H^+ のモル濃度を求めて対数を計算します。塩酸は強酸なので、下記の通り完全に電離します。

	HCl	→	H^+	+	Cl^-
電離前	0.10mol/L		0mol/L		0mol/L
電離後	0		0.10mol/L		0.10mol/L

$[H^+]$ = 0.10 なので pH = $-$ log $[H^+]$ = 1.0 となります。

② 5mL、NaOH 水溶液を加えたとき　pH = 1.22

　このときの pH はどう計算すればよいでしょうか。pH を求めるには $[H^+]$ を求めればよいので、最初にあった $[H^+]$ の mol から中和された分（加えられた OH^- の分）を引きます。

0.10〔mol/L〕× 0.020〔L〕 $-$ 0.10〔mol/L〕× 0.005〔L〕 = 0.0015〔mol〕

　このとき注意しなければいけないのは、$[H^+]$ を出すためには全体の体積が増加して 25mL になっているということです。つまり、

$[H^+]$ = 0.0015〔mol〕÷ 0.025〔L〕= 0.060〔mol/L〕

となるので、pH = $-$ log $[H^+]$ = 1.22

③ 10mL、NaOH 水溶液を加えたとき　pH = 1.48

　同様に計算を行なって pH = $-$ log $[H^+]$ = 1.48

④ 15mL、NaOH 水溶液を加えたとき　pH = 1.85

　同様に計算を行なって pH = $-$ log $[H^+]$ = 1.85

⑤ 18mL、NaOH 水溶液を加えたとき　pH = 2.28

同様に計算を行なって pH = − log [H⁺] = 2.28

⑥ **19mL、NaOH 水溶液を加えたとき　pH = 2.59**

同様に計算を行なって pH = − log [H⁺] = 2.59

⑦ **20mL、NaOH 水溶液を加えたとき（中和点）　pH = 7.00**

⑧ **30mL、NaOH 水溶液を加えたとき　pH = 12.30**

中和点を越えたとき以降は、H⁺は考えなくてよいので、中和点以降に加えた OH⁻の mol を全体の体積で割って [OH⁻] を計算します。

[OH⁻] = 0.0010 [mol] ÷ 0.050 [L] = 0.020 [mol/L]

pOH = − log [OH⁻] = 1.70

pH = 14 − pOH = 12.30

⑨ **40mL、NaOH 水溶液を加えたとき　pH = 12.52**

同様に計算を行なって、

[OH⁻] = 0.0020 [mol] ÷ 0.060 [L] = 0.033 [mol/L]

pOH = − log [OH⁻] = 1.48

pH = 14 − pOH = 12.52

以上の計算結果をグラフにプロットして結んでみます（図 57 − 2）。すると、中和点付近で急激に pH が上昇するグラフになることがわかります。

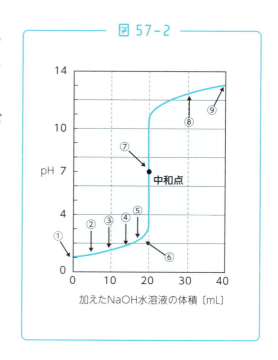

図 57-2

58 中和反応をpHの変化で見てみよう②

～弱酸に強塩基を加えていったときの滴定曲線～

続いて、弱酸を強塩基で中和したときのpHの変化を計算で求めていき、滴定曲線を描きましょう。滴定曲線を描くためには電離定数を使う必要があります。

0.10mol/Lの酢酸20mLに同じ濃度の水酸化ナトリウム水溶液を加えていくときのpHを考えてみましょう。弱酸の場合でも中和点を求めるには前節の図57－1の(1)式が使えます。これは、たとえ一部しか電離していない弱酸でも、中和されてH^+がなくなるとまた電離してH^+が生じてくるからです。ここでも、1価、同濃度の酸、塩基同士の中和反応なので、中和点は水酸化ナトリウム水溶液を20mL加えたときです。そこで、滴定中のpHの変化を滴定前、NaOH水溶液を5mL加えたとき、10mL、15mL、18mL、19mL、20mL（中和点）、30mL、40mL加えたときのpHを計算で求めてグラフを書いてみます。ただし、酢酸の電離定数K_aを2.7×10^{-5}とします。

① 滴定前　pH = 2.78

酢酸は弱酸なので、電離定数K_aを用いると$[H^+] = \sqrt{cK_a}$と表されるため、pH = $-\log[H^+]$ = 2.78となります。

② 5mL、NaOH水溶液を加えたとき　pH = 4.09

このときのpHはどう計算すればよいでしょうか。5ml、0.10mol/LのNaOH水溶液にはOH^-が5.0×10^{-4}〔mol〕含まれているので、

この分だけ酢酸が中和されて酢酸ナトリウムが生じます。これをまとめると、

		CH₃COOH	NaOH	→ CH₃COONa	H₂O

$$CH_3COOH \ + \ NaOH \ \rightarrow \ CH_3COONa \ + \ H_2O$$

NaOHを	加える前	2.0×10^{-3}	5.0×10^{-4}	0	たくさん
	加えた後	1.5×10^{-3}	0	5.0×10^{-4}	たくさん

となります（単位は mol）。これを全体の体積 0.025L（20mL ＋ 5mL）で割ると濃度になります。

　以上から酢酸の電離の式にどんな数値を代入すれば [H⁺] を求められるのかを考えてみましょう。

$$K_a = \frac{[CH_3COO^-][H^+]}{[CH_3COOH]}$$

K_a には電離定数 2.7×10^{-5} を代入します。[CH₃COO⁻] には NaOH を加えて生じた CH₃COONa のモル濃度（$5.0 \times 10^{-4} \div 0.025$）です。これは、CH₃COONa は塩なので、水溶液中で完全に電離して CH₃COO⁻ と Na⁺ になっているからです。[CH₃COOH] にはいまだ中和されていない残りの酢酸のモル濃度、$1.5 \times 10^{-3} \div 0.025$ を代入します。すると、

$$2.7 \times 10^{-5} = \frac{\frac{5.0 \times 10^{-4}}{0.025} \times [H^+]}{\frac{1.5 \times 10^{-3}}{0.025}}$$

となり、水溶液の体積の 0.025 は打ち消し合って消えるので、[H⁺] ＝ 8.1×10^{-5} より pH ＝ 4.09 となります。ここまでの計算からわかることは、中和点までの [H⁺] は、

$$[H^+] = \frac{[CH_3COOH]}{[CH_3COO^-]} \times K_a = \frac{中和されていない残りのmol}{中和された酸のmol（=加えられた塩基のmol）} \times K_a$$

という式で表されるということです。

③ 10mL、NaOH 水溶液を加えたとき　pH = 4.57

　20mL で中和点なので、ここでは最初にあった酢酸のうち、半分が中和されています。これを半中和点といいますが、半中和点では中和された酸の mol と残りの中和されていない酸の mol が等しくなるので、$[H^+] = K_a$ となります。これを計算して pH = 4.57 です。このとき、pH を計算する式には電離定数しかありません。つまり、弱酸や塩のモル濃度は pH には影響しないのです。ということは、半中和点では水溶液を薄めても pH は変化しないのです。この作用をもつ水溶液を緩衝液といいます。これは大切なことなので覚えておいてください。緩衝液には少量の酸（H^+）を加えても、多量に存在する CH_3COO^- と加えた H^+ が結合して $CH_3COO^- + H^+ \rightarrow CH_3COOH$ という反応がおこるため、H^+ の量はほとんど変化せず、pH もほとんど変化しません。

　また、少量の塩基（OH^-）を加えても多量に存在する CH_3COOH と OH^- が反応して、$CH_3COOH + OH^- \rightarrow CH_3COO^- + H_2O$ という中和反応がおこるため、pH はほとんど変化しません。このように外から加えられた影響を打ち消して pH をほぼ一定に保つ作用を緩衝作用といい、緩衝作用もつ溶液を緩衝液というのです。

④ 15mL、NaOH 水溶液を加えたとき pH = 5.04

　②で用いた式、

$$[H^+] = \frac{\text{中和されていない残りのmol}}{\text{中和された酸のmol（=加えられた塩基のmol）}} \times K_a$$

に従って計算して pH $= -\log [H^+] = -\log \left(\dfrac{5.0 \times 10^{-4}}{1.5 \times 10^{-3}} \times K_a \right)$ $= 5.04$

⑤ 18mL、NaOH 水溶液を加えたとき　pH = 5.52

　同様に計算を行なって、

$$pH = -\log [H^+] = -\log \left(\frac{2.0 \times 10^{-4}}{1.8 \times 10^{-3}} \times K_a \right) = 5.52$$

⑥ 19mL、NaOH 水溶液を加えたとき　pH = 5.85

同様に計算を行なって pH = − log[H⁺] = 5.85

⑦ 20mL、NaOH 水溶液を加えたとき（中和点）pH = 8.63

このときは、

$$[H^+] = \frac{\text{中和されていない残りのmol}}{\text{中和された酸のmol（=加えられた塩基のmol）}} \times K_a$$

の式において分子が 0 になってしまうのでこの計算式を使えません。このときの pH は「塩の加水分解」という概念を使って、「塩の加水分解定数 K_h」を使うことで計算することができます。

中和点では、酢酸がすべて酢酸ナトリウムになっていますが、酢酸ナトリウムは塩なので、完全に電離して酢酸イオンとナトリウムイオンになっています。酢酸は弱酸で電離度が小さいので、電離した酢酸イオンの一部は水と反応して酢酸になります。

$$CH_3COO^- + H_2O \rightleftarrows CH_3COOH + OH^-$$

この結果、OH⁻の濃度が大きくなり、水溶液は弱塩基性となるのです。これを塩の加水分解といいます。続いて具体的に pH を計算してみます。酢酸イオンのモル濃度は、0.10 mol/L の酢酸 20mL を中和したので物質量が同じまま体積が 2 倍になったため、半分の 0.050 mol/L になります。このうち、x mol/L だけ加水分解したとすると、

		CH_3COO^-	+	H_2O	$\rightleftarrows$	CH_3COOH	+	OH^-
加水分解の	前	0.050		たくさん		0		0
	後	$0.050 - x$		たくさん		x		x

ここで x は 0.050 に比べて十分小さいので、$0.050 - x \fallingdotseq 0.050$ と近似します。

$$K_h = \frac{[CH_3COOH][OH^-]}{[CH_3COO^-]} = \frac{x^2}{c-x} \fallingdotseq \frac{x^2}{c} \text{ [mol/L]}$$

$$x = \sqrt{c \times K_h}$$

一方、酢酸の電離定数 $K_a = 2.7 \times 10^{-5}$、水のイオン積 $K_W = 1.0 \times 10^{-14}$ より、K_h の分子と分母に $[H^+]$ をかけると、以下の式が成り立ち、結局は $K_h = K_W/K_a$ となるのです。

$$K_h = \frac{[CH_3COOH][OH^-][H^+]}{[CH_3COO^-][H^+]} = \frac{[CH_3COOH]K_W}{[CH_3COO^-][H^+]} = \frac{K_W}{\frac{[CH_3COO^-][H^+]}{[CH_3COOH]}} = \frac{K_W}{K_a} = \frac{1.0 \times 10^{-14}}{2.7 \times 10^{-5}} = 3.7 \times 10^{-10}$$

以上から、

$$[OH^-] = x = \sqrt{c \times K_h}$$

より、pH $= -\log[H^+] = 14 - $ pOH $= 14 + \log[OH^-]$
  $= 14 + \log\sqrt{c \times K_h} = 8.63$

⑧、⑨中和点以降の pH

中和点を越えたとき以降 pH は、57 節の強酸、強塩基の滴定と同じになります。

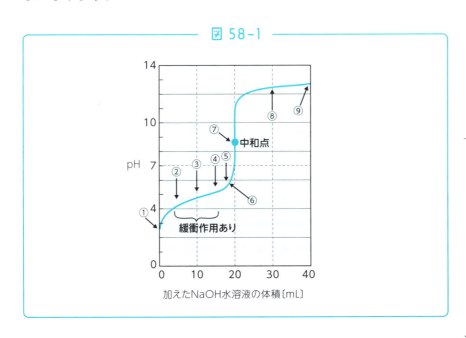

図 58-1

59 中和滴定はどんな実験器具を使って行なうか?

～ 中和滴定の実験方法 ～

　実際に、滴定曲線を描くための実験方法を、使用するガラス器具、中和点を判断するための指示薬に注目して考えてみましょう。この実験のことを中和滴定といいます。

　今、正確な濃度を知りたい約 0.1mol/L のうすい塩酸があるとします。この塩酸の濃度を知るためには中和の公式である図 57 － 1 の(1)式に基づいて考えると、塩酸の体積を正確に量り、この塩酸が中和するまで濃度の正確にわかった NaOH 水溶液を加えてその体積を調べればよいことになります。

　そこであなたは早速 NaOH の固体を使って 0.100mol/L の NaOH 水溶液を作ります。しかし実際に 1.00L の水に溶かそうと 4.00g の NaOH をはかりで量り取ると、NaOH の固体は空気中の水分をどんどん吸ってはかりの数字が増えていくのです！

　これを潮解性といいます。このため <u>NaOH の正確な濃度を決めるには、あらかじめ正確な濃度のわかった酸の水溶液を使って中和滴定をする必要があります。</u>そこで、シュウ酸という潮解性をもたない 2 価の酸を使って正確な濃度の水溶液（これを標準溶液といいます）を作ります。このシュウ酸標準溶液で、まず NaOH 水溶液の正確な濃度を決定してから、中和滴定で塩酸の濃度を決定するという 2 段階のプロセスが必要になるのです。

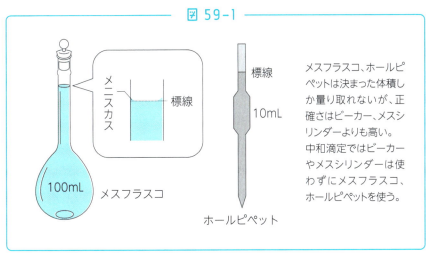

図 59-1

メスフラスコ、ホールピペットは決まった体積しか量り取れないが、正確さはビーカー、メスシリンダーよりも高い。中和滴定ではビーカーやメスシリンダーは使わずにメスフラスコ、ホールピペットを使う。

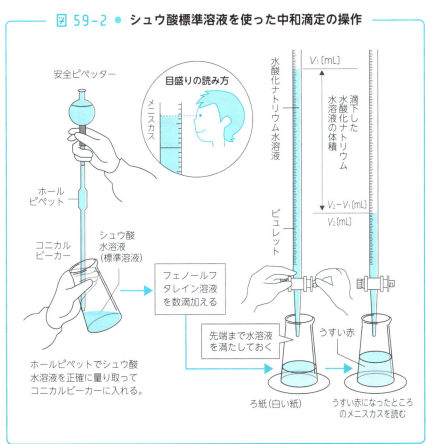

図 59-2 ● シュウ酸標準溶液を使った中和滴定の操作

では、中和点はどうすればわかるのでしょうか。これには 53 節で紹介した pH 指示薬を使います。pH 指示薬には変色域という、色が変わる pH 領域があります。pH 指示薬は中和滴定を行なう酸と塩基の種類によってフェノールフタレインとメチルオレンジを使い分ける必要あります。図 59 - 3、59 - 4 を見てください。<u>滴定曲線のグラフが変色域を垂直に貫いている指示薬が使えます。</u>図 59 - 3 では、塩酸の滴定では滴定曲線はメチルオレンジ、フェノールフタレインどちらの変色域も垂直に貫いているのでどちらも指示薬として使えます。しかし、酢酸ではメチルオレンジは中和点の手前で変色域に入っているので、指示薬としては使用できません。同様に図 59 - 4 のようにアンモニアを塩酸で滴定した場合では、フェノールフタレインは使用できず、メチルオレンジのみが使えるのです。

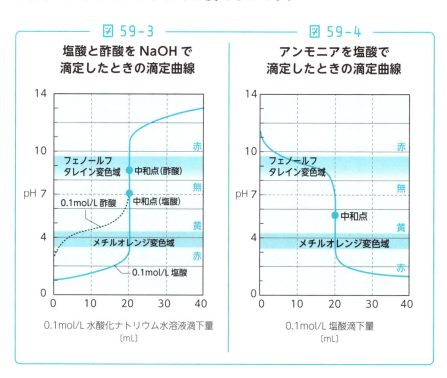

図 59-3 塩酸と酢酸を NaOH で滴定したときの滴定曲線

図 59-4 アンモニアを塩酸で滴定したときの滴定曲線

基礎化学 | 理論化学 | 無機化学 | 有機化学 | 高分子化学

第10章

酸化還元反応

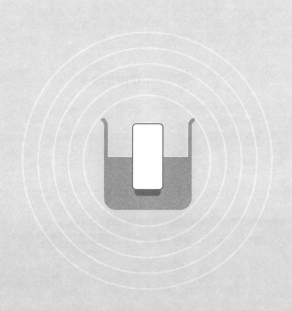

60 「酸化」というと悪いイメージが？本当のところはどうなのでしょうか

〜 酸化と還元、その正しい定義とは 〜

　「鉄がさびる」とは鉄が酸素と結合して酸化鉄になることで、さびた鉄はボロボロで使えなくなってしまいます。「酸化防止剤」とはお茶やジュースが酸化されて悪くならないように加えられているものです。このように、「さびる」とか、「酸化」というとなんだか悪いイメージがありますね。本当のところはどうなのでしょうか。化学の視点で見ていきましょう。

　中学校では「酸化反応」というと「酸素と結合する反応」のことで、「還元反応」というと酸化反応の逆で「結合している酸素原子が離れる反応」だと学びます（図60−1）。

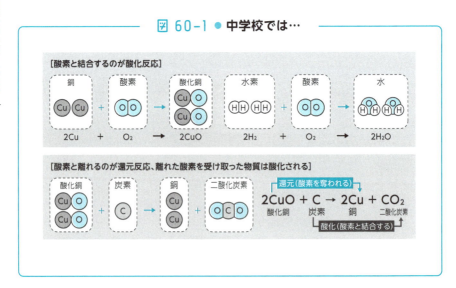

図 60-1 ● 中学校では…

しかし、高校の化学では酸化と還元は電子のやり取りとして捉えます。ある原子が電子を失ったときに「その原子は酸化された」、電子を受け取ったときに「その原子は還元された」と定義しています。こう定義すると、「鉄がさびる」という反応では、鉄が酸化されたと同時に酸素原子は電子を受けとって還元されていることになります。つまり、酸化される反応と還元される反応は必ず同時におき、どちらか一方だけの反応がおこることはありません。だから高校では酸化還元反応というのです。これはとても大切なことですので絶対に覚えておいてください。

さて、電子を基準に酸化還元反応を定義するとどんなメリットがあるのでしょうか。「熱した銅を塩素に入れると塩化銅になる」という反応を例に考えてみましょう（図60－2）。

反応後にできた $CuCl_2$ は Cu^{2+} と Cl^- のイオン結合からなるイオン

図 60-2 ● 高校では、酸化還元反応は電子の移動を基準にする

$$Cu + Cl_2 \rightarrow CuCl_2$$

Cuは酸化され、Clは還元されている

$Cu \rightarrow Cu^{2+} + \boxed{2e^-}$ （e^-を失う）

$Cl_2 + \boxed{2e^-} \rightarrow 2Cl^-$ （e^-を受け取る）

$$2CuO + C \rightarrow 2Cu + CO_2$$

Cu: 還元されている
C: 酸化されている
O: 還元されている

電子の移動を基準にすると、O原子自身が酸化されたか、還元されたかということも考えることができる！

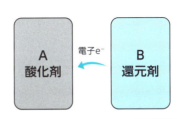

AはBを 酸化する 。
AはBによって
還元される 。
相手から電子を奪う。

BはAを 還元する 。
BはAによって
酸化される 。
相手に電子を与える。

結晶なので、電子のやり取りを考えると、Cu は反応後に電子を 2 個失って酸化され、Cl は反応後に電子を 1 個もらって還元されたということができます。このとき、Cu は相手に電子を与えることで、相手を還元したので還元剤、Cl_2 は相手の Cu から電子を奪って酸化したので酸化剤といいます。このように電子の動きで考えると、1 つ 1 つの原子について明確に酸化と還元を定義することができるという大きなメリットがあります。

　はじめの例を今説明した内容に沿って考えると、鉄がさびたり、食品が酸化する（正しくは「食品が酸化される」ですね）ということは、酸化剤である酸素によって鉄や食品が電子を失うことだ、といえるわけです。酸化剤、還元剤という用語もこれからもたびたび出てくるので覚えておいてください。

酸化と還元を判断する強力な武器

〜 酸化数 〜

　酸化還元反応とは電子のやり取りだということを前節で説明しました。しかし、実際の反応式から、すぐに酸化か還元かを判断するのは難しいこともあります。例えば水素と窒素からアンモニアを生成する $3H_2 + N_2 \rightarrow 2NH_3$ という反応では、一目でそれぞれの原子ごとに電子を失ったか、もらったかを判断するのは大変です。これを解決するために考え出されたのが「酸化数」です。

　この反応式からすぐに電子のやり取りがわからないのは、アンモニア NH_3 が、イオン結合ではなく共有結合でできている物質だからです。しかし、N－H間の共有結合では、電気陰性度（10節参照）がN原子のほうが大きいので、H原子がもとからもっていた電子はN原子側に寄っています。そこで、この共有結合を無理やりイオン結合に例えると、Nは電子を受け取った、Hは電子を失ったと考えることができます。つまり N_2、H_2 の単体の状態から反応後に NH_3 となったことで、Hは1個の電子を失った H^+ の状態、Nは3個のH原子からそれぞれ1個ずつ合計3個の電子を受け取った N^{3-} の状態と考えられるのです。最初の状態を0として、それぞれ電子の増減を数字で表すと、Hは $0 \rightarrow +1$、Nは $0 \rightarrow -3$ となり、H原子は数字が増えたので酸化された、N原子は数字が減ったので還元されたと表現できます。

図 61-1

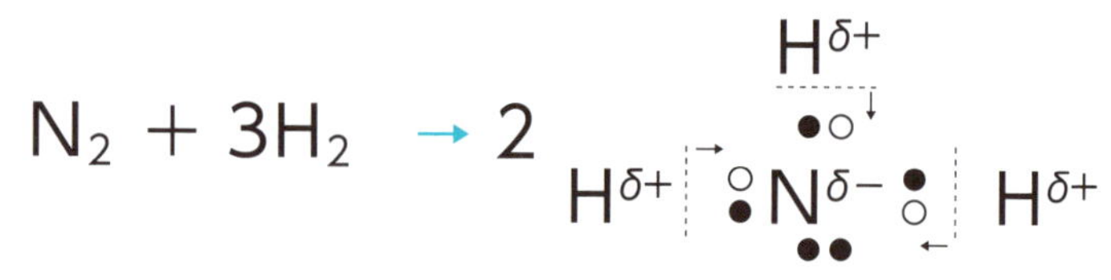

$$N_2 + 3H_2 \rightarrow 2 \quad H^{\delta+} \quad N^{\delta-} \quad H^{\delta+}$$

（H原子が上部に $H^{\delta+}$）

　この数字は酸化数とよばれ、それぞれの原子がどれくらい酸化されているかを示した数字です。酸化数を使うと、反応後に酸化数が増えていたらその原子は酸化された、酸化数が減っていたらその原子は還元されたということが一目でわかるので便利です。

　酸化数の決め方とその注意点については表61－1を見てください。

表 61-1 ● 酸化数の決め方

酸化数はあくまで1個の原子について決めることに注意

①	単体中の原子の酸化数は0とする。	H_2、Na、Cl_2では原子の酸化数は0
	理由：単体は結合に使われている電子の偏りがない状態と考えられるため。	
②	化合物中の水素原子の酸化数は+1、酸素原子の酸化数は−2とする。	$\underset{+1\,-2}{H_2O}$　　　$\underset{+1}{NH_3}$
	理由：一般的に水素原子は電気陰性度が小さいため、1価の陽イオンになるか共有結合では共有電子対が相手の原子側に偏っていることが多い。酸素はその逆である。 例外：H_2O_2では、H−O−O−Hという結合のため、O原子間の共有結合には共有電子対の偏りはないと考えられ、Oの酸化数は−1となる。NaHなど金属原子とH原子との化合物では、H原子よりも金属原子のほうが電気陰性度が大幅に小さいためにNa⁺とH⁻の金属結合と考えることができるためにHの酸化数は−1となる。	
③	電荷をもたない化合物では、構成する原子の酸化数の総和は0とする。	$\underset{x\,+1}{NH_3}$　$x \times 1+(+1)\times 3=0$より 　　　$x=-3$ $\underset{x\,-2}{SO_2}$　$x \times 1+(-2)\times 2=0$より 　　　$x=+4$
④	単原子イオンの酸化数は、イオンの電荷に等しい。	$\underset{+1}{Na^+}$　$\underset{+2}{Ca^{2+}}$　$\underset{-1}{Cl^-}$
⑤	多原子イオンの場合は、構成する原子の酸化数の総和は、イオンの電荷に等しい。	$\underset{x\,-2}{SO_4^{2-}}$　$x \times 1+(-2)\times 4=-2$より 　　　$x=+6$ $\underset{x\,+1}{NH_4^+}$　$x \times 1+(+1)\times 4=+1$より 　　　$x=-3$

酸化剤と還元剤には どんな種類があるのか

~ 酸化剤と還元剤の酸化力、還元力の強さを比較する ~

　ここではよく出てくる酸化剤、還元剤を紹介します。半反応式というのは、酸化還元反応がおきたときに、酸化剤による反応の部分、還元剤による反応の部分だけを示したものです。図62-1はそれぞれどれくらい酸化力があるか、還元力があるかという基準で並べました。右上に行くほど強い還元剤、左下に行くほど強い酸化剤です。じゃあ、真ん中あたりはどうなの？ という疑問が出てきますね。詳しく見ていきましょう。

　図の一番上には $K^+ + e^- \rightleftarrows K$ という半反応式が書いてあります。これは、Kは図62-1の中では一番強い還元剤であり、K^+ は酸化剤としては一番弱いということを表し、この平衡反応（真ん中には「$\rightleftarrows$」の矢印がありますね）は極端に左側に偏っています。つまり、Kはまわりに電子を投げつけてどんどん K^+ になってしまうので、自然の状態では K^+ としてしか存在しないということです。

　逆に表の下から5番目にある $Cl_2 + 2e^- \rightleftarrows 2Cl^-$ の半反応式では、Cl_2 が強い酸化剤なので平衡は極端に右に偏ります。Kのときと同様、単体の Cl_2 はまわりから電子を奪って Cl^- になってしまうので自然界には存在しません。ですが、Cl^- が含まれている水溶液により強い酸化剤である MnO_4^- を加えると、$Cl_2 + 2e^- \rightleftarrows 2Cl^-$ の反応式の平衡は左側に偏るので Cl_2 が発生するのです。

　一般的にはこの表の真ん中にある $2H^+ + 2e^- \rightleftarrows H_2$ の半反応式を基

図 62-1

強い還元剤ほど左に平衡が偏っている。

右上に行けば行くほど強い還元剤である。

$K^+ + e^- \rightleftarrows K$

$Ca^{2+} + 2e^- \rightleftarrows Ca$

$Na^+ + e^- \rightleftarrows Na$

$Mg^{2+} + 2e^- \rightleftarrows Mg$

$Al^{3+} + 3e^- \rightleftarrows Al$

$2H_2O + 2e^- \rightleftarrows 2OH^- + H_2$

$Zn^{2+} + 2e^- \rightleftarrows Zn$

$2CO_2 + 2H^+ + 2e^- \rightleftarrows (COOH)_2$

$Fe^{2+} + 2e^- \rightleftarrows Fe$

$Ni^{2+} + 2e^- \rightleftarrows Ni$

$Sn^{2+} + 2e^- \rightleftarrows Sn$

$Pb^{2+} + 2e^- \rightleftarrows Pb$

$2H^+ + 2e^- \rightleftarrows H_2$ ← 基準

$Sn^{4+} + 2e^- \rightleftarrows Sn^{2+}$

$SO_4^{2-} + 4H^+ + 2e^- \rightleftarrows SO_2 + 2H_2O$ ★

$S + 2H^+ + 2e^- \rightleftarrows H_2S\ aq$

$Cu^{2+} + 2e^- \rightleftarrows Cu$

$2H_2O + O_2 + 4e^- \rightleftarrows 4OH^-$

$SO_2 + 4H^+ + 4e^- \rightleftarrows S + 2H_2O$ ★

$I_2 + 2e^- \rightleftarrows 2I^-$

$O_2 + 2H^+ + 2e^- \rightleftarrows H_2O_2$ ☆

$Fe^{3+} + e^- \rightleftarrows Fe^{2+}$

$Hg_2^{2+} + 2e^- \rightleftarrows 2Hg$

$Ag^+ + e^- \rightleftarrows Ag$

$HNO_3 + H^+ + e^- \rightleftarrows NO_2 + H_2O$

$NO_3^- + 4H^+ + 3e^- \rightleftarrows NO + 2H_2O$

$Pt^{2+} + 2e^- \rightleftarrows Pt$

$Cr_2O_7^{2-} + 14H^+ + 6e^- \rightleftarrows 2Cr^{3+} + 7H_2O$

$Cl_2 + 2e^- \rightleftarrows 2Cl^-$

$MnO_4^- + 8H^+ + 5e^- \rightleftarrows Mn^{2+} + 4H_2O$

$H_2O_2 + 2H^+ + 2e^- \rightleftarrows 2H_2O$ ☆

$Au^+ + e^- \rightleftarrows Au$

$O_3 + 2H^+ + 2e^- \rightleftarrows O_2 + H_2O$

左下に行けば行くほど強い酸化剤である。

強い酸化剤ほど右に平衡が偏っている。

♥マークの反応式は金属によるもので、67節で扱います。

準として、この半反応式よりもどれくらい平衡が左に偏っているか、どれくらい右に偏っているかという基準で序列を決めています。

　最後に、図中の★と☆に注目してください。★をつけた二酸化硫黄 SO_2 と☆をつけた過酸化水素 H_2O_2 は 2 か所にあります。これらは、反応する相手によって酸化剤として反応するか、還元剤として反応するかが変わる物質です。SO_2 は還元剤である硫化水素 H_2S と酸化剤として反応して S になる反応がよく扱われます。また、H_2O_2 は通常強い酸化剤としてはたらきますが、過マンガン酸イオン MnO_4^-（教科書には $KMnO_4$ とカリウム塩の形で出てきます）や二クロム酸イオン $Cr_2O_7^{2-}$（教科書には $K_2Cr_2O_7$ とやはりカリウム塩の形で出てきます）などの強い酸化剤と反応するときは還元剤としてはたらきます。

63 重要な酸化剤、還元剤の特徴を押さえよう

～よく出る酸化剤・還元剤～

前節の表の酸化剤と還元剤の反応式のうち、大切なものをまとめたのが図63-1です。それぞれの特徴を見ていきましょう。

前節の図62-1にはたくさんの酸化剤、還元剤があってうんざりしちゃうよ、というのが正直な反応だと思います。でも♥マークがついているものはすべて金属イオンです。金属は酸化されると基本的に2価の陽イオンになります。これらの金属イオンは67節でまるごと扱いますので、これらを除くと…だいぶ減りますね。さらに残った中から思い切ってよく出てくるものだけを残したのが図63-1です。

図 63-1 ● 半反応式

	$2CO_2 + 2H^+ + 2e^- \rightleftarrows (COOH)_2$		還元剤
	$S + 2H^+ + 2e^- \rightleftarrows H_2S\ aq$		還元剤
	$SO_4^{2-} + 4H^+ + 2e^- \rightleftarrows SO_2 + 2H_2O$	★	還元剤
酸化剤	$SO_2 + 4H^+ + 4e^- \rightleftarrows S + 2H_2O$	★	
	$O_2 + 2H^+ + 2e^- \rightleftarrows H_2O_2$	☆	還元剤
酸化剤	$Cr_2O_7^{2-} + 14H^+ + 6e^- \rightleftarrows 2Cr^{3+} + 7H_2O$		
酸化剤	$MnO_4^- + 8H^+ + 5e^- \rightleftarrows Mn^{2+} + 4H_2O$		
酸化剤	$H_2O_2 + 2H^+ + 2e^- \rightleftarrows 2H_2O$	☆	

8 個なら何とかなりそうですね。8 個のうち、SO_2 と H_2O_2 は前節で述べたように酸化剤としても還元剤としてもはたらきます。残り 4 個のうち、還元剤としてはたらくのが $(COOH)_2$ と H_2S の 2 つ、酸化剤としてはたらくのが MnO_4^- と $Cr_2O_7^{2-}$ の 2 つです。それぞれ解説していきます。

まず、酸化剤として最も有名なものは MnO_4^- です。カリウム塩である $KMnO_4$（過マンガン酸カリウム）は紫色の結晶で、水に入れると濃〜い紫色の水溶液になります。$KMnO_4$ は反応後に Mn^{2+} になるのですが、この Mn^{2+} の水溶液は薄〜いピンク色でほぼ無色です。次に有名なものは $Cr_2O_7^{2-}$ です。$Cr_2O_7^{2-}$ のカリウム塩である $K_2Cr_2O_7$（ニクロム酸カリウム）は橙色の結晶で、水溶液もきれいな橙色ですが、還元剤と反応すると Cr^{3+} に変わり、緑色に色が変化します。環境問題を引きおこす六価クロムは、酸化数が + 6 であるこの $Cr_2O_7^{2-}$ のことで、酸化力が強いため生物にとって毒性がたいへん強い物質です。

続いて還元剤です。$(COOH)_2$ は 2 価の酸で、カルシウムの塩であるシュウ酸カルシウムは尿路結石の原因物質の一つです。H_2S は火山地帯で漂うにおいの原因です。いわゆる「硫黄のにおい」ですが、実際には硫黄にはにおいがありませんので、これは H_2S のにおいなのです。

過酸化水素 H_2O_2 や二酸化硫黄 SO_2 が酸化剤と還元剤の両方に登場しているのは、これらが相手によって酸化剤にも還元剤にもなりうるからです。H_2O_2 は基本は酸化剤として反応しますが、$KMnO_4$ や $K_2Cr_2O_7$ などの強い酸化作用をもつ相手と反応するときは還元剤としてはたらきます。SO_2 も酸化剤と還元剤の両方としてはたらきますが、SO_2 が出てくるのは、還元剤の H_2S と酸化剤として反応して S ができる場合がほとんどです。

64 誰でも酸化還元反応式が書けるようになれます

~ 酸化剤、還元剤の半反応式の書き方と組み合わせ方 ~

図63-1にある半反応式は、高校生は大学受験に向けてこの程度はすべて覚える必要があります。大変ですね…。でもこの式まるごとすべてを覚える必要はありません。コツを紹介します。

一番よく出てくる $KMnO_4$ の半反応式の作り方を紹介します。

①反応前と反応後で酸化数が変化している物質を覚えます。これだけは覚えなくてはいけません。

$MnO_4^- \rightarrow Mn^{2+}$

②反応に O 原子がかかわっている場合は H_2O 分子を加えて O 原子の数を両辺で合わせます。

$MnO_4^- \rightarrow Mn^{2+} + 4H_2O$

③両辺の H 原子の数を H^+ で合わせます。

$MnO_4^- + 8H^+ \rightarrow Mn^{2+} + 4H_2O$

④両辺の電荷 e^- を加えることで合わせます。

$MnO_4^- + 8H^+ + 5e^- \rightarrow Mn^{2+} + 4H_2O$

②～④までは考えなくてもできますね。もちろん、他の酸化剤、還元剤の半反応式も同様に作れます。では続いて、酸化剤と還元剤を組み合わせる酸化還元反応の作り方を $KMnO_4$ と H_2O_2 の反応を例に考えてみましょう。いきなりこの反応式を書くのは難しいですが、酸化剤と還元剤それぞれの半反応式を作ってから合体させれば、苦労しな

いで組み上げられます。

①まず、酸化剤としてはたらく過マンガン酸カリウムの半反応式（(1)式）と、還元剤としてはたらく過酸化水素の半反応式（(2)式）を書きます。

$MnO_4^- + 8H^+ + 5e^- \rightarrow Mn^{2+} + 4H_2O$ ……(1)

$H_2O_2 \rightarrow O_2 + 2H^+ + 2e^-$ ……(2)

②ちょうど電子を同じ量だけ放出し、受け入れるようにするために(1)式を2倍し、(2)式を5倍して足し合わせます。

$2MnO_4^- + 16H^+ + 10e^- \rightarrow 2Mn^{2+} + 8H_2O$

$+)\qquad\qquad\qquad 5H_2O_2 \rightarrow 5O_2 + 10H^+ + 10e^-$

$2MnO_4^- + 16H^+ + 5H_2O_2 + 10e^-$
$\rightarrow 2Mn^{2+} + 8H_2O + 5O_2 + 10H^+ + 10e^-$

③両辺に$10e^-$があり、同じ量の電子が移動したことがわかるのでこれを消去し、さらに両辺にあるH^+を整理します。だいぶすっきりしましたね。

$2MnO_4^- + 6H^+ + 5H_2O_2 \rightarrow 2Mn^{2+} + 8H_2O + 5O_2$

④しかしまだイオンが残っています。過マンガン酸カリウムは硫酸に溶かしてあるので、反応式中のH^+は硫酸H_2SO_4から放出されたものです。また、MnO_4^-はもともと$KMnO_4$から電離したものなので、K^+も存在します。この2つのイオンを用いて化学反応式にします。

$2KMnO_4 + 3H_2SO_4 + 5H_2O_2 \rightarrow 2MnSO_4 + 8H_2O + 5O_2$

⑤左辺で使った2つのK^+と1つのSO_4^{2-}が余っています。これらをくっつけて右辺にK_2SO_4を加えると、化学反応式が完成します。

$2KMnO_4 + 3H_2SO_4 + 5H_2O_2 \rightarrow 2MnSO_4 + 8H_2O + 5O_2 + K_2SO_4$

　いきなりこの化学反応式を書くのは難しいのですが、酸化剤と還元剤の半反応式があれば、どんな反応でも化学反応式を作れます。

65 酸化還元反応を用いてモル濃度を計算で求めるには？

～ 酸化還元滴定 ～

　酸化剤、還元剤のどちらかのモル濃度がわかっているときには、中和滴定と同じ手法でもう一方のモル濃度を求めることができます。この方法を酸化還元滴定といいます。

　中和滴定ではちょうど酸から放出されたH^+の物質量と、それを受け入れる物質（つまりOH^-）の物質量が一致したときが中和であり、終点でした。酸化還元滴定では、還元剤から放出される電子の物質量と、酸化剤が受け取る電子の物質量が一致したときが終点です。

　濃度未知の過酸化水素H_2O_2水溶液20.00mLを0.02000mol/Lの過マンガン酸カリウム$KMnO_4$水溶液で滴定して、過酸化水素水溶液の濃度を求めるケースを考えてみましょう（図65－1）。

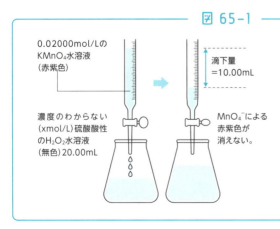

図65-1

【中和滴定との違い】
◎$KMnO_4$水溶液は光で分解されやすいので、ビュレットは茶褐色の着色したガラス製のものを用いる。

◎MnO_4^-自身が赤紫色に着色しているので、中和滴定のときのフェノールフタレインやメチルオレンジのように指示薬を加える必要がない。

三角フラスコに入れた硫酸で酸性にした過酸化水素水溶液に過マンガン酸カリウム水溶液を加えると、酸化還元反応がおきるため、過マンガン酸カリウム水溶液の赤紫色がすぐに消えて薄いピンク色に変わります（ただ、このピンク色は本当にうすい色なのでほとんど無色透明に見えます）。さらに過マンガン酸カリウム水溶液を加えていって、完全に過酸化水素が酸化還元反応により消費されると、それ以降に加えられた過マンガン酸カリウム水溶液の赤紫色が消えなくなります。この赤紫色が消えなくなった瞬間が反応の終点です。例えば、10.00 mL 加えたときが反応の終点だったとすると、図65－2の計算で過酸化水素 H_2O_2 水溶液のモル濃度がわかります。この操作を酸化還元滴定といいます。

　酸化還元滴定で色変化で当量点（酸化剤と還元剤がちょうど反応した点）がわかるものにはもう一つ、ヨウ素を使ったものがあります。ヨウ素は $I_2 + 2e^- \rightleftarrows 2I^-$ という半反応式なので、デンプンを少し加えることで、ヨウ素デンプン反応の紫色が消える、もしくは現れることで当量点が判断できます。

図 65-2

	濃度	体積	やり取りする電子の数
$MnO_4^- + 8H^+ + 5e^- \rightarrow Mn^{2+} + 4H_2O$ …(1)	0.02000mol/L	10.00ml	5個
$H_2O_2 \rightarrow O_2 + 2H^+ + 2e^-$ …(2)	x mol/L	20.00ml	2個

式(1)より、MnO_4^-、1molは相手からe⁻、5molを受け取ることがわかる。(5価の酸化剤)
②より、H_2O_2、1molは相手にe⁻、2molを与えることがわかる。(2価の還元剤)
酸化還元滴定の終点では、次の関係式が成り立つ。
(酸化剤が受け取ったe⁻の物質量)＝(還元剤が放出したe⁻の物質量)
求める過酸化水素水の濃度を$x$mol/Lとおくと

0.02000〔mol/L〕 × 10.00/1000〔L〕×5＝x × 20.00/1000〔L〕×2
x＝0.02500〔mol/L〕 となり、H_2O_2水溶液の濃度が求められる。

66 CuとZnのイオンになりやすさを実験で比較するには？

~ 金属のイオン化傾向 ~

鉄は放置するとさびてボロボロになってしまいますが、銀や金、プラチナはさびないので貴金属といわれ、指輪やネックレスに使われています。これは、鉄が貴金属に比べて「イオンになりやすい」ことが理由です。様々な金属がどれくらい「イオンになりやすいか」をイオン化傾向といい、イオン化傾向が大きい順番に金属を並べたものをイオン化列といいます。

このイオン化列はどうやって決めるのでしょうか？ 例として、図66-1の亜鉛Znと銅Cuのイオン化傾向を比較する実験について説明します。硫酸亜鉛$ZnSO_4$の水溶液に、銅板を浸しても何もおきませんが、硫酸銅$CuSO_4$の青い水溶液に亜鉛板を浸すと亜鉛のまわりに銅が析出してきます（銅が析出するにしたがって、水溶液の青色

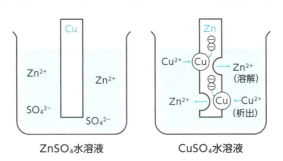

図66-1 ● 亜鉛Znと銅Cuのイオン化傾向の違い

が薄くなっていくので、水溶液中の Cu^{2+} が減っていっていることがわかります）。

　この実験の結果から、亜鉛 Zn と銅 Cu のイオン化傾向の違いを説明できます。硫酸亜鉛とは、硫酸イオン SO_4^{2-} と亜鉛イオン Zn^{2+} のイオン結合からなる物質です。ここに銅板を浸すと、水溶液中に SO_4^{2-} と Zn^{2+} と Cu が存在することになります。このときは何もおきません。続いて硫酸銅の水溶液に亜鉛板を浸したときは、水溶液中に SO_4^{2-} と Zn と Cu^{2+} が存在することになります。このときには、Zn が Cu^{2+} に電子を 2 個渡して Zn^{2+} になり、同時に Cu^{2+} は Cu となって、亜鉛板表面に析出してきます。この結果は、Cu に比べ、Zn のほうがイオン化傾向が大きいということを表しています。

　図 66 − 2 のイオン化列には、金属のイオン化列なのに、水素 H_2 が（カッコ）書きで含まれています。これは、塩酸などの希酸と反応して水素を発生する金属を H_2 の左側に、希酸とは反応しない金属を右側に並べているからです。例えばイオン化列で H_2 よりも左側にある Mg は $Mg + 2HCl \rightarrow MgCl_2 + H_2$ という反応をします。この反応では、Mg が Mg^{2+} になり、2 つの H^+ が H_2 になっているので、イオン化傾向が $Mg > H_2$ とわかります。

図 66−2 ● 金属のイオン化列と覚え方

貸(そう)　か　な、　ま　　あ　あ　て　に　す　な　(ひ)　ど　す　ぎ(る)借　金

K　　Ca　Na　Mg　Al　Zn　Fe　Ni　Sn　Pb　(H₂)　Cu　Hg　Ag　Pt　Au

大 ── 小

イオン化傾向

67 金やプラチナが永遠に輝くわけ

～イオン化傾向で見る金属の性質～

金属のイオン化傾向と金属の化学的性質は密接にかかわっていて、表67-1のようにまとめられます。この後で無機化学に入ると、このイオン化傾向のところをしっかり押さえられているかどうかで理解のスピードが違ってきます。高校では、この酸化還元のところさえやれば、無機化学は問題演習だけでいいなんて言う先生もいるんですよ。

表67-1 ● 金属のイオン化列と化学的性質

金属＼条件	空気中での反応	水との反応	酸との反応
K	速やかに内部まで酸化される	冷水と反応し水素を発生	希酸に溶けて水素を発生する
Ca			
Na			
Mg	常温で徐々に酸化される	熱水と反応	
Al			
Zn		高温の水蒸気と反応	
Fe 注1			
Ni		反応しない	
Sn			
Pb 注2			
Cu			酸化力のある酸に溶ける
Hg			
Ag	酸化されない		
Pt			王水にのみ可溶
Au			

注1：Feは希酸と反応するとFe + 2H$^+$ → Fe^{2+} + H$_2$ の反応がおきる。これを2Fe + 6H$^+$ →2Fe^{3+} + 3H$_2$ と書くと誤り。たしかに、空気中では水溶液中のFe^{2+}は次第にFe^{3+}に酸化されてしまう。しかし、一段階の反応で一気にFe→Fe^{3+}にはなりにくいのが理由。

注2：PbはH$_2$よりもイオン化傾向が大きいのに、希塩酸、希硫酸中に入れても反応しているようには見えない。これは希塩酸や希硫酸との反応で生じるPbCl$_2$やPbSO$_4$が水に溶けないために、Pbの表面を覆って内部まで反応が進むのを妨げるから。

表67-1を見ると、カリウムKとナトリウムNa、カルシウムCaは、電子をとても失いやすい、つまり陽イオンになりやすい金属だということがわかります。これは、空気中ではイオン化傾向の大き

い金属は空気中の酸素と結合して酸化されてしまうからです。Na や Ca と聞いてみなさんが金属をイメージすることはほとんどないと思いますが、それも当然というわけです。

これに対してイオン化傾向の小さい銀 Ag、白金（プラチナ）Pt、金 Au は、空気中では加熱しても酸化されず、いつまでも美しい金属光沢を保ちます。そのため貴金属とよばれます。

酸との反応について考えると、イオン化傾向が水素よりも大きい金属は、塩酸や希硫酸に浸すと水素を発生しながら溶けます。これに対して、水素よりもイオン化傾向の小さい銅 Cu、水銀 Hg、銀 Ag は、塩酸や希硫酸とは反応しません。

表 67 － 1 の酸化力のある酸とは熱濃硫酸や硝酸のことを指します。酸化剤としてはたらく物質が希酸は H^+ であるのに対して、熱濃硫酸は SO_4^{2-}、硝酸は NO_3^- と、H^+ よりも強く酸化剤としてはたらく成分を含んでいます。これは、銅 Cu、水銀 Hg、銀 Ag が熱濃硫酸や硝酸に溶けるのは、H^+ に酸化されたのではなく、酸に含まれるより強い酸化剤と反応するのだということを意味しています。その証拠に、この反応では水素は発生しません。熱濃硫酸と反応させたときは二酸化硫黄 SO_2 が、希硝酸では一酸化窒素 NO が、濃硝酸では NO がさらに酸化された二酸化窒素 NO_2 がそれぞれ発生します。

表 67 － 1 でイオン化傾向が小さい金 Au や白金 Pt は、古くから富の象徴として尊重されてきました。これは、金や白金がいかなる酸にも溶けないからです。しかし金や白金も絶対に溶けないわけではありません。濃塩酸と濃硝酸を 3：1 の体積比で混ぜた王水には、NO_3^- が酸化剤として、Cl^- が錯体の配位子となる錯化剤としてはたらくことで溶けると考えられています。

68 電池はなぜ電気エネルギーを取り出せるのか？

～電池のメカニズム～

亜鉛 Zn を硫酸銅 $CuSO_4$ 水溶液に入れると、Zn と Cu^{2+} で電子のやり取りがおこることを学びました（図66－1参照）。電子が移動することは電流が流れるということなので、このやり取りされる電子を外部に取り出すことができれば、電池として電気エネルギーを使うことができます。その基本的なメカニズムを紹介します。

まず図68－1のように亜鉛板を塩酸に入れるとどうなるでしょうか？ 亜鉛が塩酸中の水素イオン H^+ と反応して水素が発生しますね。では図68－2のように銅板を塩酸に入れたらどうなるでしょうか？ 金属のイオン化傾向を学習したみなさんならわかりますね。Cu は H_2 よりもイオン化傾向が小さいので、何も反応はおきません。

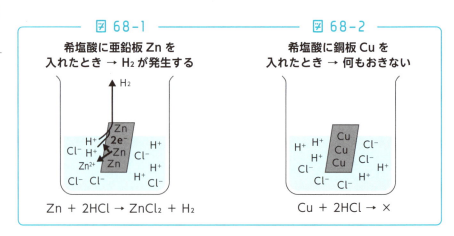

図68-1　希塩酸に亜鉛板 Zn を入れたとき → H_2 が発生する
$Zn + 2HCl \rightarrow ZnCl_2 + H_2$

図68-2　希塩酸に銅板 Cu を入れたとき → 何もおきない
$Cu + 2HCl \rightarrow ×$

では、図68－3のように亜鉛板と銅板を重ねて塩酸に入れるとどうなるでしょうか？　もちろん亜鉛板からは水素が発生しますが、何と銅板からも水素が発生するのです！　これはどう考えればいいでしょうか。水溶液中のH^+が水素H_2の泡となるためには電子をどこからか受け取らなくてはいけません。Cuはイオンにならないので電子を渡していません。とすると、電子はZn板から流れてきたと考えるしかありません。そこで、今度は図68－4のように亜鉛板と銅板を「コ」の字型につなげて塩酸に入れます。それでも同様に水素が発生します。ということは、コの字型の接している部分を電子が通過しているということになります。そこで、ここに豆電球をつなげると光らせることができるのです。

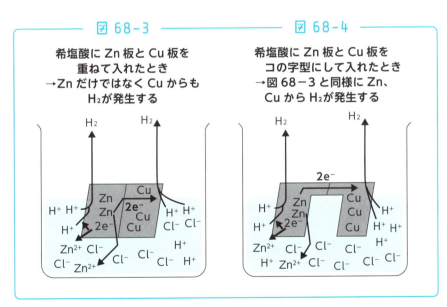

　このように、ZnがZn^{2+}になる酸化される反応と、H^+がH_2になる還元される反応を離れた場所でおこすことによって、外部に電子を流し、電気のエネルギーを取り出す装置を電池といいます。図68－5のZnとCuの間に導線をつないだものをボルタ電池といいます。電

池には正極と負極がありますが、**イオン化傾向が小さい金属が正極になって還元反応がおこります。負極はイオン化傾向が大きい金属で酸化反応がおこります。**ここはとても大切なところなのでしっかり押さえましょう。また、ボルタ電池の負極は Zn で、反応する物質も Zn ですが、正極は Cu で実際に反応にかかわっているのは H^+ です。このとき、H^+ のように正極で実際に反応にかかわっている物質のことを正極活物質といいます（負極活物質は Zn です）。

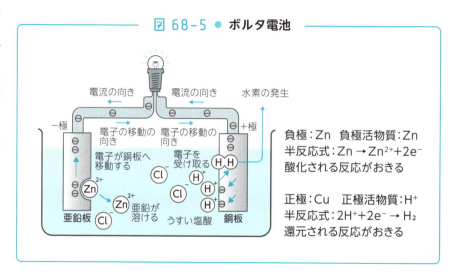

図 68-5 ● ボルタ電池

負極：Zn　負極活物質：Zn
半反応式：$Zn \rightarrow Zn^{2+} + 2e^-$
酸化される反応がおきる

正極：Cu　正極活物質：H^+
半反応式：$2H^+ + 2e^- \rightarrow H_2$
還元される反応がおきる

　ボルタ電池はその発明者アレッサンドロ・ボルタから名前をとったものです。ボルタは電圧の単位ボルトの由来となった人で、それまで電気といえば静電気しかなかったところに、はじめて継続して電流を取り出せる装置を発明したのです。彼はフランス皇帝ナポレオンの前でボルタ電池の公開実験を行なってナポレオンから金メダルをもらって称賛されたという逸話が残っています。ボルタはたまたま亜鉛と銅を電極に使用しましたが、亜鉛と銀でも、鉄と銅でも、イオン化傾向が異なる 2 種類の金属を使えば電池にすることができます。

69

ボルタ電池の弱点を改良しました

〜 ダニエル電池 〜

　ボルタ電池には、気体の水素が発生してこれが電流の流れを妨害するために、電圧がすぐに低下してしまうという問題点がありました。この問題点を解決した電池がダニエル電池です。ボルタ電池が発明されてから36年がたっていました。

　図69−1のダニエル電池の構造を見てください。ボルタ電池とどこが異なっているかわかりますか？　そうです、Zn板が入っている電解液とCu板が入っている電解液の間にセロハンの仕切りがあります。この仕切りは2つの電解液を区切りながら、かつ電気的に絶縁しな

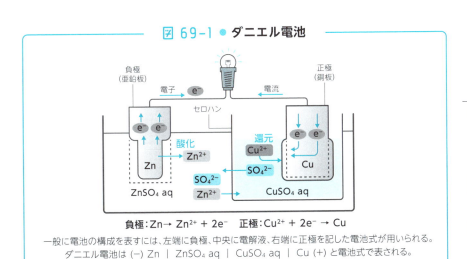

図 69-1 ● ダニエル電池

負極：$Zn \rightarrow Zn^{2+} + 2e^-$　　正極：$Cu^{2+} + 2e^- \rightarrow Cu$

一般に電池の構成を表すには、左端に負極、中央に電解液、右端に正極を記した電池式が用いられる。
ダニエル電池は (−) Zn | ZnSO₄ aq | CuSO₄ aq | Cu (+) と電池式で表される。

いように小さな穴が開いていて、少しずつ、本当に少しずつ電解液を通す役割をもっています。そのため、ただのビニールなどではだめで、セロハン膜などの半透膜か、素焼き板とよばれるうすい板が使われます。半透膜や素焼き板にはイオンが通り抜けられる程度の小さな穴は開いているので、ダニエル電池を何日も放置すると、電解液は混ざってしまいます。

　ではもう少し詳しく発電のメカニズムを見ていきましょう。Zn 板が入っているのは硫酸亜鉛 $ZnSO_4$ 水溶液、Cu 板が入っているのは硫酸銅 $CuSO_4$ 水溶液です。どちらも硫酸イオンの水溶液なのは、硫酸イオンが安定で室温では酸化も還元もされないからですが、別に塩化物イオンでも硝酸イオンでも問題なく電池になります。また、硫酸亜鉛水溶液側では Zn が Zn^{2+} となって溶け出すだけなので、電解質水溶液で Zn と反応しないものならば何でもよく、$ZnCl_2$ や、$Zn(NO_3)_2$ だけでなく、NaCl 水溶液でも KCl 水溶液でも構いません。Cu 板と $CuSO_4$ 水溶液の組み合わせは、Zn よりもイオン化傾向が小さい金属ならばいいので、Ag 板と $AgNO_3$ 水溶液の組み合わせでも構いません（Ag_2SO_4 でもいいのですが、水に溶けにくいので通常は $AgNO_3$ を使います）。なお、図 69 - 2 に示したように電池をつないだときの起電力は金属のイオン化傾向の差が大きければ大きいほど大きくなるので、Zn と Ag の組み合わせのほうが大きくなります。

図 69-2 ● 金属のイオン化列と各金属の酸化還元電位

酸化還元電位とは、H_2 を基準としてイオン化傾向の差を電圧の数字で表したもの。例えばダニエル電池の起電力は Zn と Cu の差をとって 1.10 V になる。同様に Zn と Ag を電極に使用した電池の起電力は 1.56 V になる。ただし、この起電力の数字は温度や電解液の濃度に影響を受けるのであくまで目安である。

貸(そう)	か	な	ま	あ	あ	て	に	す	な	(ひ)	ど	すぎ(る)	借	金
K	Ca	Na	Mg	Al	Zn	Fe	Ni	Sn	Pb	(H_2)	Cu	Hg	Ag	Pt	Au
-2.93	-2.84	-2.71	-2.67	-1.66	-0.76	-0.44	-0.23	-0.14	-0.13	0	+0.34	+0.79	+0.80	+1.19	+1.50

基本的な構造は100年以上前から変わっていません

~ 鉛蓄電池と乾電池 ~

　現在みなさんが使用している鉛蓄電池、乾電池を紹介します。鉛蓄電池のように充電して繰り返し使える電池を二次電池、マンガン乾電池やアルカリ乾電池のように一度しか使えない電池を一次電池といいます。

【鉛蓄電池】

　現在車のバッテリーは鉛蓄電池が基本です。その基本的な構造は100年以上前から変わっていません（図70-1）。鉛蓄電池は負極に鉛 Pb、正極に酸化鉛 PbO_2、電解液に質量パーセント濃度が約30％の硫酸を使っていて、起電力は約2 Vです。電流を取り出すときには（1）式の右向きの反応がおきています。

　負極では、Pb は酸化されて Pb^{2+} になり、液中の SO_4^{2-} とすぐに結合して、硫酸鉛 $PbSO_4$ となって極板に付着します。この電池のポイントは、生成した $PbSO_4$ が硫酸中に溶け出さないというところです。正極では、電子をもらって酸化鉛 PbO_2 が還元されます。このとき、負極と同じく硫酸鉛 $PbSO_4$ となって極板に付着します。起電力が低下した鉛蓄電池は、別の外部電源につなぐと放電とは逆の（1）式の左向きの反応がおきて、負極の $PbSO_4$ は還元されて Pb に戻り、正極では PbO_2 になって、起電力がもとに戻ります。

図 70-1 ● 鉛蓄電池

$$(-)Pb \mid H_2SO_4 \text{ aq} \mid PbO_2(+)$$

負極：$Pb + SO_4^{2-} \rightarrow PbSO_4 + 2e^-$

+) 正極：$PbO_2 + 4H^+ + SO_4^{2-} + 2e^- \rightarrow PbSO_4 + 2H_2O$

全体：$Pb + PbO_2 + 2H_2SO_4 \underset{充電}{\overset{放電}{\rightleftarrows}} 2PbSO_4 + 2H_2O$ ……(1)

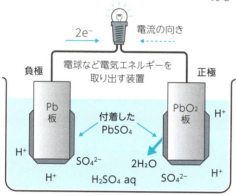

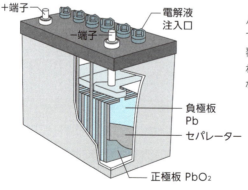

放電すると硫酸が消費されて水になり、充電すると硫酸に戻る。これにより電解液の密度が変化するので、密度を測定することで鉛蓄電池の充電・放電の状態がわかる。

ふつうの乗用車のバッテリーは12Vだが、鉛蓄電池の起電力は2.0Vなので、鉛蓄電池を6個分つないで12Vにしている。

バッテリーを完全に放電してしまうと硫酸鉛で電極が覆われてしまい、電流が流れなくなるため、充電もできなくなってしまう。

【乾電池】

　電池を小型化するために電解液をペースト状に固めて、携帯できるように工夫したものが乾電池です。正極には銅の代わりに粉末の酸化マンガン（IV）MnO_2 を使っています。乾電池にはマンガン乾電池とアルカリ乾電池の2種類があり、どちらも正極に酸化マンガン（IV）MnO_2、負極に亜鉛 Zn を使用しています。違いはマンガン乾電池（図70-2）が電解液の代わりにペースト状に加工した塩化亜鉛 $ZnCl_2$ を使用するのに対し、アルカリ乾電池は電解液として水酸化カリウム水溶液を使っているところです。アルカリ乾電池はマンガン乾電池に比べて電解液に液体を使用しているために、負極・正極活物質がスムーズに移動することができて、大きな電流を継続的に得られるという利点があります。その一方で、電解液が漏れてしまう「液漏れ」の恐れがありましたが、現在は液漏れがしにくいように工夫されており、この欠点は克服されました。

図 70-2 ● マンガン乾電池

$(-)Zn\ |\ ZnCl_2\ aq、NH_4Cl\ aq\ |\ MnO_2・C(+)$

- 炭素棒（+）
- 正極混合剤（MnO_2、C 粉末 NH_4Cl、$ZnCl_2$、水）
- セパレーター
- 亜鉛缶（-）

　一方マンガン乾電池は電解液をペースト状に加工しているために、休ませると電圧が少し回復します。そのためテレビのリモコンなどの休み休み使う機器に向いています。

エコカーに搭載されている電池の違い

～ リチウムイオン電池、燃料電池 ～

エコカーとは電気自動車（EV）、ハイブリッドカー（HV）、燃料電池車（FCV）の3タイプの自動車のことを指しますが、それぞれ異なる電池を使用しています。3種類のエコカーに使われている電池の違いを通じて、電池の理解を深めましょう。

3種類のエコカーの特徴を表71-1にまとめました。EVはガソリンエンジンの代わりにリチウムイオン電池を動力源に使用しています。リチウムイオン電池はスマートフォンやノートパソコンなどに幅広く使われている二次電池で、負極活物質にリチウムを含む黒鉛、正極活物質にコバルト酸リチウムを用いています。なぜリチウムかというと、貸そうかな……の金属のイオン化列にはリチウムはありませんが、実はLiはKやCaよりもイオン化傾向が大きく、前に来るからです。ですので、リチウムイオン電池は高電圧が得られ、電解液に水を含まないために低温でも凍らずに寒さにも強いのです。

HVはエンジンと電池の2種類（ハイブリッド：異種のものの組み合わせの意味）を動力源に使います。少し前まではHVにはニッケル水素電池が使われていました。ニッケル水素電池は負極活物質に水素吸蔵合金に貯蔵された水素、正極にオキシ水酸化ニッケル（Ⅲ）を用いています。H^+ が負極と正極間を往復する簡単な構造なので、急放電・過充電にも強く、比較的大きな電流を長時間流せます。しかし、現在

表 71-1 ● 3種類のエコカーの特徴

	電気自動車 EV Electric Vehicle	ハイブリッド車 HV Hybrid Vehicle	燃料電池車 FCV Fuel Cell Vehicle
車種(例)	日産自動車 リーフなど	トヨタ自動車 プリウスなど	本田技研クラリティ トヨタ自動車 MIRAI
動力機関	リチウムイオン電池	エンジン+ リチウムイオン電池 (1世代前までは ニッケル水素電池)	燃料電池
燃料	電気	ガソリン+電気	水素
航続距離	短い	長い	長い
燃料の補給時間	長い (急速充電でも30分)	短い	短い
燃料の補給場所 (数は2023年のもの)	充電ステーション (約2万ヶ所) 家庭でも 10万円程度で設置可能	ガソリンスタンド (約3万ヶ所)	水素ステーション (約150ヶ所)
燃費 1km走るのにかかる費用	約1円	約5円	約10円

ではリチウムイオン電池の性能の向上が著しいため、最近発売されたほとんどの HV 車にはリチウムイオン電池が搭載されています。

　FCV には燃料電池が搭載されています。水素が燃焼すると、$2H_2 + O_2 \rightarrow 2H_2O$ という化学反応がおきて熱が発生します。この反応は、水素が酸化されて酸素が還元される酸化還元反応なので、それぞれの反応を離れた場所でおこせば電気エネルギーが取り出せます。この電池を燃料電池といいます（図 71 − 1）。

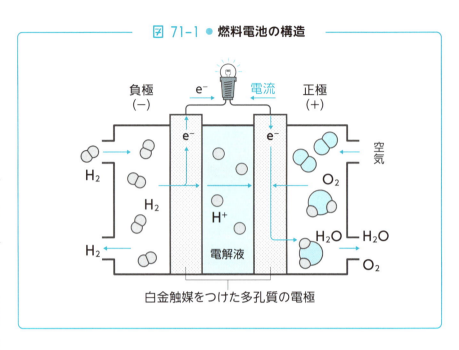

図 71-1 ● 燃料電池の構造

　燃料電池は、電解液に酸性の水溶液を用い、電極には正負どちらにも気体をイオン化しやすくするための白金触媒をつけた多孔質黒鉛電極が使われていて、水素が負極活物質として、酸素が正極活物質として反応します。図71－1では、電極にだいぶ厚みがあるように見えますが、実際は薄いペラペラの物質で、電解液は漏れないけれども気体は通過できる多孔質の構造になっています。放電時には、負極では水素 H_2 の一部がイオン化して H^+ となって電解液に溶け込み、このとき極板に電子を渡します。一方正極では酸素 O_2 の一部が電極から電子をもらい、さらに電解液中の H^+ と反応して、水となって排出されます。EV と FCV は走行時には CO_2 を排出しないために、クリーンなエネルギーとされています。

72 自然界には存在しないNaの単体を得るにはどうする？

～ 溶融塩電解の例で理解する電気分解 ～

　電池が発明されて、安定した電流を持続して得られるようになると、自然界ではおこらない反応も電気エネルギーを用いて強制的におこすことができるようになりました。この操作が電気分解です。電気分解の発明によって、水から水素と酸素を得る、自然界では陽イオンの状態でしか存在しない金属を還元して単体を得るなど、それまでは困難もしくは不可能であった反応が簡単におこせるようになりました。

　電気分解が発明されるまでは、イオン化傾向が亜鉛Znよりも大きなアルミニウムAlやナトリウムNa、カリウムKなどの金属の単体は得ることができませんでした。これらの金属は自然界では必ず陽イオンの形で、陰イオンとイオン結合した状態で存在しています。ナトリウムNaを例にしてこれらの金属の単体を電気分解で得る方法を紹介します。

　まず、図72-1に示した通り、塩化ナトリウムNaClを「融か」して液体にします。水に「溶か」すのではありません。NaClの固体を800℃以上の高温にして、「融か」して液体にするのです。「電気エネルギーを与える」とは、物質に無理やり電流を流すことなので、電極を入れて導線で電源装置につなぎます。電気分解では、電池のときのように電極を正極、負極とはいわずに、電源装置の正極につないだ電極を陽極、負極につないだ電極を陰極といいます。この名前の違

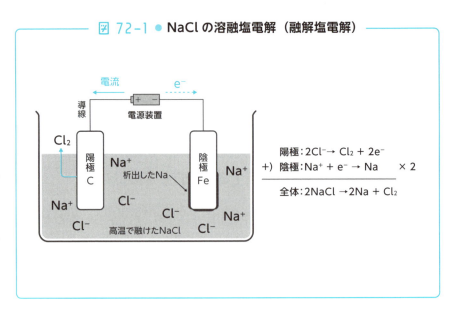

いは大事なところなのでしっかり覚えておいてください。

　また、電池のときは、電極に何を使うのかというのは大きな問題でした。電極に使う物質によって、得られる電圧が決まったからです。しかし電気分解のときは、電源装置で強制的に電流を流すので、電極は電流を流しやすく、安定で分解されにくければ素材は問いません。ふつうは黒鉛 C の電極か、白金 Pt の電極を使います。NaCl の電気分解では、陽極に黒鉛、陰極には安価な鉄を使っています。陽極からは電子が塩化物イオン Cl^- から強制的に吸い出されて正極に運ばれ、陰極には負極から流れてきた電子がナトリウムイオン Na^+ に次々押し付けられるとイメージしてください。陽極では電子が吸い出されていくので酸化反応がおきて塩素 Cl_2 が発生します。陰極では電子が押し付けられるので、還元反応がおきて Na が得られるのです。このように、イオン結晶を高温で融解して電気分解を行なうことを溶融塩電解（融解塩電解ともいう）といいます。アルミニウムも図 72 − 2 に示したように、溶融塩電解で製造されています。

図 72-2 ● アルミナ（Al_2O_3）の溶融塩電解

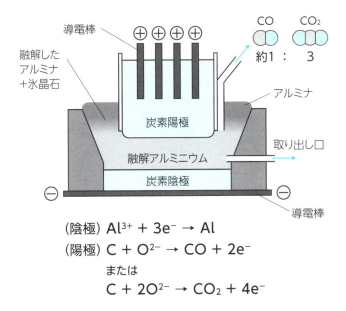

(陰極) $Al^{3+} + 3e^- \rightarrow Al$
(陽極) $C + O^{2-} \rightarrow CO + 2e^-$
　　　 または
　　　 $C + 2O^{2-} \rightarrow CO_2 + 4e^-$

◎ 原料のアルミナAl_2O_3はボーキサイト（主成分$Al_2O_3 \cdot nH_2O$）にNaOH水溶液を混ぜてAl_2O_3を溶かし出したのち結晶化してできる無色透明の結晶である。

◎ アルミナのみでは融点が約2000℃と高いために、融点が約1000℃の氷晶石Na_3AlF_6をまず融かして液体とし、ここにアルミナを溶かしていくことで950℃での溶融塩電解を可能にしている。

◎ 還元されてできたAlの単体は融点が660℃なので、炭素陰極の上に液体としてたまり、取り出し口から取り出される。

◎ 酸化物イオンは酸化される際に陽極の炭素と反応してCOとCO_2となる。

73 銅の純度を99%から99.99%に上げるには

~ 電解精錬 ~

イオン化傾向の小さい銅 Cu や銀 Ag は、イオンとして溶けている水溶液を電気分解すれば、陰極で電子をもらって析出してきます。また、陽極として単体の Cu や Ag を用いると、電子が奪われて Cu^{2+} や Ag^+ となって水溶液中に溶け出します。これを利用して、銅や銀の純度を高める操作が電解精錬です。

図73-1の電気分解の装置図を見てください。陽極には純度の低い銅（粗銅）をつけています。純度が低いといっても99%の銅です。これを電解精錬で純度を99.99%にまで高めます。なぜここまで純度を高める必要があるかというと、銅は電気伝導性を活かして電線などに使われるため、少し不純物が混ざっているだけでも電気を通しにくくなったり、しなやかさが失われてしまったりするからです。この粗銅を陽極、薄い純銅板を陰極として、硫酸を入れて酸性にした硫酸銅水溶液中で電気分解します。すると、陽極では粗銅板自身が酸化されて Cu^{2+} となって溶け出し、陰極では水溶液中の Cu^{2+} が還元されて Cu となって析出してきます。このときに、粗銅中に含まれる鉄や亜鉛などの銅よりもイオン化傾向が大きい金属は、銅が溶け出す際に一緒にイオンとなって溶け出しますが、陰極には析出しないので、水溶液中にイオンのまま残ります。また、金や銀などのイオン化傾向の小さい金属は、単体のまま陽極の下に陽極泥としてたまります。こう

して粗銅に含まれる不純物は取り除かれ、99.99％の純粋な銅が陰極の純銅板のまわりに析出してくるのです。

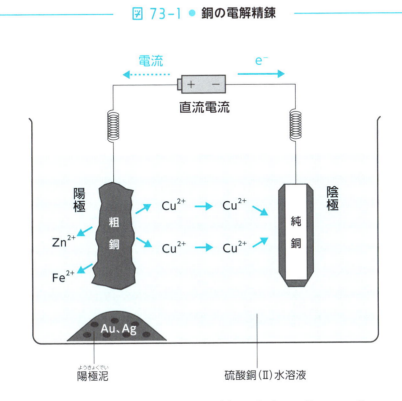

図 73-1 ● 銅の電解精錬

陽極：$Cu \rightarrow Cu^{2+} + 2e^-$　　陰極：$Cu^{2+} + 2e^- \rightarrow Cu$

◎陽極泥からはAuやAgがとり出せる。現在では、鹿児島の菱刈鉱山が日本で唯一の金鉱山だが、掘り出した鉱石を粉砕したのち、溶解した銅に加えている。銅の電解精錬の際にたまる陽極泥を集めて反射炉で加熱融解すると、金と銀の混合物が得られる。これを陽極とし、純銀板を陰極として硝酸酸性のAgNO₃水溶液中で再び電解精錬をすれば、Auのみを含んだ陽極泥が得られる。

◎「せいれん」には「製錬」と「精錬」のふたつの漢字がある。銅の鉱石から粗銅をとり出すときは「製錬」の漢字を、粗銅の純度を高めるときは「精錬」の漢字を使う。

電流とmolの関係は？

~ ファラデーの法則による電気分解の量的関係 ~

電気分解では、どれくらいの電流で何秒電気分解をすると、生成物が何 g 得られるかを知る必要があります。この電気分解の量的関係の計算で使われるのがファラデーの電気分解の法則です。

電気分解の際に流れる電流の大きさの単位にはA（アンペア）が使われる一方、反応した物質の量の単位にはmolが使われます。つまり、Aとmolの関係がわかれば、電気分解の量的関係がわかります。1833年にイギリスのファラデーは、<u>電気量（電流の大きさと流した時間の積）と陰極や陽極で反応する物質の量は比例する</u>ことに気づきました。これを<u>ファラデーの法則</u>といいます。つまり、この比例定数（ファラデー定数といいます）がわかれば、電流の大きさと流した時間をもとにどれくらい物質が変化するかがわかるのです。

では、銅の電解精錬を例に考えてみましょう。陰極では、$Cu^{2+} + 2e^- \rightarrow Cu$ という反応がおきています。1molのCu（質量63.5g、Cuの原子量：63.5）を得るためには、電子は2mol必要であることに注意しましょう（AgならAg$^+$なので電子は1molでOKです。ここは計算のときによく間違えるところなので気をつけてください）。図74－1から計算すると、Cuを1mol得るためには1Aの電流をファラデー定数の長さの時間〔秒〕の2倍流せばいいということになります。

図 74-1 ● ファラデーの電気分解の法則

電気分解で反応した物質の物質量を n [mol] とすると、n は質量 m [g] を
モル質量 M [g/mol] で割った値である。この n が電気量 Q [C] と比例する (比例
定数 K) というのがファラデーの法則である。

$$n = \frac{m}{M} = K \times Q \quad \cdots\cdots (1)$$

◎電気量とは？ファラデー定数とは？

電気量…物質がどれくらい強く帯電しているかを数値で表したもの。電子
1 個は 1.60×10^{-19} [C] の電気量をもっている。

冬にプラスチック製の下敷きを頭にこすりつけると、髪の毛が静電気で立つ。このとき下敷きはマイナスに帯電している。このときの電気量を数字で表すと、1.0×10^{-8} [C] (C はクーロンと読み、電気量の単位である) くらいである。

ファラデー定数…電子 1mol がもっている電気量のこと

1mol は 6.02×10^{23} [個] の集団なので、電子 1mol あたりがもつ電気量を計算すると 1.60×10^{-19} [C] $\times 6.02 \times 10^{23}$ [mol] $= 9.65 \times 10^4$ [C/mol] となり、これをファラデー定数とよんでいる (このファラデー定数は問題を解く際には与えられているので覚える必要はない)。
1.0A の電流が 1.0 秒流れたときに運ばれた電気量が 1.0C なので、1.0A の電流を 9.65×10^4 [秒] (26.8 時間) 流せば、ファラデー定数の電気量、つまり電子 1 mol が回路に流れたことになる。

【アルミニウムはリサイクルの優等生】
アルミニウムは、イオンになると Al^{3+} と 3 価であり、かつ原子量が 27 と小さいので、同じだけの電力を使用しても他の金属と比べて得られる単体の質量が少ない。例えば、Cu^{2+} を還元して 1.0g の Cu を得るのと、Al^{3+} を還元して 1.0g の Al を得るのに必要な電気量を比べてみると、
　Cu：1.0 [g] $\div 63.5$ [g/mol] $\times 9.65 \times 10^4$ [C/mol] $\times 2 = 3.0 \times 10^3$ [C]
　Al：1.0 [g] $\div 27$ [g/mol] $\times 9.65 \times 10^4$ [C/mol] $\times 3 = 11 \times 10^3$ [C]
となり、アルミニウムは銅の 3 倍以上の電気量が必要だということがわかる。しかもアルミニウムは水溶液中で電気分解ができないので、原料のアルミナを高温で融解し、溶融塩電解を行なうのにさらに電気を使う。しかし、使用済みのアルミニウムを回収して元の地金に戻すと、必要な電気量は原料のアルミナから作る場合の電気量の約 3％で済むので、アルミニウムはリサイクルの優等生だといわれている。

電気分解の総まとめです

~ いろいろな水溶液の電気分解 ~

塩化ナトリウム水溶液を電気分解するときには、水の影響を考えなければいけないので溶融塩電解とは同じにはなりません。様々な塩の水溶液を電気分解したときにはどのように考えればよいでしょうか。

塩化ナトリウム水溶液を電気分解したときには、ナトリウム Na はイオン化傾向の大きい金属のため、溶融塩電解のときのように陰極にナトリウムが析出する反応はおきません。代わりに水が電気分解されて水素が発生します（$2H_2O + 2e^- \rightarrow H_2 + 2OH^-$）。陽極では溶融塩電解のときと同じ反応がおきて Cl_2 が発生します（$2Cl^- \rightarrow Cl_2 + 2e^-$）。いろいろな水溶液を電気分解したときにおこる反応をまとめると、表 75 － 1 のようになります。

一般的に水溶液の電気分解では、Ag^+、Cu^{2+} などのイオン化傾向の小さな金属イオンの水溶液を電気分解するとその金属の単体が析出しますが、Al^{3+}、Na^+ などのイオン化傾向の大きな金属の水溶液を電気分解すると水が電気分解されて水素が発生します。また、陰イオンでは Cl^- や I^- などの水溶液を電気分解すると Cl_2 や I_2 などの単体が析出しますが、OH^-、NO_3^-、SO_4^{2-} などの水溶液を電気分解すると、これらのイオンは水と強く水和しているために電気分解されずに代わりに水が電気分解されて酸素が発生します。

また、陽極に黒鉛 C などの安定な物質ではなく、銅や銀の金属電極を使うとどうなるでしょうか。銅や銀が電子を奪われて銅イオン、

表 75-1 ● 主な電気分解の反応

電解液	陰極でおこる反応（還元反応） 電極	半反応式	陽極でおこる反応（酸化反応） 電極	半反応式
NaOH水溶液	Pt	$2H_2O + 2e^- \rightarrow H_2 + 2OH^-$	Pt	$4OH^- \rightarrow 2H_2O + O_2 + 4e^-$
H_2SO_4水溶液	Pt	$2H^+ + 2e^- \rightarrow H_2$	Pt	$2H_2O \rightarrow 4H^+ + O_2 + 4e^-$
KI水溶液	Pt	$2H_2O + 2e^- \rightarrow H_2 + 2OH^-$	Pt	$2I^- \rightarrow I_2 + 2e^-$
$AgNO_3$水溶液	Pt	$Ag^+ + e^- \rightarrow Ag$	Pt	$2H_2O \rightarrow 4H^+ + O_2 + 4e^-$
$CuSO_4$水溶液	Pt	$Cu^{2+} + 2e^- \rightarrow Cu$	Pt	$2H_2O \rightarrow 4H^+ + O_2 + 4e^-$
$CuSO_4$水溶液（銅の電解精錬）	Cu	$Cu^{2+} + 2e^- \rightarrow Cu$	Cu	電極がCu^{2+}になり溶け出す
NaCl水溶液（NaOH製造）	Fe	$2H_2O + 2e^- \rightarrow H_2 + 2OH^-$	C	$2Cl^- \rightarrow Cl_2 + 2e^-$
NaCl融解液（溶融塩電解）	C	$Na^+ + e^- \rightarrow Na$	C	$2Cl^- \rightarrow Cl_2 + 2e^-$

銀イオンになって電解液中に溶け出してしまいます。これを逆手にとって、電極が溶け出してしまうことを利用して電気分解を行なうのが電解精錬でした。

さて、NaCl水溶液の電気分解を続けると、塩化物イオンは消費されて減っていきますが、ナトリウムイオンは減らないので、水酸化ナトリウムの水溶液に変わっていきます。現在、工業的に陽極と陰極の間を陽イオン交換膜で区切ったイオン交換膜法を使って、海水から水酸化ナトリウムを製造しています（図75−1）。

陽極側には濃い塩化ナトリウム水溶液を注入し、黒鉛電極で塩素を発生させます。陰極側には最初に薄い水酸化ナトリウム水溶液を入れておいて、その後は純水を注入します。すると、水素が発生して、同時にできた水酸化物イオンと陽極側から移動してきたナトリウムイオンにより、濃い水酸化ナトリウムが得られます。このイオン交換膜法

では、連続的に電気分解できること、陽イオン交換膜を使うことで発生した塩素が水酸化物イオンと反応してしまうのを防いでいることが工夫点です。

図 75-1 ● 陽イオン交換膜法による水酸化ナトリウムの製造

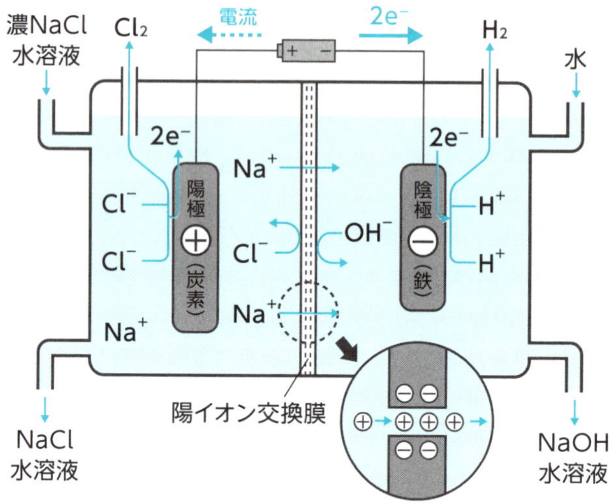

陽イオン交換膜とは、陽イオンだけを通して、陰イオンは通さない膜である。

基礎化学 | 理論化学 | **無機化学** | 有機化学 | 高分子化学

典型元素の性質

76 無機化学に本格的に入る前に知っておきたいこと

～ 周期表の元素を分類する ～

無機化学は個々の元素を一つの族ごとに勉強していくことになります。まずは周期表を見て、元素の並び方の特徴を押さえておきましょう。

【典型元素と遷移元素】

まず図76－1を見てください。周期表の元素を大まかに二つのグループに分けると、1、2族、13～18族の典型元素と3～12族の遷移元素に分けられます。典型元素はその名前の通り、1族の元素ならこういう性質をもつ、2族の元素ならこういう性質をもつ、というように族ごとに共通した（つまり典型的な）性質をもっています。

遷移元素の「遷移」とは「移り変わっていく」という意味ですがこ

図 76-1 ● 元素の分類

の名前はどこからきたのでしょうか。実は、2族と13〜18族の間にあって「典型元素の性質が変わる途中にある元素」という意味で「遷移」という言葉が使われているのです。ただし、12族元素は典型元素とする場合もあります。

【陽性元素と陰性元素】

ここは7節のイオン化エネルギーと電子親和力の内容と密接にかかわっています。もう一度7節を読んでから、ここを読んでください。

電子を失って陽イオンになりやすい元素を陽性元素、電子を受け取って陰イオンになりやすい元素を陰性元素といいます（陽イオンになりやすさがイオン化エネルギー、陰イオンになりやすさが電子親和力でしたね）。同周期の元素では、閉殻の貴ガスを除いて右に行けば行くほど原子核の陽子が増え、原子核が電子を引き付ける力が強くなるので陰性が強くなります（＝電子親和力が大きくなり、イオン化エネルギーも大きくなる）。同族の元素では、下に行けば行くほど原子半径が大きくなり、原子核から遠ざかるために原子核が電子を引き付ける力が弱くなるので、陽性が強くなり（＝イオン化エネルギーが小さくなり）ます。つまり、典型元素では、周期表の左下に位置するFrが一番陽性が強く、右上に位置するFが一番陰性が強くなります。

【金属元素と非金属元素】

周期表の元素は金属か、非金属かという基準でも分けられます。金属元素は周期表の左下〜中央に位置し、非金属元素は周期表の右上に位置します。ケイ素Siやゲルマニウム Geのように、両者の境界付近に位置する元素は、金属元素と非金属元素の両方の性質を示すことがあり、半導体とよばれます。

典型元素は金属元素と非金属元素を約半数ずつ含みますが、遷移元素はすべて金属元素です。

77

ヘリウム He、ネオン Ne、アルゴン Ar、クリプトン Kr、キセノン Xe、ラドン Rn

へ(んな)　ね(ずみが)　ある(ひ)　くら(やみで)　キッス　連(発)

～水素と貴ガス～

　遊園地で売られている風船にはヘリウムが入っています。水素でも浮くのですが、水素は可燃性で危険なためヘリウムを使っているのです。空気よりも軽いという点は共通していますが、ヘリウムは水素と違い全く反応性がありません。周期表 1 族の水素と 18 族の貴ガスを紹介します。

【水素】

　水素は宇宙で存在する割合が最も大きい元素です。反応性が高いために、水素が詰められたガスボンベは赤く塗るように法律で決められています。真っ赤なボンベはいかにも「危険なガス」という感じがしますね。みなさんが身近に赤いボンベを見たり、水素を使ったりすることはないと思いますが、発生させるのは簡単です。66 節の金属のイオン化列（図 66 − 2）で、H_2 よりもイオン化傾向が大きい金属を希酸に入れることで発生します（例えば亜鉛なら $Zn + 2HCl \rightarrow ZnCl_2 + H_2$）。

　水素は我々の身のまわりでは水素化合物として存在します。この水素化合物の特徴は、表 77 − 1 と 13 節の配位結合、水素結合をあわせて見てください。

図 77-1 ● 水素の発生のさせ方と集め方

① ふたまた試験管の突起の付いたほうに亜鉛2gを、反対側に3mol/Lの硫酸5mlを入れる。
② ふたまた試験管を傾けて亜鉛に硫酸を注ぎ、発生する水素を水上置換で試験管に捕集する。
③ 気体の発生を止めたい場合は、亜鉛を突起にひっかけて硫酸だけを戻す（突起は固体をひっかけるためについている→大学入試でも出題された）。
④ 試験管の口に火のついたマッチを近づけると音を立てて燃焼する。

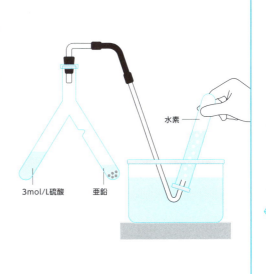

表 77-1 ● 非金属元素の水素化合物の性質と沸点

周期 \ 族	15	16	17
2	アンモニア NH_3 弱塩基性（−33℃）	水 H_2O 中性（100℃）	フッ化水素 HF 弱酸性（20℃）
3	ホスフィン PH_3 弱塩基性（−88℃）	硫化水素 H_2S 弱酸性（−61℃）	塩化水素 HCl 強酸性（−85℃）

【貴ガス】

単体は無色、無臭の気体としてアルゴンやヘリウムが空気中にごくわずかに存在します。**価電子の数が0個なので、単原子分子の気体として存在します。**この「他の原子と結合しない」という性質が我々の社会で活用されています。例えば風船や飛行船には昔は水素が使われていましたが、爆発の危険があるので代わりにヘリウムが使われていますし、白熱電球にはフィラメントが長持ちするようにフィラメントを酸化させないアルゴンが封入されていています。

78

フッ素 F、塩素 Cl、臭素 Br、ヨウ素 I、アスタチン At

〜ハロゲン〜

周期表の 17 族をハロゲンといいます。重要度は Cl > I >> Br > F >>>>> At です。At がマイナーなのは放射性元素のため作ってもすぐに壊れてしまうので、性質を調べることが難しいからです。

フッ素 F 〜ヨウ素 I までのハロゲンの単体の性質を表 78 - 1 に一覧で示しました。ですが、これを暗記事項とは考えないでください。ハロゲンはどれも価電子数が 7 個なので、閉殻になるためにあと電子 1 個をほしがっています。その電子が入る最外殻は F のほうが原子核に近いために、電子をほしがる強さ（酸化力）は周期表で上にいくほど大きくなるのです。酸化力の差は、例えば臭化カリウム KBr 水溶液に塩素 Cl_2 水を加えると、臭化物イオン Br^- の電子が Cl_2 に奪われて有色の臭素 Br_2 が遊離してくることから確認できます。これは、金属のイオン化傾向は「陽イオンになりやすさ」の順でしたが、ハロゲンの酸化力の大小は「陰イオンになりやすさ」を見ているのです。つまり、Br^- と Cl_2 が共存したときには、塩素のほうが陰イオンになりやすいので臭化物イオンは酸化されて臭素になり、塩素は還元されて塩化物イオンになったのです。沸点と融点が周期表で下に行くほど大きいのは、分子の大きさが大きくなるために分子間力も大きくなるからです。分子間力が大きいと、沸騰させて分子間力を断ち切ってバラバラにして自由に動けるようにするために必要な熱エネルギーも大

きくなります。

表 78-1 ● ハロゲンの性質

単体	融点(℃)	沸点(℃)	状態	色	酸化力	水素との反応	水との反応
フッ素 F_2	−219	−188	気体	淡黄色	強 ↑	どんな場所でも爆発的に反応	激しく反応して酸素を発生
塩素 Cl_2	−101	−34	気体	黄緑色		光により爆発的に反応	一部が反応してHCl、HClOを生成
臭素 Br_2	−7	59	液体	赤褐色		加熱+触媒で反応	塩素より弱く反応
ヨウ素 I_2	114	185	固体	黒紫色	弱	加熱+触媒でわずかに反応	ほとんど水に溶けず、反応もしない

【フッ素】

フッ素 F は酸化力がたいへん強いため、単体の F_2 を得るのは困難です。多くの化学者がこれに挑戦し、けがをしたり、死んでしまう人もいたほどですが、1886 年にフランスのモアッサンが片目を失明しながらも単体の単離に成功し、ノーベル賞を受賞しています。

【塩素】

塩素は刺激臭をもつ黄緑色の有毒な気体で、空気より重い気体です。工業的には 75 節で説明したように塩化ナトリウム水溶液を電気分解して作りますが、実験室で乾燥した塩素を作るには図 78 − 1 に示したように酸化マンガン（Ⅳ）に濃塩酸を加えて加熱して発生させます。

塩素の発生法と似ていてよく間違えるのが塩化水素の発生法です（図 78 − 2）。二つの図を見比べて違いをしっかり押さえましょう。

塩素は水に溶けると、その一部が水と反応して、塩化水素 HCl と次亜塩素酸 HClO を生じます。

$$Cl_2 + H_2O \rightleftarrows HCl + HClO$$

こう書くとまた難しい反応式が出てきたと思うかもしれませんが、身近にある反応です。みなさんは洗剤に「混ぜるな危険」と書いてあ

図 78-1 ● 塩素の発生法と捕集法

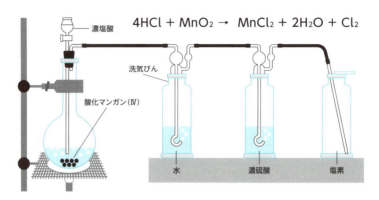

$$4HCl + MnO_2 \rightarrow MnCl_2 + 2H_2O + Cl_2$$

水は塩化水素を、濃硫酸は水分を除くために用いられる。2つの洗気ビンのつなぎ方と順番（逆にすると、水蒸気が塩素に混ざってしまう）、塩素を下方置換で集めていることが重要。
塩素は高度さらし粉に希塩酸を加えても得られる。

$$Ca(ClO)_2 \cdot 2H_2O + 4HCl \rightarrow CaCl_2 + 4H_2O + 2Cl_2$$
高度さらし粉

図 78-2 ● 塩化水素の発生法と捕集法

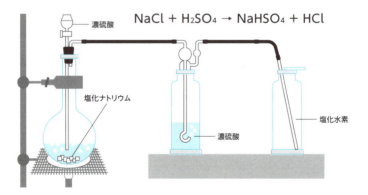

$$NaCl + H_2SO_4 \rightarrow NaHSO_4 + HCl$$

NaClにH_2SO_4を加えると、Na^+、H^+、Cl^-、SO_4^{2-}の4種類のイオンが存在する。これを加熱すると、気体になって飛び出せるのはH^+とCl^-の組み合わせのみなので、HClが得られる。

るのを見たことありませんか？　これは漂白剤に含まれる次亜塩素酸と、トイレ用洗剤に含まれる塩酸を混ぜると、この反応式が逆向きに進んで塩素ガスが発生するからです。

【臭素】

臭素は常温では赤褐色の液体です。常温で液体の唯一の非金属元素です（常温で液体の金属は水銀があります）。日常的には使いませんが、液体は扱いやすいので有機化学ではよく出てきます。

【ヨウ素】

常温では黒紫色の固体で、昇華性があるというのがポイントです。昇華性を利用して、塩化ナトリウムとヨウ素が混ざったものからヨウ素を取り出すことができます（図78-3）。

ヨウ素はデンプンとヨウ素、ヨウ化カリウム水溶液が反応して紫色になるヨウ素デンプン反応でもおなじみですね。

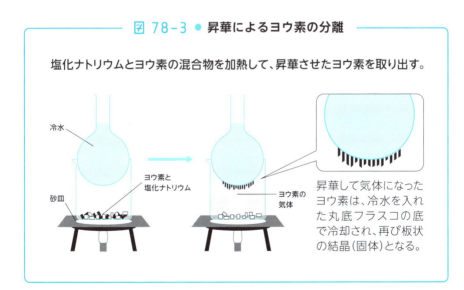

図 78-3 ● 昇華によるヨウ素の分離

塩化ナトリウムとヨウ素の混合物を加熱して、昇華させたヨウ素を取り出す。

昇華して気体になったヨウ素は、冷水を入れた丸底フラスコの底で冷却され、再び板状の結晶（固体）となる。

79 炭素 C、ケイ素 Si、ゲルマニウム Ge、スズ Sn、鉛 Pb

～ 炭素・ケイ素とその化合物 ～

周期表の 14 族では、元素は 4 個の価電子をもち、周期表で下にいくほど金属性が増していきます。ここでは、炭素とケイ素をとり上げます。

【炭素 C の同素体】

炭素 C の単体は自然界には黒鉛とダイヤモンド、フラーレンとカーボンナノチューブなどがあり、これらは同素体の関係です（表 79 – 1）。木炭やすすなども黒鉛と構造は同じです。炭素原子は高圧下で

表 79-1 ● 炭素の同素体

同素体	ダイヤモンド	黒鉛	フラーレン（C_{60}、C_{70} など）	カーボンナノチューブ
構造	立体網目構造	平面層状構造	球状 （サッカーボール形など）	チューブ状 （黒鉛の1層を丸めて筒状にした形）
性質	無色透明 八面体結晶 電気伝導性なし 3.5g/cm³	黒色不透明 板状結晶 電気伝導性あり 2.3g/cm³	黒色不透明の粉末 電気伝導性なし 1.7g/cm³	黒色不透明の粉末 電気伝導性あり 約1.4g/cm³
用途	宝石、研磨剤	電極、鉛筆の芯	（現在研究中）	（現在研究中）

のみダイヤモンドになり、ふつうは黒鉛の状態で存在します。ダイヤモンドは、マントルから地殻を突き抜けて吹き出してきた火成岩であるキンバーライトに含まれます。地下深くに存在するマントル内は高圧で、そこに含まれる炭素はダイヤモンドの状態です。それが地表近くまで一気に移動して、黒鉛に変わる間もなかったときにのみ、私たちはダイヤモンドを手にすることができるのです。

　フラーレンは1985年に、カーボンナノチューブは1991年に発見されました。カーボンナノチューブは同じ直径の銅の1000倍近い電流を流せたり、鋼鉄の20倍の引っ張り強度をもつために夢の素材として現在研究が進められています。

【一酸化炭素が危険なのは？】

　炭素を含む気体には一酸化炭素と二酸化炭素があります。それぞれの気体の発生法を図79－1にまとめました。一酸化炭素はたいへん有害な気体です。体中に酸素を運ぶヘモグロビンに酸素よりも強く結合するので、わずかな濃度でも血液中の酸素濃度を低下させ、命の危険を及ぼします。これが一酸化炭素中毒です。一酸化炭素は空気中の酸素とすぐ結合して二酸化炭素になってしまうので、十分換気され、酸素が豊富に供給されているところでは、一酸化炭素中毒の心配はありません。ストーブに「1時間ごとに換気をしてください」と書いてあるのは、一酸化炭素中毒を防ぐためなのです。

【二酸化炭素が温室効果ガスとよばれるのはなぜ？】

　地球は太陽から受けとった熱を、同じ量だけ宇宙空間に放出しています。二酸化炭素が温室効果ガスといわれるのは、地球が受け取った熱を宇宙空間に放出するのをブロックする効果があるからです。例えば春の暖かい日に、芝生で寝転んでいると太陽の光を受けてポカポカしてきますが、夕方になって太陽が沈んでしまうと、熱が逃げてしまうので寒くなります。しかし、毛布をかぶるとしばらくは温かいまま

です。この毛布の役割をするのが温室効果ガスです。温室効果ガスが増えると、地球がかぶっている毛布が厚くなるので、地球から熱が逃げにくくなってしまい、平均気温が上昇すると危惧されているのです。

図 79-1

【一酸化炭素の発生法】
ギ酸と濃硫酸を混ぜて加熱すると発生するので、水上置換で捕集する。
濃硫酸の脱水作用により水が取り除かれると考えるとよい。

$HCOOH \rightarrow CO + H_2O$

工業的には、赤熱したコークスに高温の水蒸気を送って作る。

$C + H_2O \rightarrow H_2 + CO$

できた混合ガスをさらに反応させてメタノールが作られる。

【二酸化炭素の発生法】
$CaCO_3$が主成分である石灰石に希塩酸を反応させて発生させる。

$CaCO_3 + 2HCl \rightarrow CaCl_2 + CO_2 + H_2O$

工業的には、石灰石を強熱して作られる。

$CaCO_3 \rightarrow CaO + CO_2$

発生した二酸化炭素は石灰水に通じると炭酸カルシウムの沈殿を生じて白濁することで検出できる。

$Ca(OH)_2 + CO_2 \rightarrow CaCO_3 + H_2O$

【ケイ素 Si とその化合物】

　ケイ素 Si というより、シリコンといったほうが聞いたことのある人が多いと思います。**シリコンは半導体の材料として欠かせない物質**です。ケイ素は、地球上で酸素に次いで2番目に多く存在する元素ですが、自然界には化合物の形（おもに岩石の成分である二酸化ケイ素として）でしか存在しません。そのため半導体を製造する際には、ケイ素を単体の形にする必要があります。純度の高いものほど高性能な半導体が製造できるため、現在は 99.999999999％まで純度が高められた単体が製造されています。

ではなぜ、半導体にはケイ素でなくてはいけないのでしょうか。ケイ素は金属のような導体と、ガラスのような絶縁体の中間の性質をもち、周囲の環境によって電流を流したり、流さなかったりするからです。デジタルの世界は2進法なので、0か1の信号ですべてを表します。半導体は電流を流したり、流さなかったりすることで、この0と1の信号を表しているのです。

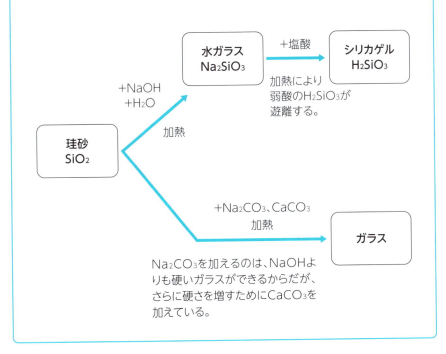

図 79-2 ● ケイ素の化合物とその特徴

身近にあるガラスには実はケイ素が含まれている。ガラスの原料は珪砂、炭酸ナトリウム、炭酸カルシウム。珪砂は化学式で書くとSiO_2。砂場や砂浜にある砂粒を見ると、キラキラした透明な粒が含まれている。あれが珪砂である。SiO_2は非金属元素の酸化物なので酸性酸化物であり、NaOHやNa_2CO_3という塩基と混ぜて強熱すると反応する。ここからシリカゲルやガラスが作られる。そのため、NaOHの固体や濃い水溶液はガラスの入れものに保存しておくと、ガラスを溶かしてふたと入れものがくっついてしまい、ふたが開かなくなってしまう。

空気中にたくさんあるのに使える形にするのは難しい

~ 窒素とその化合物① ~

　窒素というと空気中に約80％含まれる安定な気体というイメージだと思いますが、その化合物である硝酸HNO_3は、肥料と火薬の原料としてたいへん重要な物質です。窒素から硝酸に至るまでの流れをしっかり押さえましょう。

　自然界で窒素が窒素化合物に変わるプロセスの主なものはマメ科の植物の根に共生している根粒菌が、空気中の窒素をとり入れてアンモニアNH_3を生成する<u>窒素固定</u>というプロセスです。

　このアンモニアは、土壌中の別のバクテリアにより酸化され、硝酸塩となり生物が栄養源として使える形になります。しかし、ほとんどの植物は空気中の窒素をとり入れることができないため、農業では肥料として硝酸アンモニウム（硝安）や硝酸カリウムなどが必要になります。これらの硝酸化合物は火薬の原料としても重要です。黒色火薬は硫黄と木炭、硝酸カリウムを混合して作りますし、煙が少ない無煙火薬には、ニトロセルロースやニトログリセリンなどの硝酸化合物が使われています（ニトロ~とは硝酸との反応で結合するニトロ基－NO_2を含む物質のことです）。

　硝酸化合物を作るのに必要な硝酸の原料には、第一次世界大戦前までは、鉱山で硝石（主成分は硝酸カリウム）を採掘して、使用していました。この硝石を硫酸と混ぜて加熱することで硝酸を得るので

す。しかし第一次世界大戦の直前、ドイツ人化学者のハーバーが、窒素と水素から触媒を使って効率的にアンモニアを合成することに成功し（図80−1、ハーバー・ボッシュ法）、このアンモニアを酸化することで硝酸を容易に製造することができるようになりました。つまり、硝石を採掘しなくても硝酸が製造できるようになったのです。現在でも、私たちが火薬や肥料の原料として使用しているアンモニアは、ハーバーが開発した方法と同じ原理で製造されています。

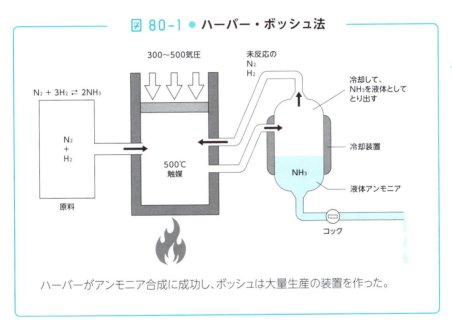

図 80-1 ● ハーバー・ボッシュ法

ハーバーがアンモニア合成に成功し、ボッシュは大量生産の装置を作った。

窒素の化合物にはアンモニア以外にも一酸化窒素 NO、二酸化窒素 NO_2 という光化学スモッグの原因になる窒素酸化物があります。実験室での製法を図80−2にまとめました。

図 80-2 ● 実験室での窒素化合物の製法

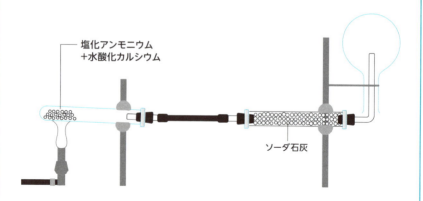

【実験室でのアンモニアの発生法】
$$2NH_4Cl + Ca(OH)_2 \rightarrow CaCl_2 + 2NH_3 + 2H_2O$$
◎発生したアンモニアは室温でコップ1杯の水に約70L（！）も溶け、空気よりも軽いので上方置換で集める。
◎反応でできた水が加熱部に流れると試験管が割れるため、試験管の口は少し下げる。
◎乾燥したアンモニアを得るには、ソーダ石灰（NaOHとCaOの混合物）の中を通し、水分を除く。塩化カルシウムはアンモニアと反応するために乾燥剤としては用いることができない。

【一酸化窒素の発生法とその特徴】
銅に希硝酸を反応させると発生し、水上置換で捕集する。
$$3Cu + 8HNO_3 \rightarrow 3Cu(NO_3)_2 + 2NO + 4H_2O$$
空気中では速やかに酸化され、赤褐色のNO₂となる。
$$2NO + O_2 \rightarrow 2NO_2$$

【二酸化窒素の発生法とその特徴】
銅に濃硝酸を反応させると発生し、下方置換で捕集する。
$$Cu + 4HNO_3 \rightarrow Cu(NO_3)_2 + 2NO_2 + 4H_2O$$
水に溶けやすい赤褐色の気体で、刺激臭があり、有毒である。水に溶けると硝酸になる。
$$3NO_2 + H_2O \rightarrow 2HNO_3 + NO$$

81 窒素 N、リン P、ヒ素 As、アンチモン Sb、ビスマス Bi

〜 窒素とその化合物② およびリンとその化合物 〜

朝から胃もたれしそうですね。ここでは、アンモニアを工業的に硝酸まで酸化するオストワルト法という方法と、濃硝酸の性質、あわせて窒素と同じ15族の元素であるリンとその化合物について説明します。

【オストワルト法と硝酸の性質】

肥料や爆薬の原料になるのは硝酸なので、ハーバー・ボッシュ法で製造されたアンモニアは酸化して硝酸にしなければいけません。これを可能にしたのがオストワルト法です。ハーバー・ボッシュ法の少し前に理論的には完成していましたが、実際に稼働したのはハーバー・ボッシュ法でアンモニアが大量生産されるようになってからでした。

図 81-1 ● オストワルト法

1 白金を触媒として、アンモニアを酸化して一酸化窒素を作る。
2 一酸化窒素を空気中の酸素で酸化して、二酸化窒素とする。
3 二酸化窒素を温水に吸収させて、硝酸とする。

1 $4NH_3 + 5O_2 \xrightarrow{Pt} 4NO + 6H_2O$
2 $2NO + O_2 \longrightarrow 2NO_2$
3 $3NO_2 + H_2O \longrightarrow 2HNO_3 + NO$

まとめると、
$NH_3 + 2O_2 \rightarrow HNO_3 + H_2O$
という反応式になる。

硝酸は光や熱で分解されやすく、褐色瓶に入れ、冷暗所で保存します。濃硝酸も希硝酸も強い酸化力があり、酸では溶けない Cu や Ag も溶かします。なお、**Al、Fe、Ni は酸に溶けるのに、濃硝酸には溶けません。これは金属表面に緻密な酸化被膜を作って内部を保護するからです。このような状態を不動態といいます。**

【NO$_x$（ノックス）と SO$_x$（ソックス）】

一酸化窒素や二酸化窒素はあわせて NO$_x$（ノックス）とよび、SO$_x$（ソックス、SO$_2$ や SO$_3$ の硫黄酸化物）とともに大気汚染、酸性雨の原因物質とされています。NO$_x$ には、NO、NO$_2$、N$_2$O、N$_2$O$_3$、N$_2$O$_4$、N$_2$O$_5$ など多くの窒素酸化物が含まれます。これらの窒素酸化物は最終的には NO$_2$ になり、これが雨に溶け込んで硝酸 HNO$_3$ になり、酸性雨となるのです。また、石油や石炭に含まれている硫黄は、燃焼の際に SO$_2$ として大気中に放出され、酸素によって酸化されて SO$_3$ になります。SO$_3$ は固体なのでエアロゾルの形で大気中を漂い、これが雨に溶け込んで硫酸になり、酸性雨となるのです。現在の日本では大気汚染と酸性雨を防ぐために、必ず脱硫装置をつけ、石油を精製するときに硫黄分を取り除いています。

SO$_x$ は、原因物質の硫黄を燃焼前に取り除けば発生がほとんどゼロにできますが、NO$_x$ は空気を高温にすると、空気中の窒素と酸素が反応して発生してしまいます。では高温にしなければいいと思うかもしれませんが、自動車のエンジンでは燃焼時に酸素をとり込んだとき、窒素も同時に入ってきてしまい、NO$_x$ が発生してしまうのです。このように SO$_x$ に比べて NO$_x$ の発生を防ぐのは難しいため、できてしまった NO$_x$ を取り除くために触媒を使って NO$_x$ を窒素に戻してから大気中に放出します。

【リンとその化合物】

リン P は、自然界では単体で存在しませんが、その存在しないは

ずの単体が実は身近にあります。マッチ箱の横についている赤茶色のざらざらの部分、これはマッチに火をつけるときにこすりつける部分ですが、これがリンの単体で、赤リンといいます。

　リンには赤リン以外にも黄リンという同素体があります。**同素体とは同じ元素からできている単体で、性質の異なるものです。同素体は主に硫黄 S、炭素 C、酸素 O、リン P で存在します。** SCOP(スコップ)と覚えます。同位体と間違えやすいので気をつけてください。黄リンは自然発火するたいへん毒性の高い物質なので、水の中で保存します。単体のリンを燃焼させると、酸化リン（V）P_4O_{10} になります。P_4O_{10} に水を加えて加熱するとリン酸が生成します（$P_4O_{10} + 6H_2O \rightarrow 4H_3PO_4$）。

　リンの化合物は身近に見る機会はありませんが、私たちの体の中にはリンがたくさん含まれています。DNA にはリン酸がつながった形で含まれていますし、細胞を包む膜はリン脂質でできています。骨の主成分はリン酸カルシウムです。植物はリンが不足すると生育不良となるので、肥料の過リン酸石灰（第一リン酸カルシウム $Ca(H_2PO_4)_2$ と硫酸カルシウム $CaSO_4$ の混合物）を与えることがあります。

82 黄色いダイヤとよばれたこともありました

～ 硫黄とその化合物 ～

　硫黄の単体は黄色い粉末で、黒色火薬の原料として欠かせない物質です。硫黄は火山の噴気孔近くでたくさん採れますが、中国大陸には火山がほとんどないので、火山国の日本は平安時代から硫黄を中国に輸出してきました。朝鮮戦争のときに硫黄の値段が「黄色いダイヤ」とよばれるほど高騰し、国内の硫黄鉱山は大いに賑わいましたが、石油を精製する過程で不純物として含まれる硫黄を取り出す技術が完成した現在では、国内の硫黄鉱山は採算が合わなくなってすべて閉山してしまいました。

　硫黄の単体には斜方硫黄、単斜硫黄、ゴム状硫黄の3種類の同素体が存在します（図82－1）。

【硫化水素 H_2S】

　硫化水素 H_2S は腐卵臭のする有毒な気体です。火山地帯で漂う臭いをよく「硫黄の臭い」といいますが、単体の硫黄は無臭ですので、この H_2S が原因です。H_2S は、金属の硫化物に酸性の液体を加

図 82-1 ● 硫黄の同素体

斜方硫黄　単斜硫黄　　ゴム状硫黄
（八面体）（針状）

室温では斜方硫黄が安定だが、加熱して温度を上げると斜方硫黄→単斜硫黄→黒い液体状の硫黄と変化していき、黒い液体の状態から急冷するとゴム状硫黄になる。単斜硫黄もゴム状硫黄も、室温に放置しておくと斜方硫黄に変化する。

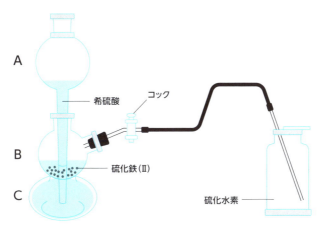

図 82-2 ● キップの装置を使った硫化水素の発生方法

BとCの間には顆粒状の硫化鉄(Ⅱ)よりも小さな穴の開いたガラス板がはめ込まれている。コックを開くと、Aの液だめにある希硫酸が落ちてまずCにたまり、その後Bに達するとFeSと接触してH₂Sが発生する（FeS + H₂SO₄ → FeSO₄ + H₂S）。H₂Sの発生を止めたいときはコックを閉じると、B内のH₂Sの圧力が上がり、液面を押し下げてFeSとH₂SO₄が離れ、反応が止まる。このキップの装置は亜鉛粒と酸による水素の発生、石灰石と酸による二酸化炭素の発生にも使える。

えることによって発生します（図82-2）。硫化水素のポイントは、水に溶けて弱酸性を示すことと、強い還元性を示すことです。火山地帯で硫黄が採れるのは、火山ガスに含まれるH₂Sが空気中の酸素や二酸化硫黄と酸化還元反応するからです（2H₂S + O₂ → 2S + 2H₂O、2H₂S + SO₂ → 3S + 2H₂O）。

【二酸化硫黄 SO₂】

　無色、刺激臭をもつ有毒な気体で、硫黄が燃焼すると発生します（S + O₂ → SO₂）。加熱した濃硫酸と銅を反応させても得られますが（Cu + 2H₂SO₄ → CuSO₄ + 2H₂O + SO₂）、熱濃硫酸は危険なので、実験室で手軽に発生させるには亜硫酸ナトリウムに希硫酸を加えます（Na₂SO₃ + H₂SO₄ → Na₂SO₄ + H₂O + SO₂）。二酸化硫黄が水に

溶けると亜硫酸 H₂SO₃ を生じて、弱い酸性を示します。

【硫酸 H₂SO₄ の作り方とその性質】

　硫酸 H₂SO₄ は、まず SO₂ を酸化バナジウム（Ⅴ）V₂O₅ を触媒として酸素で酸化して固体の SO₃ を作ります（2SO₂ + O₂ → 2SO₃）。この SO₃ を水と混ぜるのですが、SO₃ を H₂O に入れると大きな熱が発生してしまい、なかなか混ざらないため、まず濃硫酸に吸収させます。すると、スムーズに混ざって常に SO₃ の蒸気を発して白煙を出す発煙硫酸ができるので、これを希硫酸で薄めて濃硫酸を製造しています。

　硫酸には大切な5つの性質があります。<u>濃硫酸の性質として、①不揮発性、②吸湿性、③脱水作用、④酸化作用、希硫酸の性質として⑤酸性</u>です（図 82 - 3）。塩酸よりも硫酸のほうが危険なイメージがあるのは、濃硫酸に①〜④の性質があるからだったんですね。

図 82-3 ● 硫酸の性質

①不揮発性　硫酸をこぼすと含まれる水は蒸発していくが、もともと硫酸は固体のSO₃が水に溶けたものなので、濃度がどんどん濃くなっていく。うすい硫酸でも洋服にこぼしたら水で洗い流さないと③の脱水作用により服に穴が開いてしまう。

②吸湿性　濃硫酸は吸湿性をもち、乾燥剤に用いられる。

③脱水作用　濃硫酸は有機物からHとOを2:1の割合で奪う脱水作用をもち、例えばショ糖に濃硫酸をかけてしばらく待つと、激しく反応して真っ黒な炭素が遊離していく（C₁₂H₂₂O₁₁→12C+11H₂O）。

④酸化作用　硫酸は安定だが、熱濃硫酸は強い酸化作用をもち、銅や銀と反応してSO₂を発生する。

⑤濃硫酸は酸としての作用はほとんどない。酸として使うには、濃硫酸を水で薄めて希硫酸にする必要がある。このとき、濃硫酸に水を加えると発熱して水蒸気が発生し、硫酸を周囲に跳ね飛ばして危険なので、水を充分に冷やしながら少しずつ濃硫酸を加えていく。

83 酸素の化合物をどれだけ言えますか？

～酸素とその化合物～

酸素の化合物をどれだけあげられますか？ 二酸化炭素 CO_2、酸化鉄（Ⅲ）Fe_2O_3、硫酸 H_2SO_4、それから水酸化ナトリウム $NaOH$ も酸素の化合物ですね。酸素は金属元素とも非金属元素とも化合物を作るため、たくさんの化合物が存在します。ここで整理しましょう。

【酸素を得るには？】

酸素は、岩石や鉱物の成分元素として地殻中に最も多く含まれています。酸素以降は O → Si → Al → Fe → Ca → Na → K → Mg…（オ・シ・ア・テ・カル・ナ・カリ・マ…と覚えましょう）と続きます。酸素は空気中に約 20％含まれていますが、医療では呼吸不全の患者のために高い濃度の酸素が必要となります。100％の酸素を得るためには 3 つの方法があります（図 83 − 1）。

【酸化物の性質とオキソ酸】

酸素は反応性に富むため、ほとんどの元素と結合して酸化物を作ります。Na_2O、MgO などの金属元素の酸化物は水と反応すると $NaOH$ や $Mg(OH)_2$ という塩基を生じるので塩基性酸化物とよばれます。また、Al_2O_3 や ZnO は水には溶けませんが酸とも塩基とも反応します。例えば塩酸と反応すると $AlCl_3$ や $ZnCl_2$、水酸化ナトリウムと反応すると $Na[Al(OH)_4]$ や $Na_2[Zn(OH)_4]$ になります。このような金属元素の酸化物は**両性酸化物**といいます（Al、Zn、Sn、

図 83-1 ● 純粋な酸素を得るための3つの方法

1：空気の分留
　1気圧（1013hPa）では酸素の沸点が−183℃、窒素の沸点が−196℃なので、空気をそれ以下の温度に冷やして液体空気にする。これを徐々に蒸発させると、沸点の低い窒素が先に蒸発し、残った液体空気中の酸素の濃度は徐々に上がっていくので、最後には純粋な酸素の液体が得られる。

2：過酸化水素水（3%H$_2$O$_2$水溶液、別名オキシドール）に酸化マンガン（Ⅳ）MnO$_2$を加える方法。2H$_2$O$_2$ → 2H$_2$O + O$_2$
　最も一般的で小学生もこの方法を学習する。酸素の確認は火をつけた線香が激しく燃えることで行なう。

過酸化水素水　酸化マンガン（Ⅳ）

① ふたまた試験管の突起の付いたほうに酸化マンガン（Ⅳ）1g、反対側に3%過酸化水素水10mLを入れ、反応させる。
② 発生した気体は、水上置換で集気瓶に捕集する。
③ 火をつけた線香を集気瓶に入れると、はげしく燃える⇒O$_2$の確認。

3：塩素酸カリウムKClO$_3$にMnO$_2$を触媒として加えて加熱する方法。
　2KClO$_3$ → 2KCl + 3O$_2$
　花火の中には水に入れても燃え続けるものがあるが、これは花火がよく燃えるように火薬にKClO$_3$が混ぜられているから。KClO$_3$は高温にすると、触媒がなくても分解して酸素を発生する。

Pbの4種類の元素の酸化物が両性酸化物なので各元素名の頭の1文字をとって「あ・あ・す（ん）・な（り）酸にも塩基にも溶ける両性酸化物」と覚えます）。

　SO$_2$、NO$_2$、CO$_2$などの非金属元素の酸化物は、水と反応して酸を生じたり、塩基と反応して塩を生じたりするので酸性酸化物とよばれます。酸性酸化物が水と反応すると**オキソ酸**という分子中に酸素原子を含む酸ができます。表83−1に示したように、同一元素のオキソ酸では、中心の原子に結合する酸素原子の数が多いほど酸性が強くなるという特徴があります。また、同周期元素のオキソ酸では、H$_3$PO$_4$

$< H_2SO_4 < HClO_4$ のように周期表の右側ほど酸性が強くなります。

表 83-1 ● 様々なオキソ酸

化学式	オキソ酸	Clの酸化数	酸の強さ
HClO	次亜塩素酸	+1	弱い
HClO₂	亜塩素酸	+3	↑
HClO₃	塩素酸	+5	↓
HClO₄	過塩素酸	+7	強い

化学式	オキソ酸	Sの酸化数	酸の強さ
H₂SO₃	亜硫酸	+4	弱い
H₂SO₄	硫酸	+6	強い

化学式	オキソ酸	Nの酸化数	酸の強さ
HNO₂	亜硝酸	+3	弱い
HNO₃	硝酸	+5	強い

【オゾン】

　酸素の同素体として忘れてはいけないのはオゾンです。オゾンの化学式は O_3 ですが、地球の上空 10 〜 50km では、太陽から降り注ぐ紫外線が安定な酸素分子 O_2 に当たって $3O_2 \rightarrow 2O_3$ の反応がおきてオゾンが生成します。これがオゾン層です。オゾン生成の反応で紫外線が吸収されるので、地表まで紫外線が降り注ぐことが防がれているのです。しかし、フロンガスが存在するとオゾンを破壊し、オゾン層に穴をあけるオゾンホールが問題になります。

　オゾンを発生させること自体は簡単です。酸素に強い紫外線を当てたり、高電圧をかけたりすると発生します。オゾンは不安定で、酸素に戻ろうとして酸化物イオンをまわりに投げつけるので強い酸化作用があります。そのため、飲料水の殺菌や繊維の漂白及び空気の浄化などに用いられます。オゾンの確認は、塩素のときと同様、水で湿らせたヨウ化カリウムデンプン紙が青紫色に変わることで確認できます。

84

リチウム Li、ナトリウム Na、カリウム K、ルビジウム Rb、セシウム Cs、フランシウム Fr

～アルカリ金属（1族）～

　水素 H を除く周期表の 1 族の元素をアルカリ金属といいます。価電子を 1 個もつので、この 1 個の電子を放出して 1 価の陽イオンになりやすいという特徴があります。Fr は放射性元素で作ってもすぐに壊れてしまうのでここでは、Li ～ Cs までをとり上げます。

　ナトリウム Na は 98℃、カリウム K は 63℃といずれも融点が低く、リチウム Li とともに、チーズのようにナイフで切れる軟らかい金属です（表 84 － 1）。また、どの金属もイオン化傾向が大きく、1 価の陽イオンになりやすいため、常温で空気中の酸素や水蒸気と反応して、酸化物や水酸化物になります。例えばナトリウムは次のように反応します。

　酸素と反応　　$4Na + O_2 \rightarrow 2Na_2O$

　水蒸気と反応　$2Na + 2H_2O \rightarrow 2NaOH + H_2$

　このとき、できた酸化ナトリウム Na_2O や水酸化ナトリウム NaOH はイオン結合しているので、ナトリウムは反応によりナトリウムイオンになったといえます。

　リチウム Li はナトリウムやカリウムと比べると融点は 181℃とやや高く、常温では冷蔵庫で冷やしたバターくらいの硬さをもつ金属です。携帯電話にはリチウムイオン電池が使われていて、ナトリウムイ

表 84-1 ● アルカリ金属の単体の性質

元素名	元素記号	密度〔g/cm³〕	融点〔℃〕	炎色反応
リチウム	Li	0.53	181	赤
ナトリウム	Na	0.97	98	黄
カリウム	K	0.86	63	赤紫
ルビジウム	Rb	1.53	39	赤
セシウム	Cs	1.87	28	青

炎色反応とは、金属イオンを含む溶液を炎の中に入れたときに、特有の色を示す現象。主に1族、2族元素で見られる。

主な炎色反応の覚え方

元素名		炎色	覚え方の例
リチウム	Li	赤	リアカー
ナトリウム	Na	黄	無き
カリウム	K	赤紫	K村で
銅	Cu	青緑	動力に
バリウム	Ba	黄緑	馬力
カルシウム	Ca	橙	借(りよう)と
ストロンチウム	Sr	紅(深赤)	する(も、貸して)くれない

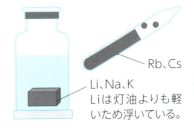

Rb、Cs
Li、Na、K
Liは灯油よりも軽いため浮いている。

アルカリ金属は反応性が高いので、灯油中に保存する。
ルビジウムとセシウムは反応性がさらに高く、アンプル(ガラスで完全に封入されていて、使うときにはガラスを割って一回で使いきる)に入っている。

オン電池やカリウムイオン電池は使われていません。リチウムを電池の材料に使うと、ナトリウムやカリウムを利用するよりも大きな電圧が得られるからです。ただ、リチウムは採掘できる場所が南米に偏っているため、より安価なナトリウムで代替できないか研究が進められています。

ナトリウム化合物では水酸化ナトリウム NaOH と炭酸ナトリウム Na_2CO_3 が重要です。NaOH の製造法は 75 節で説明したので、ここでは Na_2CO_3 の製造法であるアンモニアソーダ法（ソルベー法）について説明しましょう（図 84 − 1）。

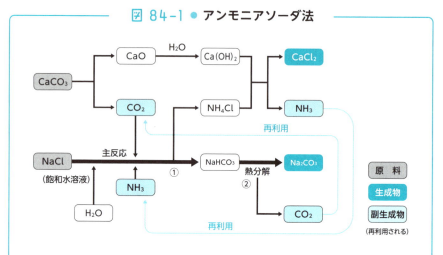

図 84-1 ● アンモニアソーダ法

① 塩化ナトリウムの飽和水溶液にアンモニアと二酸化炭素を吹き込むと、水に溶けにくい炭酸水素ナトリウムが沈殿する。

$$NaCl + H_2O + NH_3 + CO_2 \longrightarrow NaHCO_3 + NH_4Cl$$

② この沈殿を集めて加熱すると、炭酸ナトリウムが生成する。

$$2NaHCO_3 \longrightarrow Na_2CO_3 + H_2O + CO_2$$

アンモニアソーダ法のすごいところは、

$$2NaCl + CaCO_3 \longrightarrow Na_2CO_3 + CaCl_2$$

という普通なら絶対おこらない反応を、段階を分けることでおきるようにしたところ。原料は海からいくらでもとれる塩化ナトリウムNaClと、石灰岩として山からいくらでもとれる炭酸カルシウムCaCO₃。しかも副生成物もすべて再利用されるために、環境破壊の心配もない。

85

ベリリウム Be、マグネシウム Mg、カルシウム Ca、ストロンチウム Sr、バリウム Ba、ラジウム Ra

（ベッドに）（もぐって）（かぶった）（スリッパ）（バラ色だ!）

～ アルカリ土類金属（2族）～

2族元素はアルカリ土類金属とよびますが、その性質はベリリウム Be とマグネシウム Mg のグループとそれより下のカルシウム Ca、ストロンチウム Sr、バリウム Ba のグループで異なります。

2族の元素には表 85 - 1 のような特徴があります。ベリリウムとマグネシウムは他の 2 族元素と比べて、表 85 - 2 のような違いがあるため、過去にはアルカリ土類金属に含めないことが一般的でした。

表 85-1 ● 2族元素の単体の性質

元素名		元素記号	密度[g/cm³]	融点[℃]	炎色反応
ベリリウム		Be	1.85	1282	無
マグネシウム		Mg	1.74	650	無
アルカリ土類金属	カルシウム	Ca	1.55	839	橙赤
	ストロンチウム	Sr	2.54	769	紅
	バリウム	Ba	3.59	727	黄緑

233

表 85-2 ● 2族元素の性質の違い

	Be Mg	Ca Sr Ba
炎色反応	示さない	示す
冷水との反応性	反応しない	反応する
水酸化物の性質	水に溶けにくい	水に溶ける
硫酸塩の性質	水に溶ける	水に溶けない

2族元素の中でもっとも身近なものは、カルシウム Ca です。表 85-3 にカルシウムの化合物の、古くからの日本名を一覧にしました。金剛石（ダイヤモンド）、水晶（二酸化ケイ素）など日本独自のよび名がある化合物はたくさんありますが、カルシウムを含む化合物ほど日本名が一般的に使われているものはありません。それだけカルシウム化合物が昔から使われていたということですね。

表 85-3 ● カルシウム化合物一覧

化学式	名称	日本名	
$CaCO_3$	炭酸カルシウム	石灰石	石灰岩、大理石（石灰岩が熱の作用により変成してできた変成岩）の主成分。卵の殻や貝殻も、主成分は $CaCO_3$。
CaO	酸化カルシウム	生石灰	「生」という名前は水をかけると発熱するのが、「生きている」ように見えたから。
$Ca(OH)_2$	水酸化カルシウム	消石灰（水溶液が石灰水）	「消」という名前は、「消火する」という意味の英語からきている。この $Ca(OH)_2$ を水に溶かした水溶液が石灰水。
$CaSO_4 \cdot 2H_2O$	硫酸カルシウム二水和物	石膏	二水和物とは、硫酸カルシウム1つにつき、H_2O が2つくっついていることを意味している。

炭酸カルシウムを加熱すると、熱分解がおこり、酸化カルシウム CaO になります（$CaCO_3 \rightarrow CaO + CO_2$）。

酸化カルシウムは生石灰ともいい、水を加えると多量の熱を発生しながら反応して、水酸化カルシウム $Ca(OH)_2$ になります（$CaO + H_2O \rightarrow Ca(OH)_2$）。駅弁の中には、ひもを引くと湯気が出てきて弁当が温まるというものがありますが、これは、ひもを引くことによって密封された水と酸化カルシウムが混ざる構造になっています。このとき発生する熱で弁当を温めるのです。この反応でできた $Ca(OH)_2$ は白い粉末です。校庭に白いラインを引くときに白い粉末を使いますが、昔はこの $Ca(OH)_2$ を使っていました。しかし $Ca(OH)_2$ は強塩基性で目などに入ると有害なので、現在は代わりに $CaCO_3$ が使われています。$Ca(OH)_2$ の水溶液は石灰水といい、二酸化炭素を吹き込むと $CaCO_3$ の白い沈殿ができます（$Ca(OH)_2 + CO_2 \rightarrow CaCO_3 + H_2O$）。さらに二酸化炭素を吹き込んでいくと、炭酸水素カルシウムを生じて溶けます（$CaCO_3 + H_2O + CO_2 \rightleftarrows Ca(HCO_3)_2$）。

もうひとつ、カルシウムを含む化合物で有名なものが石膏 $CaSO_4 \cdot 2H_2O$ です。石膏は燃えにくいので、家を建てる際の外壁の下地に石膏ボードとして広く使用されています。石膏をおだやかに 120℃ まで加熱すると、水和している水の一部を失って半水和物 $CaSO_4 \cdot \frac{1}{2} H_2O$ になります。これを焼石膏といい、水を加えてよく練ると 30 分程度で硬化し、再び石膏に戻ります。この性質を利用して、医療用のギプスや石膏細工に使用されています。

バリウム Ba の化合物では硫酸バリウム $BaSO_4$ が重要です。$BaSO_4$ は人体に無害で X 線を吸収するので胃や腸の X 線撮影の造影剤に用いられます。人間ドックで「バリウムを飲む」という表現をするのは $BaSO_4$ のことです。

86 ルビーからお金まで、意外なものに含まれています

~ Al と Sn、Pb ~

13族から14族までに含まれる金属元素から、身近にたくさんあるAl、Sn、Pbについて解説していきます。

【アルミニウム Al】

アルミニウム Al は金属のイオン化傾向で考えると、かなり酸化されやすい金属で、鉄よりもはるかにイオンになりやすい金属です。しかし、アルミホイルはさびた鉄のようにぼろぼろにはなりません。なぜかというと、アルミニウムは空気中に放置されると表面に緻密な酸化被膜を生じ、酸化が内部まで進まないように保護する効果があるためです。アルミニウムの場合は、この酸化被膜が透明のため、私たちはさびたと気づかないのです。アルミホイルなどを見ると、いつもピカピカしていて、まるでさびない金属のように誤解してしまいますが、実際は違ったのですね。この酸化被膜は Al を濃硝酸に入れたときにできる不動態と同じもので、正体は酸化アルミニウム Al_2O_3 です。アルミナともよばれ、天然では無色透明の鋼玉（コランダム）として産出し、ダイヤモンドに次ぐ硬さをもち、研磨剤に用いられます。宝石として有名なルビーやサファイアも主成分は酸化アルミニウムであり、不純物として少量のクロムを含むと色が赤いルビーになり、少量の鉄とチタンを含むと色が青いサファイアになります。

> **図 86-1 ● 酸性の水溶液にも塩基性の水溶液にも溶ける金属は？**
>
> アルミニウムAlと亜鉛Zn、スズSnと鉛Pbには酸性の水溶液にも塩基性の水溶液にも溶けるという共通点がある（この性質を「両性をもつ」といい、これら4種類の元素を両性金属や両性元素とよぶこともある）。AlとZn、Sn、Pbをそれぞれ塩酸に溶かしたときは、次のような反応をおこす（反応式中のXはZn、Sn、Pb のどれでもOK！ ただし、Pb ＋ HClはPbCl$_2$が水に難溶のため溶けない）。
>
> $$2Al + 6HCl \rightarrow 3H_2 + 2AlCl_3$$
>
> $$X + 2HCl \rightarrow H_2 + XCl_2$$
>
> また、水酸化ナトリウムに溶かしたときは次のようになる。
>
> $$2Al + 2NaOH + 6H_2O \rightarrow 3H_2 + 2Na^+ + 2[Al(OH)_4]^-$$
>
> $$X + 2NaOH + 2H_2O \rightarrow H_2 + 2Na^+ + [X(OH)_4]^{2-}$$

【スズ Sn】

スズ Sn は、他の金属とセットで広く使われています。銅とスズの合金で青銅（ブロンズ）、鉛とスズの合金ではんだ、鉄にスズをメッキすることによって作るブリキなどは身近にあります。オリンピックの銅メダルには、純粋な銅ではなく青銅が用いられています（だから英語ではブロンズメダルというのですね）。単体は比較的毒性が低いので、過去には食器などにも広く用いられていましたが、現在ではほとんど使われていません。これは、スズの単体は低温環境に長時間おくとボロボロになってしまうという弱点があるからです。

【鉛 Pb】

　鉛は軟らかい金属で、紙にすり付けると文字が書けるため、古代のローマ人は羊皮紙に鉛で文字を書いていました。鉛を使っていないのに「鉛」筆というのはこれが理由です。鉛の化合物は黄色（PbO、PbCrO$_4$）や赤（Pb$_3$O$_4$）などカラフルで古くから顔料として使われていました。しかし、体内に蓄積されやすく、毒性も高いのです。塩基性炭酸鉛（2PbCO$_3$・Pb(OH)$_2$）は鉛白とよび、おしろいとして江戸時代を通じて広く使われていましたが、皮膚を通じて鉛が吸収され、鉛中毒の患者も出たと考えられています。鉛の化合物は水に溶けにくいものが多いですが、硝酸鉛 Pb(NO$_3$)$_2$ や酢酸鉛 Pb(CH$_3$COO)$_2$ は水に溶けてイオンになります。水溶液中の鉛(Ⅱ)イオン Pb^{2+} は様々な陰イオンと反応して沈殿を生じます（図86-2）。

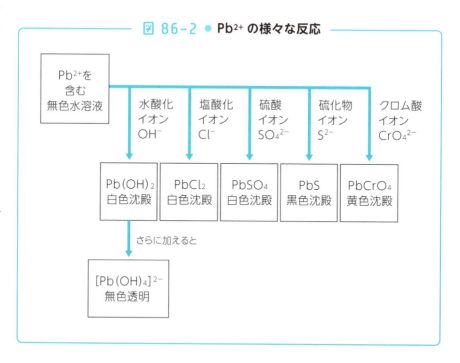

図86-2 ● Pb^{2+} の様々な反応

基礎化学 | 理論化学 | **無機化学** | 有機化学 | 高分子化学

第12章
遷移元素の性質

スカンジウム Sc、チタン Ti、バナジウム V、クロム Cr、マンガン Mn、鉄 Fe、コバルト Co、ニッケル Ni、銅 Cu、亜鉛 Zn

〜 遷移元素の特徴 〜

周期表は典型元素のグループと、遷移元素の2つのグループに分けられます。遷移元素はすべてが金属元素です。原子番号21番以降の元素では、スカンジウム Sc、チタン Ti、バナジウム V、クロム Cr、マンガン Mn、鉄 Fe、コバルト Co、ニッケル Ni、銅 Cu、亜鉛 Zn までが遷移元素で、ガリウム Ga、ゲルマニウム Ge…と典型元素が続きます。

遷移元素の特徴の一つは、複数の種類の陽イオンになれることです。典型金属元素のイオン、例えばナトリウムイオンは Na^+ ですし、カルシウムイオンは Ca^{2+} と決まっていて、Na^{2+} や Ca^+ というイオンは存在しません。しかし、遷移元素は鉄イオンといっても Fe^{2+} と Fe^{3+} の2つの状態をとることができ、銅イオンも Cu^+ と Cu^{2+} の2つの状態をとることができます。そこで、遷移元素のイオンは、価数をローマ数字で元素名の後につけ、Fe^{2+} は鉄（Ⅱ）イオン、Fe^{3+} は鉄（Ⅲ）イオン、Cu^+ は銅（Ⅰ）イオン、Cu^{2+} は銅（Ⅱ）イオンと表して区別します。

酸化物も同様です。典型金属元素の酸化物、例えば酸化ナトリウムは Na_2O、酸化カルシウムは CaO とそれぞれ1種類しかありません。

一方、酸化銅は Cu_2O と CuO の 2 種類が考えられるので、Cu_2O は酸化銅（Ⅰ）、CuO は酸化銅（Ⅱ）と表して区別します。

表 87-1 ● 遷移元素の特徴

遷移元素は原子番号が増加すると、最外殻の電子は1個か2個のまま、一つ内側の電子殻に電子が増えていく。その結果、遷移元素では横に並んだ同周期元素の性質が①〜⑤のようによく似ているという特徴がある。

①単体は密度が大きく、融点の高いものが多い。

族	3	4	5	6	7	8	9	10	11	12
元素記号	Sc	Ti	V	Cr	Mn	Fe	Co	Ni	Cu	Zn
密度[g/cm³]	3.0	4.5	6.1	7.2	7.4	7.9	8.9	8.9	9.0	7.1
融点[℃]	1541	1660	1887	1860	1244	1535	1495	1453	1083	420

②1つの元素が複数の種類の陽イオンになれる（複数の酸化数をとることができる）。
　（例）Fe (+2, +3)、Cu (+1, +2)、Mn (+2, +4, +7)、Cr (+2, +3, +6)

③化合物、またその水溶液には、有色のものが多い。
　Fe^{2+}:淡緑色、Fe^{3+}:黄褐色、Cu^{2+}:青色、Cr^{3+}:緑色、Mn^{2+}:淡桃色、Ni^{2+}:緑色

④単体や化合物には、触媒としてはたらくものが多い。
　（例）オキシドールの分解による酸素の発生：MnO_2、接触法による硫酸の製造：V_2O_5
　オストワルト法による硝酸の製造：Pt、ハーバー・ボッシュ法によるアンモニアの製造：Fe_3O_4

⑤他のイオンや分子と結合した錯イオンを作るものが多い（88節を参照）。

注　亜鉛Znなどの12族元素は、融点が低いため、遷移元素に含めず典型元素に含める場合もある。

88

水銀の毒性は、昔は知られてはいませんでした

〜 Hg と Zn 〜

　亜鉛 Zn と水銀 Hg は、2021 年までは典型元素に分類されていましたが、現在では遷移元素に分類されています。

【水銀 Hg】

　水銀 Hg は室温で唯一の液体の金属で、天然には深紅色の結晶の辰砂 HgS として産出します。辰砂は、朱色の顔料や漢方薬として珍重されてきましたが、現在では水銀は人体にとって有害であることがわかっているので、漢方薬としては使われなくなりました。また、辰砂は空気中で熱するだけで水銀の蒸気が発生するので、これを集めて冷却すれば水銀の単体が得られます。

【亜鉛 Zn】

　亜鉛 Zn もイオン化傾向が大きい金属なので乾電池の負極に使われています。合金の材料としても有用で、5 円玉、金管楽器は銅と亜鉛の合金の黄銅でできています。酸性の水溶液にも塩基性の水溶液にも溶ける Al、Zn、Sn、Pb の 4 種類の金属のうち、アンモニアを配位子として錯イオンになれる唯一の金属です。

　通常、金属の酸化物は黒いものが多いのですが、亜鉛の酸化物である酸化亜鉛 ZnO は白色です。水に溶けませんが、酸、塩基の水溶液両方と反応する両性酸化物です。白色の絵の具には ZnO が用いられています。

図 88-1 ● 錯イオンとは？

【錯イオンとは何だ？】

アルミニウムイオンと水酸化物イオンが水溶液中で独立して存在している場合は、$Al^{3+} + 4OH^-$ と書くが、Al^{3+} に OH^- が4つ配位結合して1つのイオンとしてふるまっている場合には、[ ] というカッコを使い、ひとかたまりのイオンとして扱う。これを錯イオンという。Al^{3+} に OH^- を加えていくと、はじめは水酸化アルミニウム $Al(OH)_3$ の白い沈殿が生じるが、さらに加えていくと、錯イオンを生じて白い沈殿は溶けてなくなってしまう。錯イオンは水に溶けるのが特徴なので、水酸化物イオン OH^- と結合して錯イオンになれる金属（アルミニウム Al、亜鉛 Zn、スズ Sn、鉛 Pb）は、塩基性の水溶液にも溶けることができる。このとき、非共有電子対を与えて配位結合する分子や陰イオンを配位子、その数を配位数という。

	アンモニア	水	シアン化物イオン	塩化物イオン	水酸化物イオン
化学式	NH_3	H_2O	CN^-	Cl^-	OH^-
配位子名	アンミン	アクア	シアニド	クロリド	ヒドロキシド

重要な錯イオン4種類を示す。錯イオンの名称は下記の順番でつける。

配位子の数（1:モノ、2:ジ、3:トリ、4:テトラ、5:ペンタ、6:ヘキサ…）
＋ 配位子の名称 ＋ 中心金属の元素名 ＋ 中心金属の酸化数
＋～イオン（錯イオンが陰イオンのときは～酸イオンとする）

ジアンミン銀（Ⅰ）イオン
$[Ag(NH_3)_2]^+$
直線
（配位数2）

無色

テトラアンミン銅（Ⅱ）イオン
$[Cu(NH_3)_4]^{2+}$
正方形
（配位数4）

深青色

テトラアンミン亜鉛（Ⅱ）イオン
$[Zn(NH_3)_4]^{2+}$
正四面体
（配位数4）

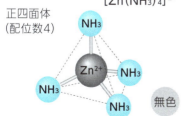

無色

ヘキサシアニド鉄（Ⅲ）酸イオン
$[Fe(CN)_6]^{3-}$
正八面体
（配位数6）

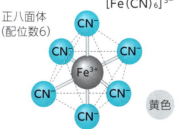

黄色

身近にあるけど奥は深い

〜鉄とその化合物〜

　自然界ではすべての鉄 Fe は酸化物として存在するために、初期の鉄は隕石に含まれる隕鉄を利用したか（宇宙に酸素はないために、隕石に含まれる鉄は酸化されていません）、山火事などで自然に酸化鉄が還元されたものを利用したのか、はっきりわかってはいません。ですが、紀元前 1500 年ごろには鉄鉱石を利用した製鉄技術が確立されて鉄器の利用が広まりました。

　鉄の酸化物には 2 種類あり、赤錆とよばれる酸化鉄（Ⅲ）Fe_2O_3 と、黒錆とよばれる酸化鉄（Ⅱ、Ⅲ）Fe_3O_4（Fe^{2+} と Fe^{3+} が 1：2 の状態で混ざった酸化物）です。

　赤錆は釘を放置したときや、使い古したスチールウールに発生する赤茶色のものです。これは鉄をボロボロにしてしまう原因として嫌われています。黒錆は、赤錆とは違い、鉄表面を均一に覆うと内部まで鉄がさびるのを防ぐ効果があります。東北地方の伝統工芸品である南部鉄器は見た目が黒いですが、これは鉄器の形を作ってから 800〜1000℃の木炭の火で焼き、鉄の表面にわざと黒錆をつけることで、内部の鉄を保護しているのです。

　私たちが日常的に使用している鉄は、すべて Fe_2O_3 か Fe_3O_4 のどちらかの酸化鉄を還元して製造されています。図 89 − 1 は初期の製鉄の様子、図 89 − 2 は現代の日本での製鉄法です。

　鉄は塩酸や硫酸などの酸と反応して Fe^{2+} になります。

　$Fe + 2H^+ \rightarrow H_2 + Fe^{2+}$

　これはイオン化傾向が H^+ よりも Fe のほうが大きいことが理由で

す。Fe^{2+}の水溶液は淡い緑色をしていますが、空気中の酸素で容易に酸化されて、Fe^{3+}の黄褐色の水溶液になります。このように遷移元素は、まわりの環境によって酸化数が変わります。

図 89-1 ● 初期の製鉄

初期の製鉄では、土で炉を作り、その中に木炭と砂鉄・もしくは鉄鉱石を層状に重ねて入れて、空気を送ったと考えられている（日本では鉄鉱石は採れないので、砂鉄を使用した、たたら製鉄が一般的だった）。送り込まれた酸素と木炭が反応してできた一酸化炭素が、酸化鉄から酸素をはぎ取って鉄が生じる。一度製鉄が終了するたびに炉は壊されて、できた鉄を取り出す。

この製鉄法では大量の木炭を使うために、山の木を大量に消費してしまい、環境破壊が進むという問題点がある。「もののけ姫」でも、メインテーマの一つは製鉄による環境破壊であった。

図 89-2 ● 現代の製鉄

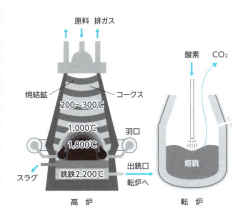

高炉では、鉄鉱石の粉末に石灰岩（主成分は炭酸カルシウム$CaCO_3$）を砕いたものを混ぜ、焼き固めてペレット状にしたもの（焼結鉱）と、石炭を蒸し焼きにしてコークスにしたものを交互に炉の中に入れる。焼結鉱もコークスもゴルフボールよりも少し小さいくらいの大きさで、積み重なると高炉の中に適度な空間ができるので、コークスから発生した一酸化炭素COにより、酸化鉄がスムーズに還元できるようになる。生成した液体状の鉄（これを銑鉄とよぶ）は、溶鉱炉の底から出てくる。

銑鉄は、約4%の炭素分を含み、硬いけれどももろくて割れやすいという性質をもつため、転炉で炭素とO_2を反応させて炭素量を調整する。含まれる炭素の量が少ないと柔らかくなり、多くなると硬くなる。柔らかい軟鋼は自動車のボディなどに、硬い硬鋼は刃物やレールなどに使われる。

足尾銅山鉱毒事件の原因になりました

~ 銅とその化合物 ~

銅 Cu は、わずかながら自然銅として天然に産出されるものもあるため、人類が初めて利用した金属は銅だといわれています。現在では鉄、アルミニウムに次いで 3 番目に多く生産される重要な金属です。

銅も鉄と同じように溶鉱炉と転炉で製造します。製鉄のように高炉ではなく小規模な溶鉱炉ですむのは、銅鉱石が鉄鉱石に比べて還元されやすいからです。また、銅は鉄よりも電気や熱をよく通す性質から、導線など電気関連の材料として使われます。不純物が混入すると、電気抵抗が大きくなってしまい電気材料としては使えません。そのため、電解精錬（73 節参照）を利用し、含まれる不純物をできるだけ取り除いた 99.99％の純銅を利用するところも製鉄と異なる点です。

銅鉱石は黄銅鉱 $CuFeS_2$ が主要な鉱石で硫化物が多いため、溶鉱炉から転炉と還元していくにしたがって、二酸化硫黄 SO_2 が大量に発生します。現在ではこの二酸化硫黄は一切外部に出さずに、SO_3 に酸化した後に水と混ぜて硫酸 H_2SO_4 として活用していますが、明治時代はすべて大気中に放出していました。そのため放出された二酸化硫黄は酸性雨となって降り注ぎ、銅の製錬工場のまわりは木が枯れてしまいました。さらに銅の鉱石は鉄鉱石と比べて銅の含有量が 0.5 ～ 2％と低いため、細かく砕いたあと、銅を多く含んでいる鉱石のみを選別する選鉱というプロセスが必要になります。この選鉱は水の中

で行なわれるため、使った水をそのまま川に流すと、含まれる有害な金属イオンが農作物に被害を及ぼします。田中正造が明治天皇に直訴を行なったことで有名な足尾銅山鉱毒事件は、①酸性雨により木が枯れてハゲ山になる→山崩れ、②二酸化硫黄による煙害、酸性雨被害、③渡良瀬川に含まれる有害な金属イオンによる農作物被害と健康被害、という複数の要因が組み合わさった環境問題だったのです。

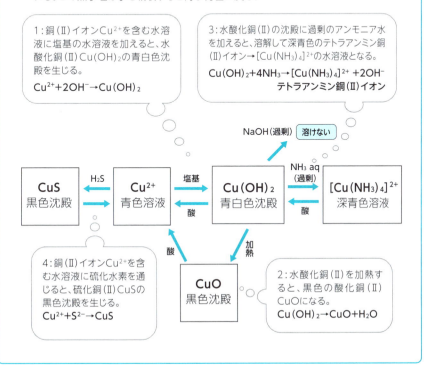

図 90-1 ● 銅の化合物と Cu^{2+} の反応

1：銅を空気中で加熱すると、黒色のCuOを生成するが、高温では赤色のCu_2Oを生成する。
2：銅を熱濃硫酸に溶かすと、硫酸銅(Ⅱ)$CuSO_4$を生成する。
$Cu + 2H_2SO_4 \rightarrow CuSO_4 + 2H_2O + SO_2$
3：この$CuSO_4$の水溶液は青色をしているが、この色はテトラアクア銅(Ⅱ)イオン$[Cu(H_2O)_4]^{2+}$、の錯イオンの色である。水溶液から結晶を析出させると、この錯イオンにもう1つH_2O分子がくっついた$CuSO_4 \cdot 5H_2O$の青色結晶が得られる。この結晶を加熱すると、水和水をすべて失った白色粉末状の硫酸銅(Ⅱ)無水塩$CuSO_4$が得られる。この無水塩は水を吸収すると再び青色に戻る。

1：銅(Ⅱ)イオンCu^{2+}を含む水溶液に塩基の水溶液を加えると、水酸化銅(Ⅱ)$Cu(OH)_2$の青白色沈殿を生じる。
$Cu^{2+} + 2OH^- \rightarrow Cu(OH)_2$

3：水酸化銅(Ⅱ)の沈殿に過剰のアンモニア水を加えると、溶解して深青色のテトラアンミン銅(Ⅱ)イオン→$[Cu(NH_3)_4]^{2+}$の水溶液となる。
$Cu(OH)_2 + 4NH_3 \rightarrow [Cu(NH_3)_4]^{2+} + 2OH^-$
テトラアンミン銅(Ⅱ)イオン

4：銅(Ⅱ)イオンCu^{2+}を含む水溶液に硫化水素を通じると、硫化銅(Ⅱ)CuSの黒色沈殿を生じる。
$Cu^{2+} + S^{2-} \rightarrow CuS$

2：水酸化銅(Ⅱ)を加熱すると、黒色の酸化銅(Ⅱ)CuOになる。
$Cu(OH)_2 \rightarrow CuO + H_2O$

91 古くから人類が追い求めてきました

〜 銀とその化合物 〜

銀 Ag は貴金属として古くから貨幣に使われてきました。スペインがインカ帝国を征服したのちに発見したポトシ銀山からは、莫大な量の銀が採掘されて銀の価値が急落したために、銀の値段を物価の基準にしていたヨーロッパ各国にインフレをもたらしたほどです。

銀はイオン化傾向が小さいために、さびにくく、食品中の酸成分と反応することがないので、食器としても使われてきました。ただし、硫化水素とは反応して硫化銀 Ag_2S になり黒く変色するので、硫黄を多く含む食品、例えばゆで卵を銀食器に置くと黒くなることがあります。銀は全金属中で熱伝導性、電気伝導性が最も優れていますが、高価で密度も大きいため電線には銅が使われているのです。

銀は、塩酸や希硫酸には溶けませんが、硝酸には溶けて硝酸銀 $AgNO_3$ になります。

$Ag + 2HNO_3（濃） \rightarrow AgNO_3 + NO_2 + H_2O$

$3Ag + 4HNO_3（希） \rightarrow 3AgNO_3 + NO + 2H_2O$

イオン化傾向が小さいということは、Ag^+ になっても電子をまわりから奪って還元されやすいということなので、無色透明な結晶である硝酸銀は光の当たる場所を避けて保存しないと、徐々に単体の銀が生成してきて黒ずんできてしまいます。これは、このとき生成した銀は細かい粒子のため金属光沢はなく、ただの黒い粒に見えるからです。

この還元されやすいという性質は、周囲に細菌があると細菌から電子を奪って殺してしまう、つまり殺菌作用にもなるため、これを利用して消臭スプレーなどに銀イオン Ag^+ を用いたものが販売されています。

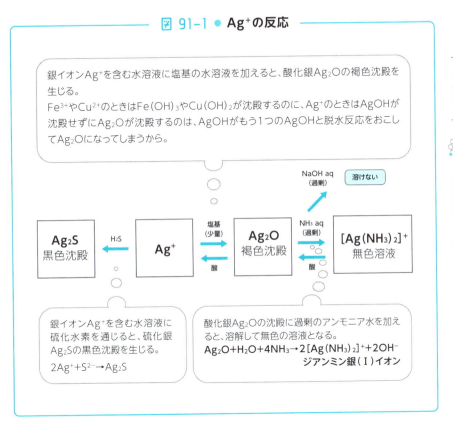

図 91-1 ● Ag^+ の反応

遷移金属の名脇役

～ クロム、マンガンとその化合物 ～

鉄 Fe、銅 Cu、銀 Ag ときてここではクロム Cr とマンガン Mn について解説します。この 2 つの金属は単体の性質よりも、酸化剤のニクロム酸カリウム $K_2Cr_2O_7$、過マンガン酸カリウム $KMnO_4$ として出てくることがほとんどなので、酸化還元の復習として見ていってください。

【クロム Cr】

単体のクロムは安定してさびにくい無害の金属で、クロムメッキとして鉄にメッキされたり、ステンレスとして鉄との合金が広く利用されています。クロムは＋3 と＋6 の酸化数をとりますが、地球上には主に三価クロムとよばれる＋3 のクロムの形で幅広く存在しています。＋6 のクロムは六価クロムとよばれ、極めて強い毒性をもちます。代表的な六価クロムである $K_2Cr_2O_7$ は強力な酸化剤として出てきたことでわかるように、非常に強い酸化力をもつ不安定な物質です。有機物と接触するとその有機物を酸化して、自身は三価クロムに変わる性質があり、この強い酸化力が毒性の原因です。

【クロム酸カリウム K_2CrO_4 とニクロム酸カリウム $K_2Cr_2O_7$】

クロム酸カリウム K_2CrO_4 は黄色の結晶で、水に溶かすと CrO_4^{2-} を生じます。ニクロム酸カリウム $K_2Cr_2O_7$ は橙色の結晶で、水に溶かすと $Cr_2O_7^{2-}$ を生じます。どちらもとてもきれいな結晶で、水溶液もとても華やかな色をしているのですが、Cr の酸化数は両方とも＋6 で、毒性の高い六価クロムなので取り扱いには注意が必要です。この 2 つの化合物は異なる化合物のように見えますが、水溶液の pH

を変えただけで入れ替わります（図92-1）。

【クロム酸イオン CrO_4^{2-} の反応】

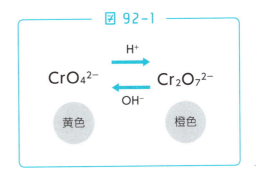

図 92-1

クロム酸イオンは、Ag^+、Pb^{2+}、Ba^{2+} などと反応して、それぞれクロム酸銀 Ag_2CrO_4（暗赤色）、クロム酸鉛（Ⅱ）$PbCrO_4$（黄色）、クロム酸バリウム $BaCrO_4$（黄色）の沈殿を生じるので、これらの金属イオンの分離や確認に使われます。例えば、Ag^+ と Fe^{3+} の混ざった水溶液があるときに、クロム酸カリウム K_2CrO_4 水溶液を加えると Ag^+ のみが Ag_2CrO_4（暗赤色）として沈殿するので、Ag^+ を取り除くことができます。もちろん NaCl を加えても AgCl が沈殿するので、Ag^+ を取り除くことができます。通常は K_2CrO_4 よりも毒性の低い NaCl を使います。

【マンガン Mn】

単体のマンガン Mn は銀白色の金属ですが、単体として使われることはありません。産業界では Mn は添加剤として鉄鋼に加えられています。炭素を添加するよりも効果的に強度を上げることができるからです。おなじみのマンガン乾電池は正極に酸化マンガン（Ⅳ）MnO_2 が使われていることが名前の由来です。MnO_2 といえば、過酸化水素水を分解して酸素を発生させるときに加える触媒としても有名ですね。あと1つの有名な化合物は酸化剤としての $KMnO_4$ ですね。酸化剤として有名なものを1つだけあげろと言われたら間違いなく $KMnO_4$ です。

93 混ざってしまった陽イオンを分けるには?

～ 金属イオンの定性分析 ～

試料水溶液中に多種類の金属イオンが含まれているときに、それぞれの金属イオンを分離して同定する操作を定性分析といいます。この節を読み終わった後には、何と15種類もの金属イオンが混ざった水溶液からきれいにそれぞれの金属イオンが分離同定できるようになるのです。

まず、15種類の金属イオンを性質の似たグループごとに第1属から第6属にグループ分けします（表93－1）。このグループごとに第1属から順番にまとめて沈殿させて、検出を容易にします。この目的で使われる試薬を分属試薬といいます。この後、属ごとに1つずつ金属イオンを同定していくのです。

表 93-1 ● 金属イオンの分属表

属	分属試薬	沈殿形態	沈殿する金属イオン
第1属	希塩酸	塩化物	Ag^+, Pb^{2+}
第2属	硫化水素(酸性下)	硫化物	Hg^{2+}, Pb^{2+}, Cu^{2+}
第3属	アンモニア水+塩化アンモニウム	水酸化物	Al^{3+}, Fe^{3+}, Cr^{3+}
第4属	硫化水素(塩基性下)	硫化物	Ni^{2+}, Mn^{2+}, Zn^{2+}
第5属	炭酸アンモニウム+塩化アンモニウム	炭酸塩	Ba^{2+}, Sr^{2+}, Ca^{2+}
第6属	リン酸水素二ナトリウム+塩化アンモニア水	リン酸塩	Mg^{2+}

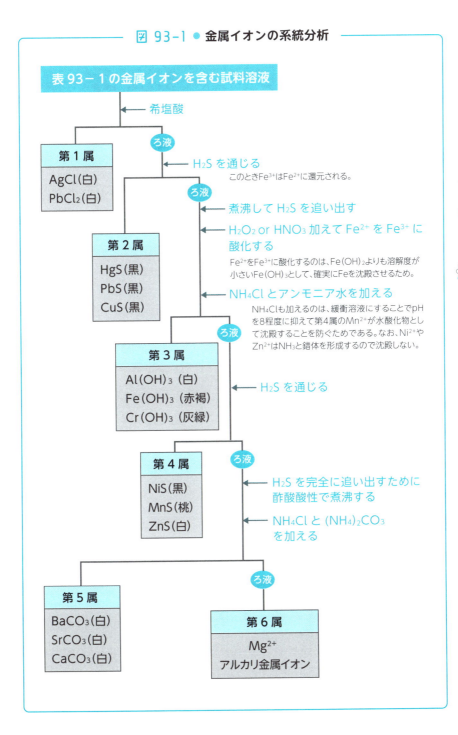

図 93-1 ● 金属イオンの系統分析

【第1属の金属イオンの分析法】

第1属と第2属の金属イオンは、硫化物の溶解度が小さいグループですが、その中でも特に塩化物の溶解度が小さいものを第1属にまとめてあります。試料溶液に希塩酸を加えるとAg^+とPb^{2+}が塩化物として

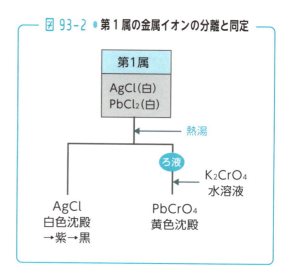

沈殿するので、これをろ過すると第1属の金属イオンが分離できます。ろ紙上の沈殿物に熱湯を注ぐと、$PbCl_2$は熱湯に可溶（100℃での溶解度3.3）なので、ろ液に集めることができます。その後、ろ液にK_2CrO_4水溶液を加えると$PbCrO_4$の黄色沈殿を生じます（Pbの同定）。AgClの白色沈殿は、放置しておくと光が当たってAgの単体が遊離してくるために白→紫→黒と色が変化していきます（Agの同定）。

【第2属の金属イオンの分析法】

第1族の金属イオンを沈殿させたあとの酸性のろ液に気体のH_2Sを通じると、HgS、PbS、CuSが沈

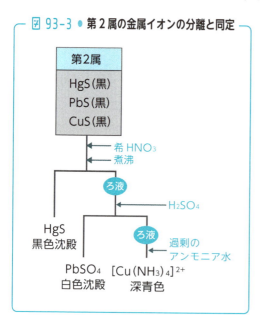

殿します（PbCl₂は溶解度が大きいために、一部ろ液中に残っていますがここでほぼすべてのPb²⁺がPbSとして沈殿します）。生じた沈殿に希硝酸を加えて煮沸してもHgSの黒い沈殿は溶解しません（Hgの同定）が、PbS、CuSは溶解します。溶液をろ過してろ液にH₂SO₄を加えて加熱するとPbSO₄の白色沈殿が生成します（Pbの同定）。また、ろ液に過剰のアンモニア水を加えると深青色の[Cu(NH₃)₄]²⁺が確認できます（Cuの同定）。

【第3属の金属イオンの分析法】

　第2属を分離したろ液はH₂Sを含むので、煮沸してこれを追い出します。これは、H₂Sを追い出さないと、アルカリ性にしたときに、第4属の金属イオンの硫化物（NiS、MnS、ZnS）が沈殿してしまうからです。その後、アンモニア水を加えて第3属の金属イオンを水酸化物として沈殿させます。図93－4に示した3種類の水酸化物の沈殿は、Al(OH)₃のみがOH⁻と錯体を作って溶解するという性質を利用して分離します。

3種類の水酸化物の沈殿を塩酸で再び金属イオンに戻してからNaOH水溶液を加えていくと、Al³⁺のみがAl(OH)₃として一度沈殿してから[Al(OH)₄]⁻として再溶解しますが、Fe³⁺とCr³⁺は水酸化物となって沈殿したままです。その後、ろ液に希塩酸を加えていくとAl(OH)₃の寒天状

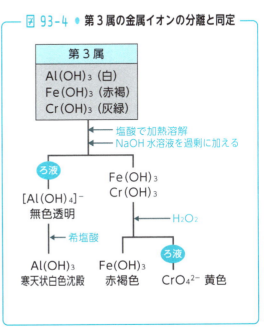

図93-4 ● 第3属の金属イオンの分離と同定

白色沈殿が確認できます（Alの同定）。また、沈殿物にH$_2$O$_2$を加えていくとCr^{3+}はCrO$_4^{2-}$に酸化されて溶解し、黄色になります（Crの同定）。そしてこれをろ過することでFe(OH)$_3$を分離することができます（Feの同定）。

【第4属の金属イオンの分析法】

第4属の金属イオンはアルカリ性でH$_2$Sを通じたときに硫化物として沈殿するグループです。H$_2$Sは弱酸なので水溶液中で

H$_2$S $\rightleftarrows$ H$^+$ + HS$^-$ $\rightleftarrows$ 2H$^+$ + S^{2-}

の平衡状態をとっていますが、アルカリ性ではこの平衡が右に偏りS^{2-}の濃度が大きくなります。そのため、第2属の金属の硫化物よりも溶解度積が大きく、酸性下でH$_2$Sを通じても沈殿しなかった第4属の金属イオンを硫化物として沈殿させることができるのです。沈殿した硫化物に希塩酸を加えると、MnS、ZnSは溶解しますがNiSは不溶なので、ろ過してNiSを分離できます（Niの同定）。溶解したMn^{2+}、Zn^{2+}の水溶液を煮沸してH$_2$Sを追い出し、NaOH水溶液を加えます。Znのみがzn(OH)$_2$として一度沈殿してから、OH$^-$と錯体を形成して[Zn(OH)$_4$]$^{2-}$となって再溶解しますが、Mn^{2+}はMn(OH)$_2$となって沈殿したままなのでこれを分離します（Mnの同定）。このろ液に再度H$_2$Sを通すとZnSの白色沈殿が確認できます（Znの同定）。

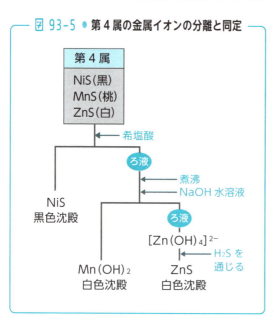

図 93-5 ● 第4属の金属イオンの分離と同定

【第5属の金属イオンの分析法】

　第5属の金属イオンは (NH₄)SO₄ を加えることで硫酸塩として沈殿するグループです。沈殿した炭酸塩に、CH₃COOH 水溶液を加えて煮沸し、沈殿を溶解してから K₂CrO₄ 水溶液を加えると BaCrO₄ の黄色沈殿が生じます（Baの同定）。ろ液に図93-6の操作を行なって Sr^{2+} と Ca^{2+} を分離します（SrとCaの同定）。これは Sr が Ca よりも硫酸塩の溶解度が小さいことを利用しています。残りの水溶液中には、Mg^{2+} のみが含まれています。この水溶液に希塩酸を加えて微酸性とし、Na₂HPO₄ 水溶液とアンモニア水を加えると結晶性の白色沈殿 MgNH₄PO₄・6H₂O を生じます（Mgの同定）。

　もし仮に、試料溶液にアルカリ金属イオンも含まれている場合は沈殿による分離は難しいために炎色反応で同定します。

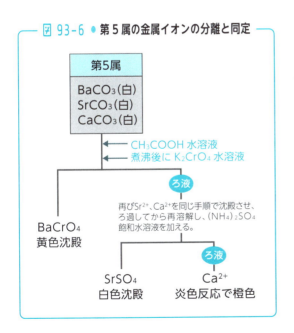

図 93-6 ● 第5属の金属イオンの分離と同定

94 ガラス、陶磁器、セメント、まとめてなんとよぶ？

～セラミックス～

　金属以外の無機物質を高温で焼き固めて作られる固体材料をセラミックスといいます。セラミックスは主にガラス、陶磁器、セメントの 3 種類です。セラミックスは硬い、さびない、燃えないなどの長所と、衝撃に弱い、急激な温度変化に弱いなどの短所をもちます。

【ガラス　固体だけど結晶ではない？】

　ガラスの主成分は SiO_2 が主成分である珪砂であり、これに融点を下げるために Na_2CO_3 や $CaCO_3$ を加えて融解したあとで冷やしながら目的の形に成型します。ガラスは Si と O のネットワークの隙間に Na^+ や Ca^{2+} が入り込み、構成する原子の配列が不規則のまま（つまり結晶ではない状態で）固化しています。これを**アモルファス（非晶質）といい、決まった融点をもたず、加熱すると次第に軟化するので成型・加工が容易です**（これに対して水晶は結晶質の石英です）。

　ガラスには微量の酸化物を添加することで色を付けることができます。CoO では青色、Cr_2O_3 では緑色、Fe_2O_3 では黄色、MnO_2 では紫色になります。琉球ガラスでもベネチアングラスでも赤色は他の色に比べて 2 割程度高価ですが、この理由は、赤色の発色には高価な Au を添加するか、冷やすときの温度調整が難しく還元剤も加える必要がある CdSe を添加する必要があるからです。

【陶磁器　陶器と磁器はどう違う？】

　土を高温で焼き固めたものを陶磁器といいます。陶磁器は次のプロセスで作られ、焼成温度と材料の違いで土器、陶器、磁器と分類されます。

①**成形**　原料である粘土質の土に水を加えてよく練り、空気を抜いて成形します。このときの土の性質ができた陶磁器の基本的な性質を決めるので、土選びは重要です。

②**乾燥**　天日のもとでよく乾燥させます。

③**素焼き**　低温で焼きます。③までで終えると土器になります。

④**本焼き**　釉薬(ゆうやく)をかけ、高温で焼きます。釉薬とは、石英や長石、あるいは藁(わら)や木灰などの粉末を水に混ぜて泥状にしたものです。これを塗って高温で焼くと SiO_2 が融けてガラス質の被膜を生じ、吸水性がなくなり強度が上がります。材料に陶土という粘土質のものを使って、1200℃前後で焼くと陶器となります。瀬戸焼、唐津焼、美濃焼などが代表的な陶器の産地です。また、材料に陶石という石質のものをって、1300℃のより高い温度で焼くと磁器となります。有田焼、九谷焼などが代表的な磁器の産地です。

【セメント、コンクリート　建築物には欠かせません】

　石灰石、粘土、石膏を混ぜて加熱してできる結合材をセメントといいます。セメントに水を加えて練ると石灰石が分解してできた酸化カルシウムが発熱しながら反応し、やがて固化します。セメントに砂、小石を混ぜて固めたものがコンクリートで、圧縮には強いものの引っ張りには弱いために、鉄筋を入れた鉄筋コンクリートとして用います。

95

10円玉は銅でできている？
いやいや実は合金なんです

～さまざまな合金～

黄銅、青銅、白銅、…2種類以上の金属を混ぜた合金は1種類の金属の弱点をカバーできたり、新しい性質が生まれたりすることがあるため、身近に幅広く使われています。

日本の硬貨のうち、1円硬貨だけはアルミニウムの単体でできていますが、それ以外の硬貨はすべて合金でできています。5円硬貨は銅が60～70%、亜鉛が40～30%からなる黄銅（真鍮ともいいます）と

表 95-1 ● 日本の硬貨一覧

硬貨の種類	素材	質量	直径
一円硬貨	アルミニウム アルミニウム 100%	1.0g	20 mm
五円硬貨	黄銅 銅：60～70% 亜鉛：40～30%	3.75g	22 mm
十円硬貨	青銅 銅：95% 亜鉛：3～4% スズ：1～2%	4.5g	23.5 mm
五十円硬貨	白銅 銅：75% ニッケル：25%	4.0g	21 mm
百円硬貨	白銅 銅：75% ニッケル：25%	4.8g	22.6 mm
五百円硬貨	〔外縁〕 ニッケル黄銅 （洋白、洋銀） 〔中心〕 白銅＋銅	7.1g	26.5 mm

いう合金でできています。黄銅は、酸化されやすいという亜鉛の欠点と、変形しやすいという銅の欠点をお互いに補った優れた合金です。トランペットやトロンボーンなどの金管楽器にも黄銅は使われています。

　10円硬貨は純粋な銅の色に見えますが、じつは亜鉛とスズが数％ずつ混ぜられており、青銅とよばれる合金です。青銅は亜鉛とスズを混ぜることにより銅の融点を下げ（純銅では融点は1000℃を超えますが、青銅では700℃程度まで下がります）、変形しやすいという銅の弱点を補っています。

　青銅といえば、歴史の中で出てくる銅剣や銅鏡が有名ですね。世界で初めて金属を利用したシュメール人は、スズが混ざった銅鉱石をそのまま製錬して使用したので、青銅を使っていました。青銅は、より硬い鉄の製造技術が確立するまでは、武器や壺、鏡や祭器などに広く使われていました。青銅というと、鎌倉の大仏やニューヨークの自由の女神などのいわゆる青銅色を思い浮かべますが、この色は緑青といわれ、銅が以下の反応をすることによって生成するものです。

$$2Cu + O_2 + CO_2 + H_2O \rightarrow CuCO_3 \cdot Cu(OH)_2$$

　本来の青銅の色はスズの割合により変化しますが、割合が少ないと赤銅色、多くなるにつれ黄金色、白銀色と変化していきますが、どれも鏡として使えるほど金属光沢があるものです。つまり、私たちが日常生活で目にしている青銅色とは、本来の色ではなく緑青の色なのです。

　50円硬貨、100円硬貨には銅75％、ニッケル25％の白銅が使われています。昭和30年代ごろの100円硬貨は銀を60％も含んでいましたが、銀の価格が高騰したため、輝きの似た白銅に切り替えられました。旧500円硬貨も白銅でしたが、その後銅72％、亜鉛20％、ニッケル8％のニッケル黄銅を使用した500円硬貨となり、そして2021年には縁にニッケル黄銅、中心に白銅で銅をはさんだ3層の構造をもつ新500円硬貨が登場しました。

表 95-2 ● 様々な合金の名前と用途

合金の名前	素材 下線付きの元素が主成分	特徴	用途
ステンレス鋼	<u>Fe</u>、Cr、Ni	さびやすいという鉄の弱点をカバーできる。ステンレスの名前は英語のstainless（stainはさび、-lessは直前の語句の否定に使われるため、さびないの意味）に由来する。	● 鉄道の車両 ● 建築物の外装 ● 手術器具
ジュラルミン	<u>Al</u>、Cu、Mg、Mn	開発地のドイツ西部のデュレンとアルミニウムの合成語である。アルミニウムに数％銅などを混ぜることで、軽量かつ破断に強いという特徴をもたせている。	● 航空機 ● トランク
18K	<u>Au</u>、Ag、Cu	Auはとても軟らかい金属なので、金の美しさ、耐食性を維持しつつ、AgやCuを混ぜることで適度な硬さをもたせている。純金を24Kと定義しており、18Kは18/24＝0.75→75％がAu、残り25％がAgとCuである。用途によってAuの割合を減らした14Kなどもある。	● 宝飾品 ● 万年筆のペン先
マグネシウム合金	<u>Mg</u>、Al、Zn	密度の大きいFe（7.9g/cm^3）を、密度の小さいMg（1.7g/cm^{3}で、Alの密度2.7g/cm^{3}よりもさらに小さい）で置き換えることで軽量化することができる。反面腐食されやすく、切削で生じた切粉が非常に燃えやすいという弱点もある。	● ノートパソコン ● 車輪のホイール
ニクロム	<u>Ni</u>、Cr	ニッケルとクロムの合金で抵抗が非常に大きい。最近はより優れたFe、Cr、Al合金のカンタルにとって代わられている。	● 電熱線
はんだ	<u>Sn</u>、Pb	融点が約180℃と低い。近年では環境への配慮からPbを使わずにSn、Cu、Agの合金である鉛フリーはんだが使われているが、融点は約210℃とPbを使用したはんだよりも高い。	● 電子機器の接着
ネオジム磁石	<u>Fe</u>、Nd、B	非常に磁力が強い。その分従来の磁石よりも小型化できる。さびやすいため、ニッケルでコーティングして使われる。	● モーター ● ヘッドフォン

95 10円玉は銅でできている？ いやいや実は合金なんです

基礎化学 | 理論化学 | 無機化学 | 有機化学 | 高分子化学

第13章

脂肪族化合物

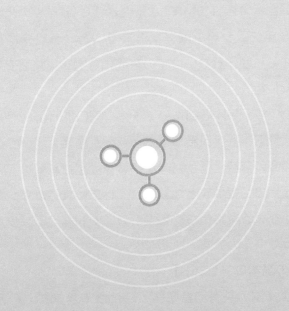

96 有機化学、有機農業、有機肥料…有機って何だろう？

〜 有機の本当の意味は？ 〜

有機化学で扱う有機化合物とは、CO、CO_2 などの無機物を除いた、炭素原子を含む化合物を指します。なぜ「有機」という言葉を使うのかというと、この「機」は、生命機能を表し、これが「有る」、すなわち生きているものからしか作られないものを「有機物」とよんでいたからです。これが、黒鉛を燃やせばすぐにできる一酸化炭素や二酸化炭素を有機化合物に含まない理由です。

昔は有機化合物は生物のみが作り出せるもので、人工的に合成するのは不可能だと考えられていました。しかし、ドイツの化学者ウェーラーは1828年に、シアン酸アンモニウムという無機物質から、尿素という生体でしか作れないはずの有機化合物を実験室で合成することに成功しました。

$$NH_4OCN \rightarrow CO(NH_2)_2$$
シアン酸アンモニウム　　尿素

それ以来無数の有機化合物が人工的に作り出されていて、現在では従来の「有機」の定義はすっかり崩れてしまいましたが、私たちの生活に密接にかかわる炭素化合物を表すのに便利なので、今でもその名前だけが残っているのです。

【有機化合物の基本コンセプト】

炭素原子は4本の共有結合を作ることができます。この共有結合を「手」と表現して、この手に水素をつけてみましょう。水素の「手」

は1本なので、全部で4個の水素をつけられます。これは「メタン」とよばれる物質で、最も単純な有機化合物です。図96－1の左がメタンを平面上に描いたもの、右がメタンの実際の形を立体的に描いたもので、紙面の手前に出る手を黒い三角形で、奥に向かう手を点線で表しています。

図 96-1
メタンの平面状の図（左）と立体的に表現した図（右）

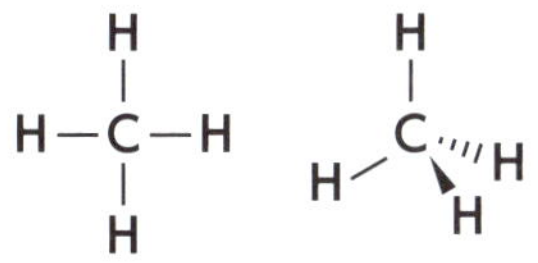

メタンからさらにCの数を1個増やすとエタンができます。

さらにエタンの2つのC原子の間やC－H結合の間に2本の「手」をもつO原子を入れれば、また別の有機化合物ができます（図96－2）。これが有機化合物が無数に存在する理由です。

無数に存在する有機化合物をどのように書くのかは次節で説明します。ジメチルエーテルとエタノールは構造式で書くと明らかに違う物質ですが、分子式で書くと同じC_2H_6Oになります。このような物質の関係を構造異性体といいます。構造異性体は有機化学を理解するうえで重要なキーワードですので、98節に詳しく解説しました。

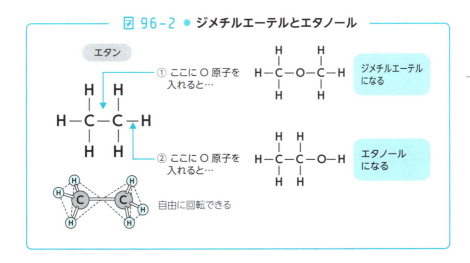

図 96-2 ● ジメチルエーテルとエタノール

無数にある有機化合物を分類して整理しよう

～ 炭素骨格による分類と官能基による分類 ～

有機化合物は無数にあるので、グループに分けられれば便利です。分類の方法としては炭素原子Cと水素原子Hのみからなるグループを炭化水素といい、C、H以外にも酸素原子Oや窒素原子Nなどを含むものと区別します。これが基本となる分類です。その上で炭化水素と炭化水素以外をどう分類するのか見ていきましょう。

【炭化水素の分類】

まず、炭化水素のCのつながり方に注目し、環状構造をとらない直鎖状の鎖式炭化水素（脂肪には、鎖状の炭化水素しか含まれないために、鎖式炭化水素のことを脂肪族炭化水素ともいいます）と環式炭化水素で分けます。環式炭化水素のうち、ベンゼン環を含む化合物は芳香族炭化水素として特別扱いとします（その理由は113節で説明します）。

また、それぞれの炭化水素をさらにC原子間の結合がすべて単結合である飽和炭化水素と、二重結合や三重結合を含む不飽和炭化水素に分けます。鎖式炭化水素のうち、飽和炭化水素をアルカン、二重結合を1つ含む不飽和炭化水素をアルケン、三重結合を1つ含む不飽和炭化水素をアルキンといいます。環式炭化水素は頭に「シクロ〜」をつけるのが決まりです。

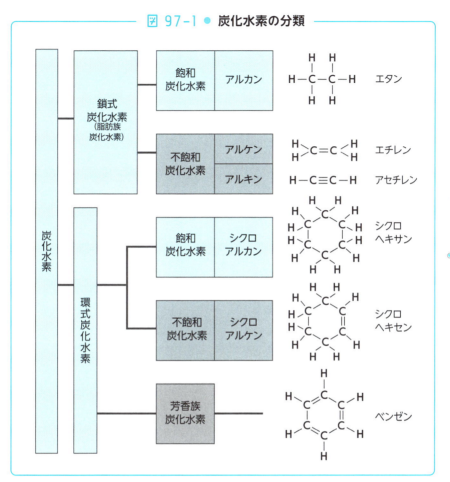

図 97-1 ● 炭化水素の分類

【官能基による分類】

　例えばメタノール CH_3OH はメタン CH_4 の H 原子 1 個を −OH という原子団で置き換えた構造と考えることができます。同様にエタノール C_2H_5OH もエタン C_2H_6 の 1 つの H を −OH で置き換えた構造と考えられます。このヒドロキシ基 −OH をもつ有機化合物には沸点が高く、アルカリ金属と反応するという共通の特徴があるので、これを 1 つのグループにまとめます。このように有機化合物は表 97−1 のように様々な官能基の種類により分類されます。

表 97-1 ● 官能基による分類

官能基の種類	構造	化合物の一般名	化合物の例
ヒドロキシ基	—OH	アルコール R—OH	メタノール $CH_3—OH$
		フェノール類 R—OH	フェノール $C_6H_5—OH$
エーテル結合	—O—	エーテル $R^1—O—R^2$	ジエチルエーテル $C_2H_5—O—C_2H_5$
ホルミル基	—C—H ‖ O (アルデヒド基ともいう)	アルデヒド R—CHO	アセトアルデヒド $CH_3—CHO$
カルボニル基	—C— ‖ O (ケトン基ともいう)	ケトン $R^1—CO—R^2$	アセトン CH_3COCH_3
カルボキシ基	—C—OH ‖ O	カルボン酸 R—COOH	酢酸 $CH_3—COOH$
エステル結合	—C—O— ‖ O	エステル $R^1—COO—R^2$	酢酸エチル $CH_3—COO—C_2H_5$
ニトロ基	$—NO_2$	ニトロ化合物 $R—NO_2$	ニトロベンゼン $C_6H_5—NO_2$
アミノ基	$—NH_2$	アミン $R—NH_2$	アニリン $C_6H_5—NH_2$
スルホ基	$—SO_3H$	スルホン酸 $R—SO_3H$	ベンゼンスルホン酸 $C_6H_5—SO_3H$

無数にある有機化合物を分類して整理しよう

98 異性体を理解すると有機化学が理解できる!

～ 構造異性体と立体異性体 ～

有機化合物には、分子式が同じでも原子の結合の仕方が異なる化合物が複数存在することがあります。このような化合物を異性体といいます。異性体には構造異性体と立体異性体があり、立体異性体はさらにシス・トランス異性体(幾何異性体)と鏡像異性体(光学異性体)の2種類があります。

構造異性体とは、原子の結合の順序が異なることで構造式が異なる異性体のことです。まずは直線状の炭化水素について見ていきましょう。表98-1にはCが1～7個の炭化水素のうち、Cが直鎖状に並んだアルカンの名称とその構造異性体の数がまとめてあります。

表 98-1
Cの数が7個までのアルカンの名称と構造異性体の数

分子式	名称	構造異生体の数
CH_4	メタン	0
C_2H_6	エタン	0
C_3H_8	プロパン	0
C_4H_{10}	ブタン	2
C_5H_{12}	ペンタン	3
C_6H_{14}	ヘキサン	5
C_7H_{16}	ヘプタン	9

図 98-1
C_4H_{10} の構造異性体

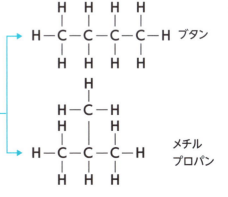

構造異性体の数はメタン、エタン、プロパンでは0ですが、ブタンでは2、ペンタンでは3とだんだん数が増えていきます。これは、ブタン以降は直線状の炭化水素だけでなく、枝分かれをもつ炭化水素も作ることができるからです（図98－1）。

では次に、二重結合の位置の違いによる構造異性体を考えてみましょう（図98－2）。

図 98-2 ● ブタンからH原子を2個取り除いたときにできる構造異性体

二重結合は回転できないので、2通りの構造ができる。CH₃−が同じ側にあるものをシス-2-ブテン、逆側にあるものをトランス-2-ブテンというように、シス(cis)、トランス(trans)を頭につけて区別する。これが立体異性体のシス・トランス異性体（幾何異性体）。

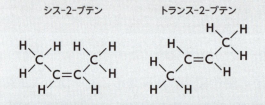

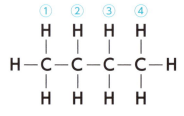

①と②のHをとる

ブタンが二重結合をもつとブテンとなり、二重結合の位置を炭素骨格に順番に数字をつけて、その数字が小さくなるように表す（3-ブテンは間違い）。

1-ブテン

①と③のHをとる

メチルシクロプロパン

プロパンが環状構造をとるとシクロプロパンとなる。シクロプロパンにメタンの枝がついた構造なので、メチルシクロプロパンという。

ブタンから H 原子を 2 個取り除きます。取り除くだけでは C 原子の結合の「手」が余ってしまうので、余った「手」同士をつなげてやります。隣り合った C 同士をつなげると二重結合ができ、離れた C 同士をつなげると環状構造ができます。

　続いて、ブタンに O 原子を 1 個加えた場合を考えます（図 98 − 3）。

図 98-3 ● ブタンに O 原子を 1 個加えたときにできる構造異性体

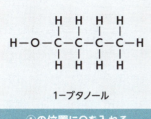

1-ブタノール
①の位置にOを入れる

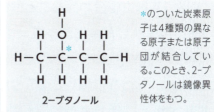

2-ブタノール
②の位置にOを入れる

＊のついた炭素原子は4種類の異なる原子または原子団が結合している。このとき、2-ブタノールは鏡像異性体をもつ。

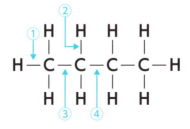

③の位置にOを入れる　　　　　　④の位置にOを入れる
メチルプロピルエーテル　　　　　ジエチルエーテル

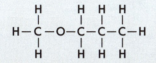

C-O-Cの結合をもつ化合物のグループをエーテルという。ジエチルエーテルは2個（ジ）のエチル基がついているエーテルという意味、メチルプロピルエーテルはメチル基とプロピル基がついたエーテルという意味で、methyl-とpropyl-をアルファベット順に並べて名前をつける。

Oの結合の手の数は2つなので、O原子を入れたときにできる構造異性体は4種類あります。C−C結合の間に入れた場合はエーテルが、C−H結合の間に入れた場合はアルコールができます。特に2-ブタノールでは、ヒドロキシ基−OHが結合した炭素原子には4種類の異なる原子または原子団が結合しています。このような炭素原子を**不斉炭素**といい、不斉炭素をもつ化合物は鏡像異性体をもちます。鏡像異性体とは、図98−4のように表される関係です。この2つの2−ブタノールは重ね合わせることはできません。一方の構造は他方を間にある鏡に映した像になっています。そこでこの2つの立体異性体の関係を鏡像異性体というのです。

　このように、構造異性体や立体異性体は炭素骨格のつながり方の違いだけではなく、二重結合などの不飽和結合の位置の違い、官能基の種類や位置の違いなどによっても生じるのです。

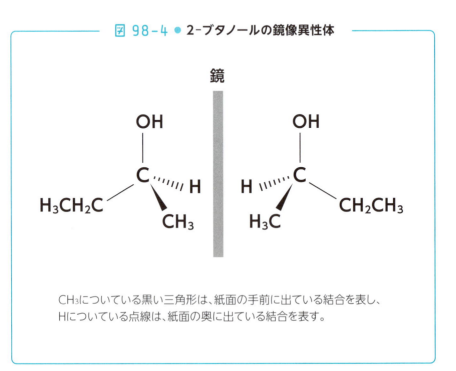

図 98-4 ● 2-ブタノールの鏡像異性体

CH₃についている黒い三角形は、紙面の手前に出ている結合を表し、Hについている点線は、紙面の奥に出ている結合を表す。

99 都市ガス、ライター、ガソリン、灯油…主に燃料に使われます

～飽和炭化水素（アルカン）～

メタン CH_4 やエタン C_2H_6 などのようにすべて単結合からなる鎖式炭化水素をアルカンといいます。CH_4、C_2H_6、C_3H_8、C_4H_{10}…と C の数が1つ増えると H の数が2つずつ増えていくので、炭素原子の数を n とすると、一般式 C_nH_{2n+2} で表されます。ここではアルカンの性質について学びましょう。

表99－1に直鎖状（枝分かれのない直線状の炭化水素）アルカンの名称と性質を一覧表にしました。ヘキサンまでは最低限名前を覚えましょう。ブタンまではもう無理やりでも覚えてください（！）。ペンタンは英語では五角形のことを pentagon ということから（アメリカの国防総省も建物が五角形をしているのでペンタゴンの愛称でよばれていますね）、ヘキサンは同様に六角形のことを hexagon ということから英語とあわせて覚えてしまいましょう。もしデカンまで覚えられたら理想的です。

表99－1を見ると<u>炭素鎖が長くなるほど、融点と沸点が高くなって</u>いくことがわかります。これは、<u>炭素鎖が長くなるほど、分子の大きさが大きくなるため、分子同士が相互作用する面積が大きくなって、分子間力が大きくなり、分子同士が強く引き合うことが理由</u>です。ただ、同じ炭素数でも枝分かれをしたものは沸点が低くなります。例えばペンタンの沸点は36℃ですが、その構造異性体のメチルブタンの

沸点は28℃、ジメチルプロパンの沸点は10℃です。これは、枝分かれが多くなるほど分子の形が球形に近づき表面積が小さくなるために分子間力が小さくなるからと考えられます。

さて、アルカンの構造異性体の数は表99-1のように炭素数が増えると飛躍的に増えていきます。構造異性体の見つけ方のコツを次節で見ていきましょう。

表 99-1 ● 直鎖状アルカンの名称と性質

炭素数	名称		分子式	融点(℃)	沸点(℃)	構造異性体の数	常温・常圧での状態
1	メタン	methane	CH_4	−183	−161	1	気体
2	エタン	ethane	C_2H_6	−184	−89	1	気体
3	プロパン	propane	C_3H_8	−188	−42	1	気体
4	ブタン	butane	C_4H_{10}	−138	−1	2	気体
5	ペンタン	pentane	C_5H_{12}	−130	36	3	液体
6	ヘキサン	hexane	C_6H_{14}	−95	69	5	液体
7	ヘプタン	heptane	C_7H_{16}	−91	98	9	液体
8	オクタン	octane	C_8H_{18}	−57	126	18	液体
9	ノナン	nonane	C_9H_{20}	−54	151	35	液体
10	デカン	decane	$C_{10}H_{22}$	−30	174	75	液体
20	エイコサン	icosan	$C_{20}H_{42}$	37	345	366319	固体

図 99-1 ● C_5H_{10} の構造異性体と沸点の違い

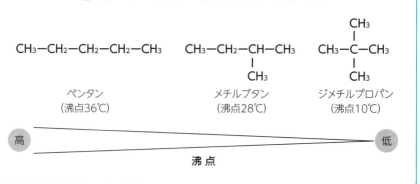

都市ガス、ライター、ガソリン、灯油…主に燃料に使われます

100 構造異性体の見つけ方と命名法のコツ

～ アルカンの構造異性体 ～

　有機化学ができるようになるコツは、①官能基ごとの特徴と反応性を覚えること、②構造を3次元的に把握して、構造異性体の名前をつけられることの2点です。①は覚えるしか仕方ないですが、②にはコツがあります。このコツを伝授します。

　ヘプタン C_7H_{16} の構造異性体を考えていきましょう。構造異性体の数は表99－1にある通り9つです。何も見ないで9つの構造異性体を書けるでしょうか？ 結構難しいですよね。全部書けた！ と思っても、あとでよく見ると実は同じ構造だった！ なんてことがよくあります。そこで構造異性体をもれなく見つけるコツを伝授しましょう。まず7個のCがすべて直線状につながったヘプタンが1つ目ですね（図100－1）。この図ではH原子を省略しています。H原子の「手」の数は1本なので、C原子の余った手には必ずH原子が結合するのでH原子は省略しても問題ないのです。

　さて、これからヘプタン以外の構造異性体を探していきますが、構造異性体をもれなく見つけるコツは、**C原子が一番長くなる鎖を意識する**ということです。例えばヘプタンの次は、C原子の数が6個の鎖を横にかい

図 100-1

C－C－C－C－C－C－C

直鎖状のC_7H_{16}（ヘプタン）
H原子は省略してある。

図 100-2 ● 主鎖が 6 個の C_7H_{16} の異性体

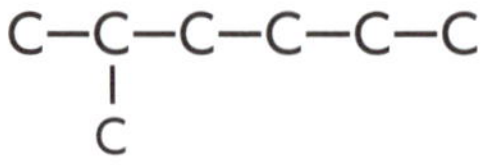

```
C—C—C—C—C—C          C—C—C—C—C—C
    |                        |
    C                        C
 2-メチルヘキサン            3-メチルヘキサン
 × 5-メチルヘキサン          × 4-メチルヘキサン
```

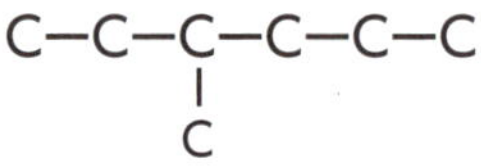

命名法の決まり①
主鎖に相当する炭化水素の名称の前に結合する側鎖の置換基の名称をつけて表す。しかしこれでは上の2つの構造式はどちらもメチルヘキサンになってしまい、区別できない。そこで、

命名法の決まり②
置換基の位置を主鎖の端からつけた位置番号で示す。位置番号がなるべく小さくなるように右端もしくは左端からつける。つまり、5-メチルヘキサンではなく、2-メチルヘキサンとする。

て、この鎖に C 原子 1 個を枝分かれができるように結合させます（図100 - 2）。このとき、**一番長くなる鎖を「主鎖」といい、枝分かれしている炭素鎖を「側鎖」といいます**。これで新たに 2 個の構造異性体ができましたので、命名法の決まり①、②に従って命名します。

さらに C 原子の数が 5 個の鎖を横にかいて、この鎖に C 原子 2 個を枝分かれができるように結合させます（図100 - 3）。このとき、2 個の C 原子をつなげてエチル基とするか、ばらして 2 個のメチル基とするかでも 2 通りあります。その結果、さらに 5 個の構造異性体ができました。命名法の決まり③にも注意してこの 5 個の構造異性体を命名します。このとき、一見新しい構造に見えても、主鎖を考えると実は

表 100-1
側鎖の名前のつけ方

炭素数	アルキル基	名称
1	CH_3-	メチル基
2	CH_3CH_2-	エチル基
3	$CH_3CH_2CH_2-$	プロピル基
3	CH_3CH- | CH_3	イソプロピル基
4	$CH_3CH_2CH_2CH_2-$	ブチル基
4	$CH_3CH_2CHCH_3$ |	s-ブチル基
4	CH_3CHCH_2- | CH_3	イソブチル基
4	CH_3 | CH_3C- | CH_3	t-ブチル基

s：セカンダリー、t：ターシャリーと読む

3-メチルヘキサンと同じ構造式になるものもあることに注意しましょう。

最後にC原子4個の鎖を横に書いた構造式が1つでき（図100-4）、合計で9個の構造異性体ができます。これですべての構造異性体を見つけることができました。なお、3-メチルヘキサンと2,3-ジメチルペンタンには不斉炭素（98節）があるので、立体異性体である鏡像異性体まで考えると、あと2つの異性体があります。

図 100-3 ● 主鎖が 5 個の C_7H_{16} の異性体

残ったC原子2個をエチル基としてつけるパターン

3-エチルペンタン　　3-メチルヘキサンと同じ構造

残ったC原子2個を2個のメチル基としてつけるパターン

2,3-ジメチルペンタン　2,4-ジメチルペンタン　2,2-ジメチルペンタン　3,3-ジメチルペンタン

命名法の決まり③
同じ置換基がいくつかあるときは、置換基の名称の前に、2個あるときはジ、3個あるときはトリ、4個あるときはテトラ、5個あるときはペンタ…という数詞をつける。

図 100-4 ● 主鎖が 4 個の C_7H_{16} の異性体

2,2,3-トリメチルブタン

"不飽和"という言葉はとても重要!

～ 不飽和炭化水素（アルケン）～

炭素原子には「手」が4本あるので、そのうち2本を隣の原子との結合に使うこともできます（これを二重結合といいます）。炭素原子間に二重結合をもった炭化水素をアルケンといいます。

最も単純なアルケンは、C原子が2個のエチレンです。アルカンが二重結合をもつとアルケンと名前が変わるように、エタン→エテン、プロパン→プロペン、ブタン→ブテン…とアルカンの英語名の語尾 -ane を -ene に変えます。ただし、エテンはエチレン、プロペンはプロピレンという慣用名のほうが広く使われているので注意してください。図101-1は、エチレンが平面構造であることを表しています。エタンでは正四面体形を2つつなげた立体構造ですが、エチレンでは二重結合に隣接する元素すべてが同一の平面上に存在します。また、Cが3個のプロピレンでは、3つのC原子と、二重結合をもつ

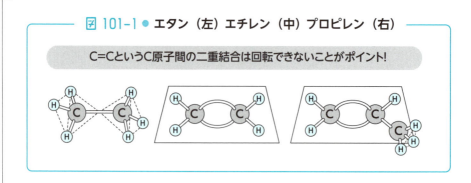

図 101-1 ● エタン（左）エチレン（中）プロピレン（右）

C=CというC原子間の二重結合は回転できないことがポイント!

C原子に結合しているH原子が、ともに同一平面上にあります。

また、ブテン以降では二重結合の位置の候補が2つ以上ありますので、二重結合の位置を数字で示し1-ブテン、2-ブテンと表現します。2-ブテンには、シス・トランス異性体も存在する場合があることに注意しましょう。

表 101-1 ● アルケンの例

名称	構造式	融点	沸点(℃)
エテン（エチレンともいう）	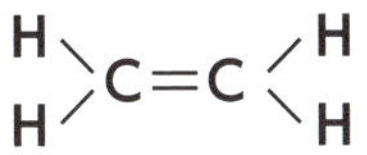 $H_2C=CH_2$	−169	−102
プロペン（プロピレンともいう）	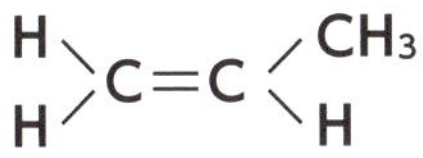 $H_2C=CH(CH_3)$	−185	−47
2-メチルプロペン	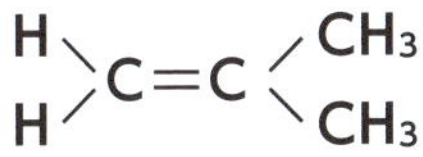 $H_2C=C(CH_3)_2$	−140	−7
1-ブテン	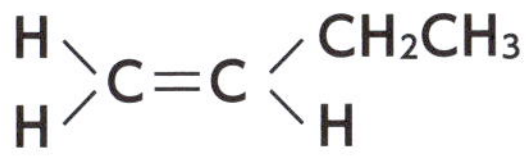 $H_2C=CH(CH_2CH_3)$	−190	−6

シス型

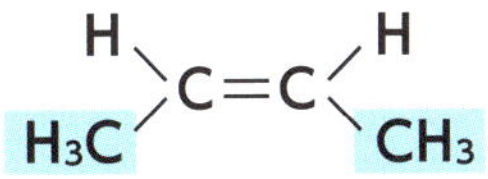

シス-2-ブテン
(融点−139℃、沸点4℃)

トランス型

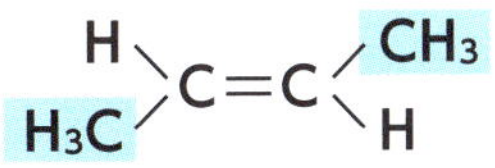

トランス-2-ブテン
(融点−106℃、沸点1℃)

【アルケンの製法】

　アルケンは、アルコールの脱水反応によって得られます。例えば、エチレンは図 101 − 2 に示したようにエタノールと濃硫酸の混合物を約 170℃に加熱して発生させます。

図 101-2 ● エチレンの製法

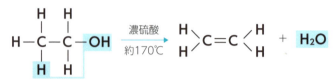

温度計の先端部をエタノールの中に浸し、170℃に保つように加熱する。温度が低いとジエチルエーテルが生じてしまう。なお、安全ビンは水槽の水が逆流してフラスコ内に入るのを防ぐために必要である。

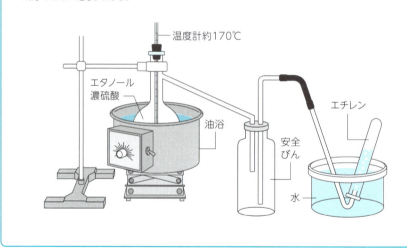

"不飽和"という言葉はとても重要！

102 三重結合という固い絆

～不飽和炭化水素（アルキン）～

　炭素原子の4本の手のうち、3本を隣の炭素原子との結合に使うとアルキンができます。アルキンはエタン→エチン、プロパン→プロピン、ブタン→ブチン…とアルカンの英語名の語尾 -ane を -yne に変えます。アルキンはエチン（慣用名のアセチレンとよぶほうが一般的です）がよく出てきます。

　アルケンの二重結合のまわりが平面構造だったのに対し、アルキンの三重結合のまわりは直線構造です。そのため、図102−1のようにアセチレンは4つの原子がすべて直線上に存在します。また、Cが3個のプロピンでは3つのC原子と、三重結合をもつC原子に結合しているH原子までが、ともに直線上にあります。

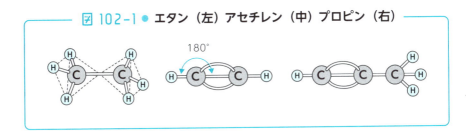

図 102-1 ● エタン（左）アセチレン（中）プロピン（右）

【アセチレン】

　アセチレンは、酸素と混ぜて完全燃焼させると3300 ℃もの高温になるので、金属加工工場で金属を切断するアセチレンバーナーとして使われています。アセチレンを発生させるには、炭化カルシウム（カーバイド）CaC_2 に水を加えると発生します（図102−2）。

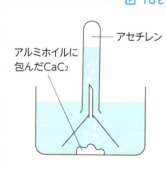

図 102-2 ● アセチレンの製法

$CaC_2 + 2H_2O \rightarrow CH \equiv CH + Ca(OH)_2$

試験管内に50%〜100%アセチレンを集めてから火を試験管の口に近づけると、ゆっくり燃焼して試験管内に多量のすすが残る。
試験管内に10〜20%アセチレンを集めてから火を試験管の口に近づけると、音を立てて爆発的に燃焼してすすは残らない。

【アルキンの異性体】

炭素原子の数を n とすると、アルカンの一般式は C_nH_{2n+2} で表されますが、アルキンではどうでしょうか？ アルキンは三重結合をもつので、Hの数が4個減って C_nH_{2n-2} と表されます。

では、Cの数が4個のとき、どんな異性体があるでしょうか。1-ブチン（$HC \equiv C-CH_2-CH_3$）と2-ブチン（$H_3C-C \equiv C-CH_3$）の2つですね。ただし、これはアルキンに限定した異性体の場合です。アルキン以外にもアルケンやシクロアルカンの構造異性体もありますので、実は表102-1に示したように全部で9個の構造異性

表 102-1

① 三重結合1個	C—C—C≡C	C—C≡C—C
② 二重結合2個	C—C=C=C	C=C—C=C
③ 二重結合1個 環1個	(4つの構造式)	
④ 環2個	(構造式)	※Hは省略している

体があるのです。このとき、構造異性体は三重結合を1個 or 二重結合を2個 or 二重結合を1個＋環状構造1個 or 環状構造2個をもち、これを「不飽和度は2である」と表現します。ただし、**構造異性体が書けるからといって、すべての構造が安定に存在するとは限らない**ことに注意する必要があります。アルカンのC原子が一番安定なのは、C原子周辺の結合がメタンのC－H結合の角度が示す109.5°のときで、アルケンのC原子が一番安定なのは、C原子周辺の結合がエチレンのC＝C結合とC－H結合同士の角度が示す120°のときです（図102－3）。つまり、③や④の構造はどのC原子のまわりの結合もゆがんで無理な力が加わっているので、作ることはできても反応性が高く、不安定です。

同様な理由でシクロヘキサンも平面上にかくと、図102－3のAになりますが、実際はC－H結合同士の角度がメタンと同じになるようにBの立体構造をとることが明らかになっています。

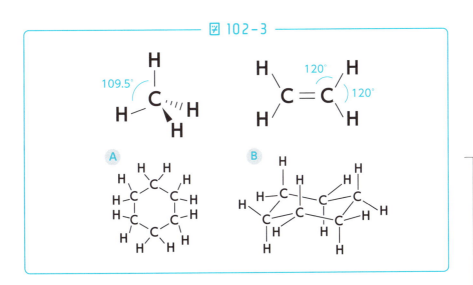

図102－3

103 アルカンとアルケン、一文字違うだけで反応性は大きく違う？

~ 炭化水素の反応性の違い ~

アルカンは反応性が低く、紫外線という強い光を与えたときにやっと反応がおきる程度ですが、アルケンは反応性が高く、二重結合の部分が簡単に反応します。

【アルカンの反応性——置換反応をおこすことがポイント！】

アルカンは反応性は低いのですが、紫外線などの強い光を当てると、塩素や臭素などのハロゲンと反応します（図103-1）。この反応は、炭化水素の原子が他の原子に置き換わる（置換する）ので、**置換反応**といいます。

図 103-1 ● アルカンの反応　主に置換反応である

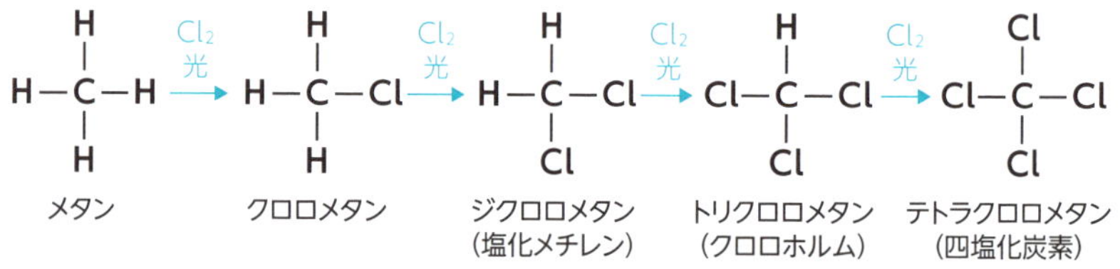

メタン → クロロメタン → ジクロロメタン（塩化メチレン） → トリクロロメタン（クロロホルム） → テトラクロロメタン（四塩化炭素）

【アルケンの反応性——付加反応をおこすことがポイント！】

アルケンでは、不飽和結合をしている炭素原子間の2本のうちの1本の結合が切れて、反応する相手の原子と新しい結合を形成します。この反応は、**付加反応**とよばれます（図103-2）。

> **図 103-2 ● アルケンの反応　主に付加反応である** 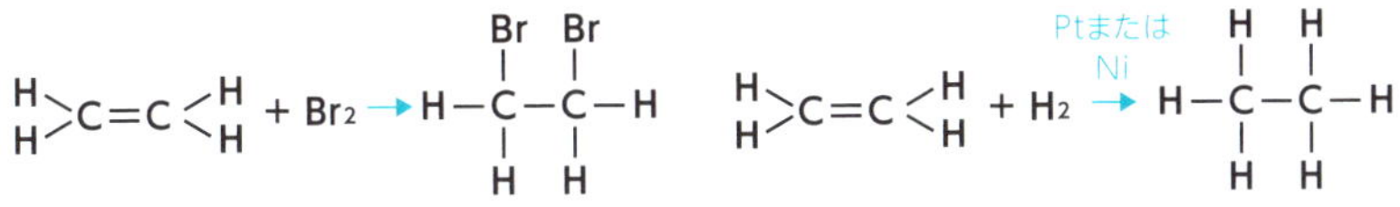
>
> $H_2C=CH_2 + Br_2 \rightarrow$ H-CHBr-CHBr-H
> エチレン　　　　　　　　1,2-ジブロモエタン
>
> $H_2C=CH_2 + H_2 \xrightarrow{Pt または Ni}$ H-CH_2-CH_2-H
> エチレン　　　　　　　　　　　　エタン
>
> 臭素を溶かした臭素水は臭素により赤茶色をしていますが、ここに気体のエチレンを吹き込むと付加反応がおきて赤茶色が消えます。これにより吹き込んだ気体が二重結合をもつことがわかります。

では、付加の仕方が2通りある場合はどちらが優先されるのでしょうか？ このときは「マルコフニコフの法則」（図103－3）を知っていると役に立ちます。また、アルケンは酸化されやすいという特徴もあるので、オゾン分解による酸化法と $KMnO_4$ による酸化法も抑えておきましょう（図103－4）。

> **図 103-3 ● マルコフニコフの法則　H は友達の多いほうにつく！**
>
> 例えばプロペンのような化合物にHClやHBr、H_2Oなどが付加する場合はどうなるだろうか？ 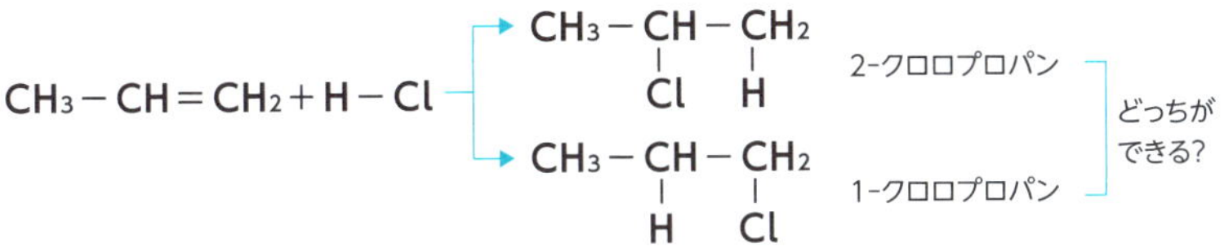
>
> $CH_3-CH=CH_2 + H-Cl \longrightarrow$
> 　→ $CH_3-CHCl-CH_2H$　2-クロロプロパン
> 　→ $CH_3-CHH-CH_2Cl$　1-クロロプロパン
> どっちができる？
>
> この反応では、2-クロロプロパンのほうが主生成物(たくさんできる)となり、1-クロロプロパンのほうが副生成物(ちょっとだけできる)となる。

さて、みなさんは水俣病のことを聞いたことがあると思います。水俣病とは、海に流されていた工場排水に含まれていた有機水銀が魚にとり込まれ、その魚を食べた人に手足のマヒ、視力障害などの神経障害がおきたという公害病です。水俣病がおきたときにはアセチレンから作られるアセトアルデヒドが大量に生産されていました。アセトア

ルデヒドは様々な化学製品の原料になるからです。アセトアルデヒドはアセチレンに水を付加させて製造するのですが、C≡C結合の距離はC=C結合に比べて短いのでH_2O分子が反応しやすくなるようにHg^{2+}を触媒として加えます。このとき使われたHgが工場排水に含まれていたために水俣病がおきてしまったのです。そのため、現在はHgを使用しない方法でアセトアルデヒドは製造されています。

図 103-4 ● オゾン分解と$KMnO_4$によるアルケンの酸化

オゾン分解はアルデヒドで止まるが、$KMnO_4$はアルデヒドで止まらずカルボン酸になる。

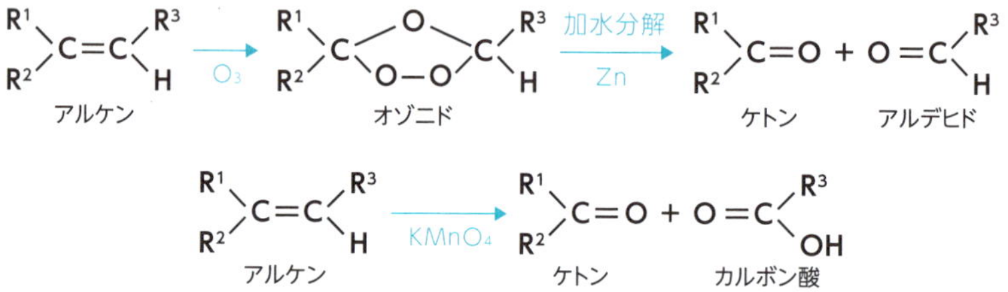

アルケン → (O₃) オゾニド → (加水分解 Zn) ケトン + アルデヒド

アルケン → ($KMnO_4$) ケトン + カルボン酸

二重結合は、付加反応だけでなく$KMnO_4$やオゾンなどの酸化剤による酸化も受けやすい性質がある。どちらも二重結合が切れてO原子が2個つくが、$KMnO_4$ではアルデヒドでは止まらずにカルボン酸まで酸化されてしまう(カルボン酸がギ酸のときは、CO_2とH_2Oにまで酸化される)ところが異なる。

図 103-5 ● 水俣病とアルキンの深い関係

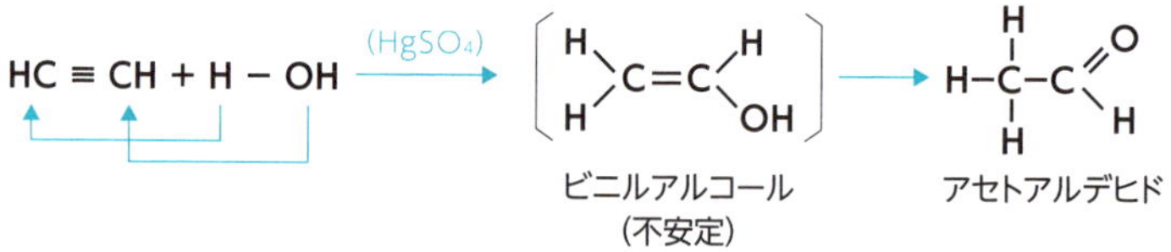

HC≡CH + H−OH → ($HgSO_4$) ビニルアルコール(不安定) → アセトアルデヒド

炭素原子間の三重結合は、二重結合よりも距離が短いために、H_2Oがくっつきにくい。そのため、水銀(Ⅱ)イオンHg^{2+}を三重結合にくっつけて、電子を引き付けることによって炭素原子間の距離を広げてH_2Oを付加しやすくしていた。

104

「アルコール好き」は本来は「エタノール好き」というべきなのです

～ アルコール ～

この節からは官能基のグループごとに紹介していきます。

お酒のことをアルコールともいいますが、アルコールというのは−OH という官能基をもつ物質の総称で、個別の物質名は表 104 − 1 のようになっています。メタン CH_4 の 4 つの H のうちの 1 つが OH になったものをメタノール、エタン CH_3CH_3 の 6 つの H のうちの 1 つが OH になったものをエタノールといいます。実際にお酒に入っているのはこのエタノールです。プロパノール以降は−OH の場所が複数考えられるため、−OH が結合している C の番号を頭につけて表します。**特に炭素数が多い（目安として 6 個以上）アルコールを高級アルコールといいます。**高級というと、"値段が高い"といういうイメージがありますがここでいう「高級」は単なる炭素の数の違いで、値段は関係ありません。

表 104 − 1 のアルコールはすべて−OH が 1 つのものですが、2 つ、3 つのアルコールももちろんあり、表 104 − 2 のようにこれを 2 価アルコール、3 価アルコールといいます。1,2-エタンジオールは別名をエチレングリコールといって、自動車のエンジン冷却用に使われています。水のほうが冷却効果は高いのですが、水は 0℃以下で

は凍ってしまうために、エチレングリコールを混ぜることで凍結温度を最大−50℃まで下げることができるのです。また、1,2,3-プロパントリオールはグリセリンという別名でもよばれ、エチレングリコールと違って無毒なので、その粘性の高さを生かして医薬品、化粧品に保湿剤・潤滑剤として使われています。例えば咳止めシロップのとろみ成分にも使われています。

　もう一つ、アルコールには大切な分類があります。第一級アルコー

表 104-1 ● アルコールとその性質

炭素数	名称	示性式	融点〔℃〕	沸点〔℃〕	水に対する溶解度〔g/水100g〕
1	メタノール	CH_3OH	−98	65	∞
2	エタノール	CH_3CH_2OH	−115	78	∞
3	1-プロパノール	$CH_3CH_2CH_2OH$	−127	97	∞
4	1-ブタノール	$CH_3CH_2CH_2CH_2OH$	−90	117	7.4
5	1-ペンタノール	$CH_3(CH_2)_4OH$	−78	138	2.2
6	1-ヘキサノール	$CH_3(CH_2)_5OH$	−52	157	0.59
10	1-デカノール	$CH_3(CH_2)_9OH$	6.4	233	不溶

表 104-2 ● 1価〜3価アルコールの例

	1価アルコール	2価アルコール	3価アルコール
構造式・名称	H-C-C-OH（H,H,H,H,H） エタノール	H-C-C-H（H,H,OH,OH） 1,2-エタンジオール （エチレングリコール）	H-C-C-C-H（H,H,H,OH,OH,OH） 1,2,3-プロパントリオール （グリセリン）
融点	−115℃	−13℃	18℃
沸点	78℃	198℃	290℃

「アルコール好き」は本来は「エタノール好き」というべきなのです

ル、第二級アルコール、第三級アルコールという分類です。これは、−OH が結合している炭素原子に他の炭素原子（炭化水素基）が何個結合しているかによって表 104 − 3 のように第一級アルコール、第二級アルコール、第三級アルコールに分類されます。これがなぜ大切かということは次節で説明します。

表 104-3 ● 第一級～第三級アルコールの分類

メタノールも第一級アルコールに分類されることに注意してください。なお、炭素原子を4個以上もつアルコールには第一級から第三級アルコールのすべての構造異性体が存在します。例には、炭素原子4個の$C_4H_{10}O$の構造異性体7個のうち、アルコールの4個を示しました。

	第一級アルコール	第二級アルコール	第三級アルコール
一般式	$R^1-\underset{H}{\overset{H}{C}}-OH$ （R1個）	$R^1-\underset{H}{\overset{R^2}{C}}-OH$ （R2個）	$R^1-\underset{R^3}{\overset{R^2}{C}}-OH$ （R3個）
例	$CH_3-CH_2-CH_2-CH_2-OH$ 1-ブタノール $\underset{CH_3}{\overset{CH_3}{>}}CH-CH_2-OH$ 2-メチル-1-プロパノール	$CH_3-CH_2-\underset{CH_3}{\overset{}{CH}}-OH$ 2-ブタノール	$CH_3-\underset{CH_3}{\overset{CH_3}{C}}-OH$ 2-メチル-2-プロパノール

105 ヘキサンとエタノールを区別するには？

~ アルコールの反応性 ~

　例えば、みなさんの目の前にヘキサン $CH_3(CH_2)_4CH_3$ とエタノール CH_3CH_2OH があったときにどう区別しますか？ どちらも無色透明の液体です。なめる？ まさか！ においをかぐ？ 手にたらす？ でも有機化合物はほとんどが有害です。そうすると、ある物質を加えて、反応するかしないかという反応性で見分けるしかないわけです。

　正解は、「ナトリウム Na を加えて泡（水素）が出るのがエタノール、無反応なのがヘキサン」です。アルコールの性質で重要なものとして「Na と反応して水素を発生する」というものがあります。この性質を利用すると、－OH の有無を判別することができます。

> **図 105-1 ● アルコールと Na の反応と H_2O と Na の反応**
>
> $2ROH + 2Na \longrightarrow 2RONa + H_2$
> アルコール　　　　　　ナトリウムアルコキシド
>
> $2C_2H_5OH + 2Na \longrightarrow 2C_2H_5ONa + H_2$
> エタノール　　　　　　ナトリウムエトキシド
>
> $2H_2O + 2Na \longrightarrow 2NaOH + H_2$
>
> この反応は－OHの"H"とNaの置換反応と考えることができる。アルキル基が長くなるほど反応はおだやかになる。そのため、Naのかたまりを処分するときには、水と混ぜると爆発的に反応して危険なので、メタノール、それでも危険なときにはエタノールを反応しなくなるまで混ぜてから廃液処分する。

では、アルコール同士はどう区別するのでしょうか？ 前節で解説した第一〜三級アルコールは、反応性の違いによって区別することができます（図 105 − 2）。**第一級アルコールは酸化されてアルデヒドを経てカルボン酸にまで酸化されます。第二級アルコールはケトンにまで酸化されます。第三級アルコールは酸化されません。**例えば図 105 − 2 のようにメタノール、エタノール、2−プロパノール、2−メチル −2−プロパノールの 4 種類の有機化合物があったとします。これらは室温ではすべて無色透明の液体です。これらに過マンガン酸カリウム水溶液 $KMnO_4$ aq を加えると、2−メチル −2−プロ

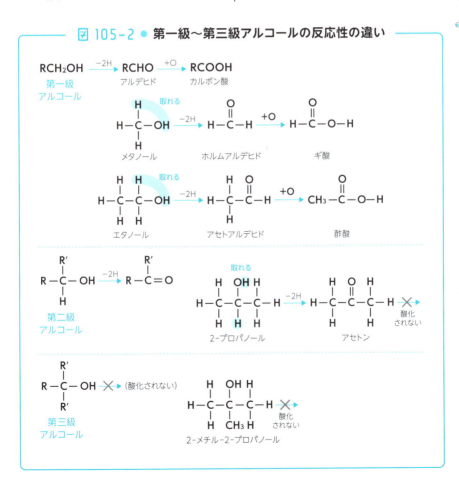

図 105-2 ● 第一級〜第三級アルコールの反応性の違い

パノールのみは酸化されないので色は赤紫色のままですが、それ以外の3つは酸化されて、褐色のMnO₂の沈殿が生じます。えっ？ じゃあ、3つはそれぞれどう区別するんだって？ いい質問です。107節を読むとその答えがわかります。

【脱水反応】

有機化合物から水H₂Oがとれる反応を脱水反応といいます。アルコールを濃硫酸と加熱すると脱水反応がおきますが、生成物は反応温度に応じて変わります（図105－3）。では、脱離反応で脱離の仕方が2通りある場合はどちらが優先されるのでしょうか。図103－3で二重結合に付加反応がおきるときの「マルコフニコフの法則」を紹介しましたが、脱離して二重結合ができるときは「ザイツェフの法則」を知っていると役に立ちます（図105－4）。

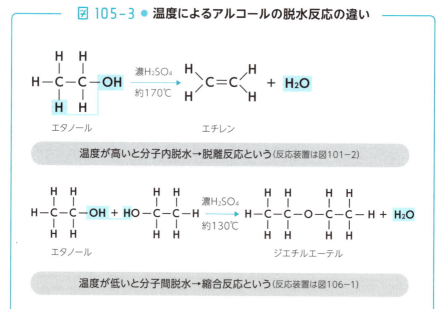

図 105-3 ● 温度によるアルコールの脱水反応の違い

図 105-4 ● ザイツェフの法則　H は友達の少ないほうからとれる！

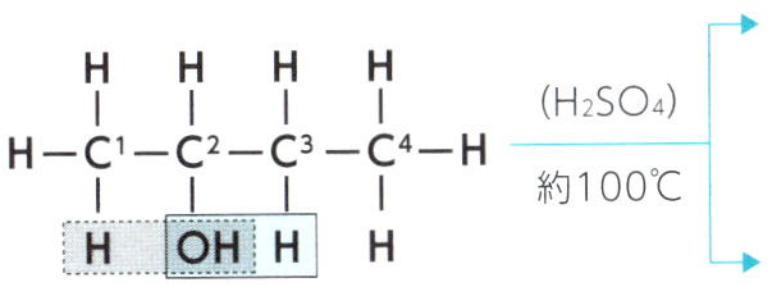

$$\underset{\substack{\\ \boxed{H\ \ OH\ \ H}}}{H-\overset{H}{\underset{H}{C^1}}-\overset{H}{\underset{}{C^2}}-\overset{H}{\underset{}{C^3}}-\overset{H}{\underset{H}{C^4}}-H} \xrightarrow[\text{約100℃}]{(H_2SO_4)}$$

→ $CH_3-CH=CH-CH_3$ （82%）
2-ブテン（安定なトランス型が多く生成する）
主生成物

→ $CH_2=CH-CH_2-CH_3$ （18%）
1-ブテン
副生成物

2-ブタノールが脱水反応をおこすとき、1位の炭素にはH原子が3個結合し、3位の炭素にはH原子が2個結合しているので、3位の炭素原子に結合しているH原子がとれた化合物が主生成物になる。

106

麻酔薬として非常に優秀です

~ エーテル ~

エタノールの構造異性体を考えてみます。−OH の O 原子が C 原子の間に入ると CH_3-O-CH_3 という構造になります。このように酸素原子に 2 個の炭化水素基が結合した化合物をエーテルといいます。

表 106 − 1 に 3 種類のエーテルを示しましたが、ジエチルエーテルが最もよく出てきます。ジエチルエーテルに限らず、**エーテルは −OH がなく、水素結合ができないために沸点はアルコールに比べて低くなります。**また、ナトリウムとも反応しません。この二つがアルコールと異なる点として重要です。例えばジエチルエーテルは沸点が 34℃ なので、夏の暑い日に実験室でジエチルエーテルが入った瓶のふたを開けていたら、いつの間にか蒸発していた、なんてこともあります。しかも蒸発したジエチルエーテルの気体はとても引火性が高いので十分注意する必要があります。

ジエチルエーテルは麻酔作用をもち、人体に対する毒性が低いためかつては世界中で麻酔薬として利用されていました。現在でも発展途上国では広く麻酔薬として用いられていますが、手術に電子機器

表 106-1 ● エーテルの例

名　称	構造	沸点〔℃〕
ジメチルエーテル	CH_3OCH_3	−25
エチルメチルエーテル	$CH_3OC_2H_5$	7
ジエチルエーテル	$C_2H_5OC_2H_5$	34

を多数使う先進国では、火花で引火する恐れがあるために使われなくなりました。

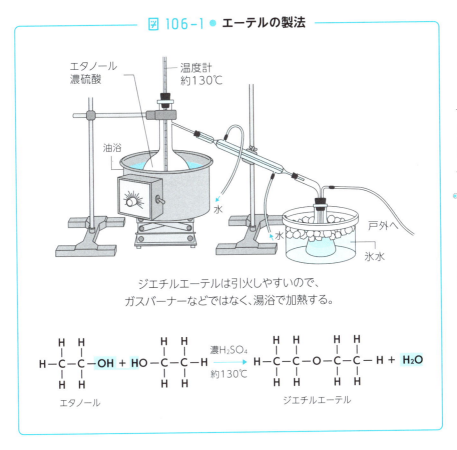

図 106-1 ● エーテルの製法

107

聞いたことはなくても身近で活躍しています

～ アルデヒドとケトン ～

アルデヒドやケトンといわれても普段耳にすることはほとんどないですし、難しそうなイメージがありますね。でもホルマリンやマニキュアの除光液は聞いたことはないですか？ ホルマリンにはアルデヒドが、マニキュアを落とす除光液にはケトンが含まれています。

図 107 - 1 を見てください。アルデヒドもケトンもカルボニル基をもつグループの名称ですが、アルデヒドはカルボニル基に H

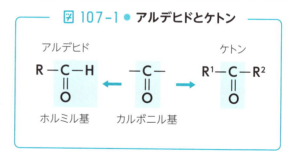

図 107-1 ● アルデヒドとケトン

原子が 1 個結合したホルミル基をもつ化合物、ケトンはカルボニル基に 2 個の炭化水素基が結合した化合物です。

【アルデヒド】

アルデヒドの作り方は主に 2 通りあります。第一級アルコールを酸化する方法（R－CH$_2$OH $\xrightarrow{-2H}$ R－CHO）と、アルキンを酸化する方法（図 103 - 5 参照）です。**アルデヒドは酸化されやすく、自身は酸化されてカルボン酸になり、代わりに他の物質を還元します。** この性質のことを「アルデヒドは還元性をもつ」といい、**銀鏡反応**と**フェーリング反応**（図 107 - 2）で確認することができます。

表 107-1 ● よく出てくるアルデヒドとケトン

化合物 示性式	沸点 〔℃〕	用途
ホルムアルデヒド HCHO	−19	メタノールを酸化すると得られ、さらに酸化するとギ酸になる。フェノール樹脂、尿素樹脂の材料。解剖した生き物が浸かっている液体（ホルマリン）は、ホルムアルデヒドの水溶液。
アセトアルデヒド CH_3CHO	20	エタノールを酸化すると得られ、さらに酸化すると酢酸になる。市販の食酢は穀物を発酵させて作るので、アルデヒドから工業的に作られた酢酸は溶剤として使われる酢酸エチルの原料となる。
アセトン CH_3COCH_3	56	2-プロパノールを酸化すると得られる。これ以上は酸化されない。水にも有機溶媒にもよく混ざる。除光液の主成分はこれ。

図 107-2 ● 銀鏡反応（左）とフェーリング反応（右）

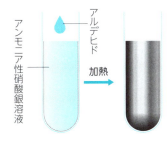

$RCHO + 2[Ag(NH_3)_2]^+ + 3OH^-$
$\longrightarrow RCOO^- + 2Ag + 4NH_3 + 2H_2O$

アルデヒドをアンモニア性硝酸銀に加えて加熱すると、Ag^+が還元されて銀になり、試験管の内壁に付着して鏡のようになる。

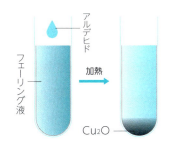

$RCHO + 2Cu^{2+} + 5OH^-$
$\longrightarrow RCOO^- + Cu_2O + 3H_2O$

アルデヒドをフェーリング液とともに加熱すると、Cu^{2+}が還元されてCu^+となり、赤色のCu_2Oとして沈殿する。

【ケトン】

ケトンは、第二級アルコールを酸化すると生成します。ケトンは酸化されにくいのでアルデヒドと異なって還元性を示しません。つまり、銀鏡反応やフェーリング反応に陰性（反応しない）のためにアルデヒドと区別できます。

【ヨードホルム反応】

　アセトンにヨウ素と水酸化ナトリウム水溶液を反応させると、特有の臭気をもつヨードホルム CHI₃ の黄色沈殿が生じます。この反応を**ヨードホルム反応**といいます（図 107 − 3）。この反応はアセチル基の構造をもつケトンやアルデヒド、またはエタノール、2 − プロパノールなどで観察できます。ヨードホルム反応に使う試薬は酸化剤としてはたらくので、エタノール、2 − プロパノールはアセチル基の構造に酸化されてからヨードホルム反応をおこすというメカニズムになっています。

　では、105 節の最後に出てきたメタノール、エタノール、2 − プロパノールはどう区別するのでしょうか。ヨードホルム反応に陽性、かつおだやかに酸化すると銀鏡反応に陽性なのがエタノール、ヨードホルム反応に陽性、かつ酸化しても銀鏡反応に陰性なのが 2 − プロパノール、ヨードホルム反応に陰性、かつおだやかに酸化すると銀鏡反応に陽性なのがメタノールです。

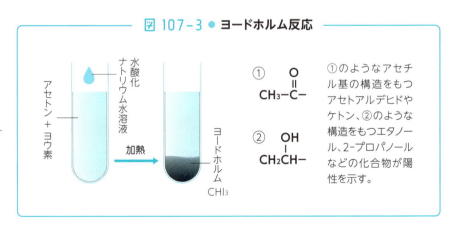

図 107 − 3 ● ヨードホルム反応

①のようなアセチル基の構造をもつアセトアルデヒドやケトン、②のような構造をもつエタノール、2 − プロパノールなどの化合物が陽性を示す。

108 酢酸は世界一有名なカルボン酸です

〜 カルボン酸 〜

　酸といえば今までに塩酸 HCl aq、硫酸 H₂SO₄、硝酸 HNO₃、酢酸 CH₃COOH が出てきましたが、この中で酢酸 CH₃COOH のみが有機化合物です。カルボキシ基－COOH 基をもつ化合物をカルボン酸といいます。アルコールを酸化すると、アルデヒドを経てカルボン酸が得られます。

　カルボン酸は二重結合をもたない（飽和）か、もつ（不飽和）か、カルボキシ基を１つもつ（モノカルボン酸）か、２つもつ（ジカルボン酸）かという視点で表 108 － 1 のように分類されます。

表 108-1 ● カルボン酸の分類

分類	名称	示性式
飽和モノカルボン酸	ギ酸	HCOOH
	酢酸	CH₃COOH
	プロピオン酸	CH₃CH₂COOH
	酪酸	CH₃CH₂CH₂COOH
不飽和モノカルボン酸	アクリル酸	CH₂＝CHCOOH
飽和ジカルボン酸	シュウ酸	COOH | COOH
不飽和ジカルボン酸	マレイン酸	HOOC＼　　／COOH 　　　C＝C 　H／　　＼H　シス型
	フマル酸	H＼　　／COOH 　　C＝C HOOC／　　＼H　トランス型

第13章　脂肪族化合物

図108-1 ● アルコールとカルボン酸の水素結合

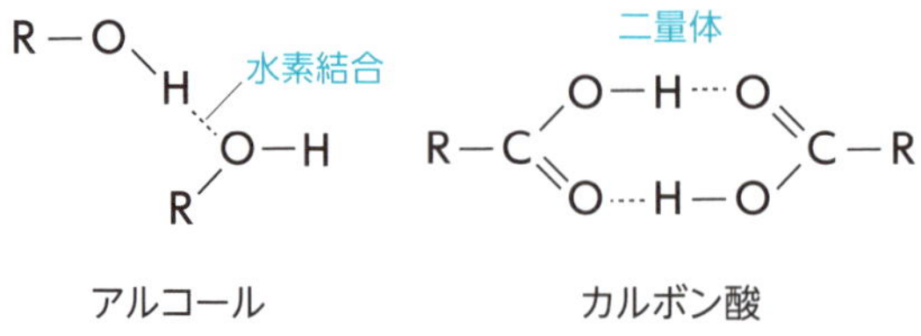

カルボン酸もアルコールと同様、沸点や融点が高いのが特徴です。これは、カルボキシ基のH原子が他の酸素原子との間に水素結合を形成するのが理由です。特にカルボン酸では、図108－1のように2つの分子が水素結合でしっかり結びついた二量体を形成するので沸点はさらに高くなります。

また、**カルボン酸の特徴として刺激臭があります**。スーパーで売っているお酢のにおいを想像してください。お酢に含まれる酢酸の質量パーセント濃度は4％なので、100％の酢酸はそれはもう鼻を突き刺すような臭いです。酢酸のCH_3-の部分をCH_3CH_2-に置き換えるとプロピオン酸になり、さらにもう1つCを増やして$CH_3CH_2CH_2-$に置き換えると酪酸になりますが、酪酸になるとすっぱい臭いよりも腐敗臭のほうが強くなります。

【カルボン酸の性質】

水に溶けにくい高級脂肪酸でも、塩基の水溶液には中和反応をおこしてカルボン酸の塩を生じるために溶解します。

R－COOH ＋ NaOH → R－COONa ＋ H_2O

カルボン酸は炭酸よりも強い酸なので、NaOHよりも弱い塩基である炭酸塩や炭酸水素塩とも反応し、CO_2を発生しながら塩を作って溶解します。

R－COOH ＋ $NaHCO_3$ → R－COONa ＋ CO_2 ＋ H_2O

逆に、水に溶けているカルボン酸の塩に強酸を反応させると、弱酸であるカルボン酸が遊離してきます。

R−COONa + HCl → R−COOH + NaCl

この性質は、120節で出てくるフェノールと安息香酸を分けるために使われるので覚えておいてください。

図 108-2 ● よく出るカルボン酸

ギ酸 HCOOH
漢字で書くと蟻酸。ハチや蟻の毒腺中に含まれていて、アカアリを蒸留することで得られたことに由来する。ホルムアルデヒドの酸化で作られ(HCHO → HCOOH)、ホルミル基をもつので還元性を示す。

酢酸 CH₃COOH
食酢に約4%含まれている。純粋な酢酸は融点が17℃で、寒い時期には凝固するので氷酢酸ともよばれる。2個の酢酸から水1分子がとれて縮合すると、無水酢酸が得られる。無水酢酸はカルボキシ基がなくなっているので、中性を示す。無水酢酸のように2個のカルボキシ基から水1分子がとれて縮合した化合物を酸無水物という。

マレイン酸とフマル酸
マレイン酸はシス型、フマル酸はトランス型でお互いにシス・トランス異性体の関係にある。どちらも無色の白い結晶。
加熱すると、シス型のマレイン酸のみが分子内で脱水反応をおこし、無水マレイン酸という酸無水物が得られる。トランス型のフマル酸は2個のカルボキシ基同士が離れているために、酸無水物は生じない。

マレイン酸(シス型) フマル酸(トランス型)

マレイン酸 無水マレイン酸

109 原材料に「香料」と書いてあるときはたいていエステルが入っています

～エステル～

かき氷にかけるイチゴシロップは無果汁ですが、きちんとイチゴの香りがします。これは香料のおかげです。人間の味覚は嗅覚に頼る部分が多いので、イチゴ果汁が入ってなくてもイチゴの香りがすれば「イチゴ」と認識してしまうのです。このように果物の香りはエステルという有機化合物が重要な役割を果たしています。

図 109-1 ● エステルの合成法

カルボン酸とアルコールの混合物に濃硫酸を入れて加熱すると縮合反応がおきて、エステル結合 -COO- をもつエステルが生成します（図 109-1）。カルボン酸のカルボキシ基とアルコールのヒドロキシ基という両方の極性の高い官能基が反応するので、できた<u>エステルは水に溶けにくく有機溶媒に溶けやすくなります</u>。例えば酢酸エチル（図 109-2）を例にとると、酢酸もエタノールも水と自由に混ざり合いますが、酢酸エチルは水にはあまり溶けません。沸点も水素結合

をする酢酸は 118℃、エタノールは 78℃ですが、酢酸エチルは分子量が大きくなったのにもかかわらず沸点は 77℃です。

図 109-2

$$CH_3COOH + HOC_2H_5 \longrightarrow CH_3COOC_2H_5 + H_2O$$

	酢酸	エタノール	酢酸エチル	
沸点	118℃	78℃	77℃	100℃
分子量	60	46	88	18
水への溶解性	∞	∞	8.3g/100mL	

【エステルの加水分解とけん化】

エステルに希塩酸や希硫酸を加えて加熱すると、H^+ が触媒としてはたらき、エステル化の逆反応が進んでカルボン酸とアルコールになります。この反応をエステルの加水分解といいます（図 109 − 3）。

また、エステルに強塩基の水溶液を加えて加熱すると、カルボン酸の塩とアルコールが生じます。この加水分解の方法を特にけん化といいます。

図 109-3 ● 加水分解とけん化

◎加水分解……加水分解は平衡反応である。エステルの合成も実は平衡反応である。図109−1が不可逆反応のように書いてあるのは、なるべく平衡を右に偏らせるために水を含まない濃硫酸を使用してるからである。

$$\underset{\text{エステル}}{R^1-\overset{\overset{\displaystyle O}{\|}}{C}-O-R^2} + H_2O \underset{}{\overset{H^+}{\rightleftarrows}} \underset{\text{カルボン酸}}{R^1-\overset{\overset{\displaystyle O}{\|}}{C}-O-H} + \underset{\text{アルコール}}{R^2-O-H}$$

◎けん化……けん化は不可逆反応である。

$$R^1COOR^2 + NaOH \longrightarrow R^1COONa + R^2OH$$

酸による加水分解と強塩基によるけん化の違いは、前者が平衡反応であるのに対して、後者が不可逆的な反応であることです。酸によるエステルの加水分解は平衡反応で、エステルの合成と逆向きです。つまり、エステルを合成するときはなるべく平衡が右に偏るように濃硫酸を使います（水が多く含まれる希硫酸を使うと、平衡が右向きに進みづらくなってしまいます）。けん化は、エステルが分解されてできたカルボン酸が塩になっているので、逆反応はおこらないのです（図109-4）。

図 109-4 ● カルボン酸以外からできるエステル

カルボン酸以外の硫酸や硝酸などの酸も、アルコールと縮合してエステルになることができる。前者を硫酸エステル、後者を硝酸エステルという。

◎硫酸エステルの例……1-ドデカノールの硫酸エステルは硫酸水素ドデシルとよばれ、そのナトリウム塩は合成洗剤として用いられている。

$$CH_3(CH_2)_{11}OH + HOSO_3H \longrightarrow CH_3(CH_2)_{11}OSO_3H + H_2O$$
1-ドデカノール　　　　硫酸　　　　　　　硫酸水素ドデシル

$\xrightarrow{NaOH (中和)}$

$$C_{12}H_{25}-OSO_3Na$$
硫酸ドデシルナトリウム（アルキル硫酸の塩）

◎硝酸エステルの例……1,2,3-プロパントリオール（グリセリン）に、濃硫酸と濃硝酸の混合物を反応させると、硝酸エステルであるニトログリセリンが生成する。ニトログリセリンはダイナマイトの原料や心臓病の薬として用いられる。

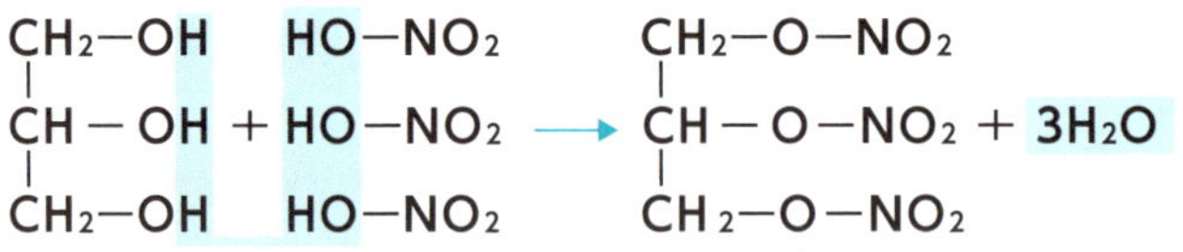

$$\begin{array}{c} CH_2-OH \\ | \\ CH-OH \\ | \\ CH_2-OH \end{array} + \begin{array}{c} HO-NO_2 \\ HO-NO_2 \\ HO-NO_2 \end{array} \longrightarrow \begin{array}{c} CH_2-O-NO_2 \\ | \\ CH-O-NO_2 \\ | \\ CH_2-O-NO_2 \end{array} + 3H_2O$$
グリセリン　　　硝酸　　　　　ニトログリセリン

原材料に「香料」と書いてあるときはたいていエステルが入っています

110 バターとサラダ油の違いを化学の視点で見てみる

〜 油脂 〜

　バターやラードなどの動物性油脂は、植物性油脂に比べて融点が高いです。融点が高いと、血液中でも固体として存在しやすいので摂取したときに血管の内部につきやすくなります。これに対してサラダ油やゴマ油などの植物性油脂は融点が低く、室温で液体なので、血管にたまりにくいです。

　一般的な油脂は図110－1のように高級脂肪酸とグリセリン（1,2,3-プロパントリオール）のエステルの構造をもっています。炭化水素を表す3つの－Rの部分についている炭素の数、二重結合の数が異なることで性質の違いが出てきます。

　表110－1に示したように動物性油脂では、Rの部分が主に$C_{15}H_{31}$のパルミチン酸や、$C_{17}H_{35}$のステアリン酸という飽和脂肪酸からできているのに対して、植物性油脂では、Rの部分が主に

図 110-1 ● 油脂はグリセリンと高級脂肪酸からできたエステルである

$$R^1COOH \quad CH_2OH \qquad\qquad R^1COOCH_2$$
$$R^2COOH + CHOH \xrightarrow{エステル化} R^2COOCH + 3H_2O$$
$$R^3COOH \quad CH_2OH \qquad\qquad R^3COOCH_2$$

　　　　　　　　グリセリン　　　　　　　　　油脂

表 110-1 ● 脂肪酸の種類と油脂の含有率

油脂を構成する脂肪酸		示性式	融点 [℃]	二重結合の数	状態 (常温)	牛脂	豚脂 (ラード)	オリーブ油	菜種油	大豆油
飽和脂肪酸	パルミチン酸	$C_{15}H_{31}COOH$	63	0	固体	33	30	10	1〜4	11
	ステアリン酸	$C_{17}H_{35}COOH$	71	0		18	15	1	0〜2	2
不飽和脂肪酸	オレイン酸	$C_{17}H_{33}COOH$	13	1	液体	45	41	80	10〜35	24
	リノール酸	$C_{17}H_{31}COOH$	−5	2		3	9	8	10〜20	51
	リノレン酸	$C_{17}H_{29}COOH$	−11	3		0	2	0	1〜10	9

油脂豆知識
ハムやベーコンは豚を原料として作られます。これは牛脂が豚脂に比べて融点が高いためです。ローストビーフは赤身で作りますね。牛脂は人間の体温よりも融点がわずかに高いために、冷やした状態ではうまみが感じられにくいのです。もちろんハムやベーコンも温めたほうがおいしいですけどね。

$C_{17}H_{33}$ のオレイン酸、$C_{17}H_{31}$ のリノール酸という炭素原子間に二重結合をもつ不飽和脂肪酸からできています。オレイン酸やリノール酸はステアリン酸に比べてHの数がそれぞれ2個、4個少ないので、炭素原子の間に二重結合がオレイン酸では1つ、リノール酸では2つあることがわかります。これは図110−2のように折れ曲がった

図 110-2 ● 飽和脂肪酸（a）と不飽和脂肪酸の形（b）

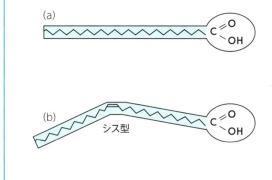

(a) のように、飽和脂肪酸は直鎖状の分子で、分子同士が接近しやすく分子間力が強くはたらくため、融点が高くなる。一方、不飽和脂肪酸はシス型の二重結合を含んでいて、(b) のように折れ曲がった分子となる。そのため分子同士の接近ができず、バラバラの配列をとるので、隙間が多くなり分子間力は弱くしかはたらかないため、融点は低くなる。

構造になる原因なので、**不飽和脂肪酸を多く含む植物性油脂は融点が低い**のです。

　不飽和脂肪酸の二重結合にニッケルを触媒としてH_2を付加すれば飽和脂肪酸のように融点が高くなります。こうしてできた油脂を硬化油といいます。この性質を利用したのがマーガリンです。バターは牛乳の脂肪分を集めたもので、飽和脂肪酸が多く含まれているために室温で固体です。バターは牛から作られるため、植物から作られる植物油に比べて生産量が増やせないという問題がありました。そこで植物油の融点を上げてバターに似た風味をもたせたものがマーガリンです。市販のマーガリンは硬化油にさらに色素や乳成分、ビタミンなどを加えてバターに近い風味をもたせています。

第13章　脂肪族化合物

図 110-3 ● けん化価とヨウ素価

油脂は様々な飽和脂肪酸を含むが、その割合は一定ではないために、油脂は混合物であることがふつうである。そこで、どんな油脂かを知りたいときは、平均の分子量が大きいか小さいか、つまりグリセリンに結合している脂肪酸が短いか長いかということと、その脂肪酸に二重結合が多いか少ないかという情報が必要になる。この二つを把握できれば混合物である油脂を構成する平均的な脂肪酸がわかるため便利。分子量の大小がわかるのがけん化価、二重結合の数がわかるのがヨウ素価である。

けん化価　油脂1gをけん化するのに必要な水酸化カリウムのmg単位での質量で表す。油脂1molを完全にけん化するには3molのKOHが必要なので、油脂の平均の分子量をMとすると、

$$けん化価 = \frac{1}{M} \times 3 \times 56(KOHの式量) \times 10^3$$

という式で表される。Mは分母にあるので、けん化価が大きいほど分子量が小さくなる。たいていの油脂ではけん化価は190前後になる。

ヨウ素価　油脂100gに付加するヨウ素のg単位での質量で表す。油脂中のC=C1個につきヨウ素分子が1個付加するので、油脂の平均の分子量をM、油脂の不飽和度(二重結合の数)をnすると、

$$ヨウ素価 = \frac{100}{M} \times n \times 254(I_2の分子量)$$

という式で表される。ヨウ素価が大きい油脂は、二重結合を多く含み、その二重結合に空気中の酸素が結合して固まりやすいために乾性油とよばれる。乾性油のヨウ素価の目安は130以上。ヨウ素価が100以下は不乾性油とよばれ、空気中では固まらない。その間のヨウ素価100〜130の油脂は半乾性油とよばれ、空気中で酸素と反応して流動性は低下するが、完全には固まらない。大学入試では、油脂の分子量とヨウ素価が与えられて、油脂1分子中に含まれるC=C結合の数が問われる。

洗剤はせっけんの弱点をカバーしてくれます

〜 せっけんと合成洗剤 〜

油脂に水酸化ナトリウム水溶液を加えて加熱すると、けん化されてグリセリンと脂肪酸のナトリウム塩を生じます（図 111 − 1）。せっけんとは、この脂肪酸ナトリウムのことです。せっけんと、その弱点をカバーするために開発された合成洗剤について学んでいきましょう。

図 111-1

油脂をNaOHでけん化すると、脂肪酸のナトリウム塩（これがせっけん）とグリセリン（1, 2, 3-プロパントリオール）を生じる。

$$\begin{array}{c} R^1COOCH_2 \\ | \\ R^2COOCH \\ | \\ R^3COOCH_2 \end{array} + 3NaOH \longrightarrow \begin{array}{c} R^1COONa \\ R^2COONa \\ R^3COONa \end{array} + \begin{array}{c} CH_2OH \\ | \\ CHOH \\ | \\ CH_2OH \end{array}$$

油脂　　　　　　　　　　　脂肪酸ナトリウム　　グリセリン
　　　　　　　　　　　　　　（せっけん）

せっけんは図 111 − 2（a）に示すように水になじみにくい疎水基と水になじみやすい親水基の両方をもちます。せっけんを水に溶かすと、図 111 − 2（b）のように親水基の部分は水と親和するので外側を向き、疎水基の部分は水と触れるのを避けようとするので疎水基同士が集まって内側を向きます。このようにしてできたコロイド粒子を会合コロイド、特にミセルといいます。

ではせっけんはなぜ汚れを落とせるのでしょうか？ 図 111 − 3 を

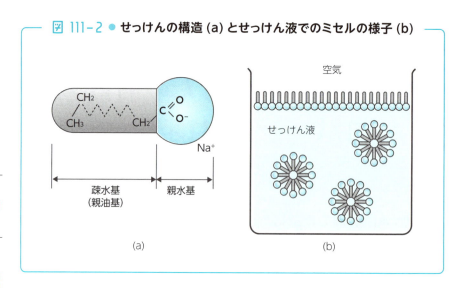

図 111-2 ● せっけんの構造 (a) とせっけん液でのミセルの様子 (b)

見てください。せっけんが油汚れに触れると、せっけんの疎水基の部分が油汚れと引き合い、汚れに疎水基が「グサッ」と「ささり」ます。そして油汚れが繊維の表面からはがされ、ミセル内部に引き込まれて、微粒子となって水中に分散します。このような作用を**せっけんの乳化作用**といい、せっけんのように疎水基と親水基を両方もつ物質を**界面**

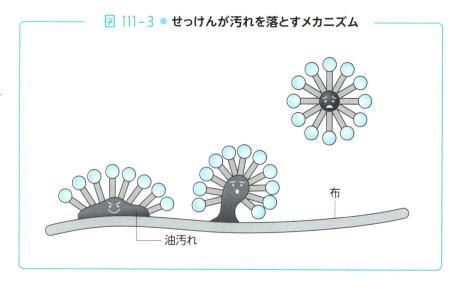

図 111-3 ● せっけんが汚れを落とすメカニズム

活性剤といいます。

　しかしせっけん（脂肪酸ナトリウム）は弱酸と強塩基の塩なので塩基性です。塩基性のものにはタンパク質を侵す性質があり、羊毛や絹などの動物性繊維にはダメージを与えてしまうため洗濯には使えません（せっけんで手を洗うとヌルヌルするのは手の表面のタンパク質を侵しているからです）。また、酸性の水溶液中では脂肪酸のナトリウム塩が脂肪酸の形に戻ってしまうため、やはり使えません。さらには、Ca^{2+} や Mg^{2+} を多量に含むいわゆる硬水中では、Na^+ が Ca^{2+} や Mg^{2+} に置換されて水に不溶性の塩を作るために洗浄力が落ちてしまいます。

　そこでこの弱点を改良したのが合成洗剤です（図 111 - 4）。合成洗剤は強酸である硫酸と強塩基である水酸化ナトリウムからなる塩なので加水分解されず、水溶液は中性になるため中性洗剤ともよばれています。

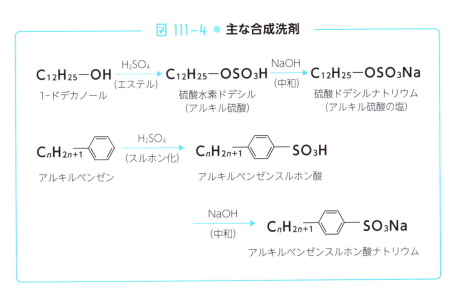

図 111-4 ● 主な合成洗剤

脂肪族有機化合物の総まとめ

〜 元素分析から構造決定まで 〜

今あなたの目の前に無色透明の脂肪族有機化合物の液体があるとします。この液体がどんな構造式をもつのかを調べるにはどうすればいいのでしょうか。順番に見ていきましょう。

図 112-1 ● 有機化合物の構造式を決めるまでの手順

純粋な試料 → 成分元素の確認 → 元素分析 → 組成式の決定 → 分子量の測定 → 分子式の決定 → 官能基の確定 → 異性体の区別 → 構造式の決定

構造式を決めるまでの手順を図 112 - 1 に示しました。本来は成分元素の確認も必要ですが、N や S など C、H、O 以外の元素を含むと構造決定までの手順がとてもめんどうになるので、ここでは C、H、O のみからなる化合物を扱います。

まずは C、H、O それぞれの元素の含有量を調べるために元素分析を行ないます。図 112 - 2 の装置を見てください。試料を完全燃焼させると、試料中の C は CO_2 に、H は H_2O になります（酸化銅（Ⅱ）

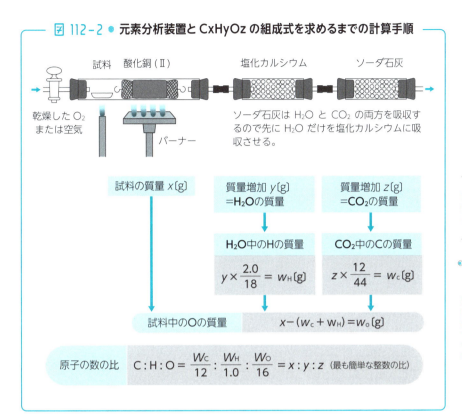

図 112-2 ● 元素分析装置と $C_xH_yO_z$ の組成式を求めるまでの計算手順

は不完全燃焼でできた CO を CO_2 に酸化する役割があります）。この気体をまず塩化カルシウムを詰めた吸収管を通して H_2O を吸収させ、続いてソーダ石灰（CaO と NaOH を混ぜたもの）を詰めた吸収管を通して CO_2 を吸収させます。H_2O と CO_2 を吸収した分だけ吸収管の質量が増加するので、元の試料の質量を x g、発生した H_2O の質量を y g、発生した CO_2 の質量を z g とすると、試料中の H の質量は $y \times 2.0/18$、C の質量は $z \times 12/44$ となります。

この質量をそれぞれの元素の原子量で割って組成式が求められます。組成式は原子の数の比なので、例えば $C_2H_4O_2$ の酢酸も CH_2O のホルムアルデヒドも $C_4H_8O_4$ も組成式は同じ CH_2O になります。そこで分子量を求めて分子式を決定します。分子量を求めるには、沸点が

低い物質の場合には加熱して気体にして気体の状態方程式を使い、沸点が高い物質の場合には凝固点降下や浸透圧法を使います。その後、官能基に何があるかを調べて構造式を確定します。例題を解いて理解を深めましょう。

例題

C、H、Oのみからなるエステル33.0mgを完全燃焼させるとCO₂が66.0mg、H₂Oが27.0mg生じた。また、このエステル4.40gをベンゼン100gに溶かした溶液の凝固点はベンゼン(モル凝固点降下5.12K・kg/mol)よりも2.56℃低かった。さらにこのエステルを加水分解すると、銀鏡反応を示すカルボン酸と、ヨードホルム反応を示すアルコールが得られた。このエステルの構造式を答えなさい。

解答 33.0mgのAに含まれる各原子の質量は、以下のようになる。

$C : 66.0 \times \dfrac{12}{44} = 18$ [mg] $H : 27.0 \times \dfrac{2.0}{18} = 3.00$ [mg]

$O : 33.0 - (18.0 + 3.00) = 12.0$ [mg]

原子数の比は次のようになるので、組成式はC₂H₄Oとなる。

$C : H : O = \dfrac{18.0}{12} : \dfrac{3.00}{1.0} : \dfrac{12.0}{16} = 1.50 : 3.00 : 0.75 = 2 : 4 : 1$

一方凝固点降下の測定結果から、分子量は88.0となり、分子式はC₄H₈O₂とわかる。

$\Delta t = km$ から

$2.56 = 5.12 \times \dfrac{4.40/M}{100/1000}$

$M = 88.0$

この分子式をもつエステルは①〜④の4種類だが、銀鏡反応を示すカルボン酸はアルデヒドの構造をもつギ酸なので候補は①と②、1-プロパノールと2-プロパノールのうちヨードホルム反応を示すのは2-プロパノールなのでこのエステルは②の構造式をもつ。

① HCOOCH₂CH₂CH₃ ギ酸-1-プロピル	HCOOH ギ酸	CH₃CH₂CH₂OH 1-プロパノール
② HCOOCH(CH₃)₂ ギ酸-2-プロピル	HCOOH ギ酸	(CH₃)₂CHOH 2-プロパノール
③ CH₃COOCH₂CH₃ 酢酸エチル	CH₃COOH 酢酸	CH₃CH₂OH エタノール
④ CH₃CH₂COOCH₃ プロピオン酸メチル	CH₃CH₂COOH プロピオン酸	CH₃OH メタノール

| 基礎化学 | 理論化学 | 無機化学 | 有機化学 | 高分子化学 |

第14章

芳香族化合物

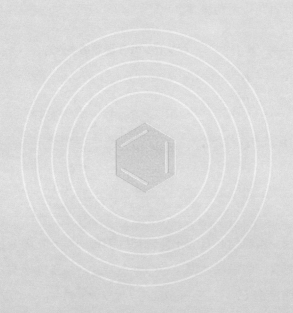

113

ベンゼンを含む有機化合物だけ特別扱いします

〜 ベンゼンの秘密 〜

　ベンゼンは、炭素原子6個と水素原子6個からなる炭化水素です。炭素原子6個は六角形の環状につながっているのですが、この構造をベンゼン環とよびます。ベンゼン環を含む有機化合物は芳香族化合物として有機化学の中では特別扱いをします。

　ベンゼン環は、図113−1の（A）の構造式で表されますが、簡略化した（B）や（C）の構造式もよく使われ、六角形の形から「亀の甲」とよばれたりもします。

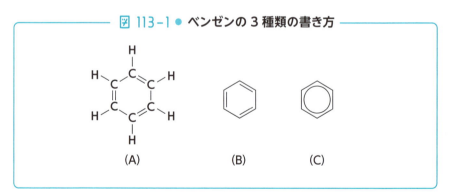

図113-1 ● ベンゼンの3種類の書き方

　なぜベンゼン環を含む有機化合物だけ別扱いをするのでしょうか？それはベンゼンが特殊な性質をもつからです。特殊な性質とは、炭素原子間に二重結合C＝Cをもつにもかかわらず、1本の結合が開いて反応をするという付加反応をおこしにくいということです。ベンゼ

図 113-2 ● ベンゼンの付加反応

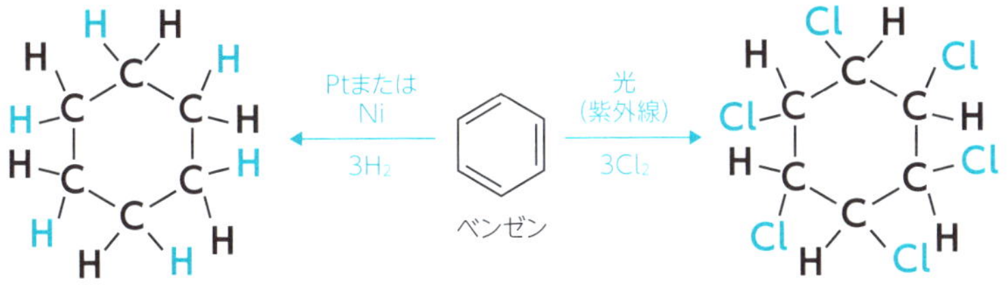

シクロヘキサン
ベンゼンに白金またはニッケルを触媒として、水素を作用させると、シクロヘキサンC_6H_{12}を生じる。

(Ptまたは Ni, $3H_2$)

ベンゼン

(光（紫外線）, $3Cl_2$)

ヘキサクロロシクロヘキサン
ベンゼンに紫外線を当てながら塩素を作用させると、ヘキサクロロシクロヘキサン$C_6H_6Cl_6$を生じる。

ンは高温、高圧や、エネルギーの大きい光を当てるなど、極めて過酷な条件でないと付加反応をおこしません（図113 − 2）。

　この矛盾は、ベンゼンの炭素原子間の結合を、「二重結合3つ＋単結合3つ」と考えるのではなく、「1.5重結合が6つ」と考えることで解決できます。つまり、二重結合が特定の位置に存在するのではなく、C原子全体で二重結合を負担して安定化しているといえるのです。図113 − 1の（C）の構造式は、ベンゼン環が安定化している状態をうまく表した構造式といえます。この**二重結合を炭素原子全体で負担する性質のことを芳香族性といい、ベンゼン環を構造式中に含む有機化合物は芳香族性をもつので芳香族化合物といいます。**

　芳香族性により付加反応はおこしにくいベンゼンですが、ベンゼン環に結合している水素原子が別の原子に置き換わっていく置換反応は、容易におこすことができます（図113 − 3）。このときのポイントは、ベンゼン環の水素原子が水素イオンとなって抜けることができるように、置換したいものの陽イオンをベンゼン環に近づけてあげることです。この置換反応を用いれば、ベンゼン環に結合している官能基を化

学反応で次々変えていくことができるので、有用な芳香族化合物を作り出すことができます。

図 113-3 ● ベンゼンへの置換反応の例（H原子がXと置き換わっている）

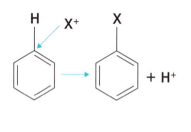

代表的な置換基X		
−Cl	クロロ基	クロロベンゼン
−NO₂	ニトロ基	ニトロベンゼン
−SO₃H	スルホ基	ベンゼンスルホン酸
−OH	ヒドロキシ基	フェノール
−COOH	カルボキシ基	安息香酸
−CH₃	メチル基	トルエン
−NH₂	アミノ基	アニリン

ベンゼンを含む有機化合物だけ特別扱いします

ベンゼン環は壊れずに置換基が置換されていきます

～芳香族化合物の反応～

　芳香族化合物がどんな反応をするのか、まずは高校の範囲で必要とされる反応の概観を見てみましょう。ふつうの教科書では反応を一つずつ見ていくわけですが、そうすると最後の反応を見たときには最初の反応をすっかり忘れているということになりかねません。最初に全体の反応像を押さえてしまうことが重要です。

　図114－1と図114－2を見てください。図114－1がベンゼンをスタート物質として、フェノールを経由して染料であるp－ヒドロキシアゾベンゼンまで、図114－2がフェノールのナトリウム塩であるナトリウムフェノキシドをスタート物質として医薬品であるアセチルサリチル酸とサリチル酸メチルまでの反応経路です。

　芳香族化合物は染料や医薬品の原料として重要で、高校の範囲では染料の代表としてp－ヒドロキシアゾベンゼン、医薬品の代表としてアセチルサリチル酸とサリチル酸メチルがとり上げられていますのでこの2つを終着点とする反応経路をまず示しました。どちらもフェノールを経由する必要があることがポイントです。フェノールはそれだけあってもほとんど役に立ちませんが、医薬品や染料の原料としてたいへん重要な有機化合物なのです。このあと、どの部分を学習しているのかわからなくなったら、このページに戻ってきてください。

図 114-1 ● ベンゼンから p-ヒドロキシアゾベンゼンまでの反応経路

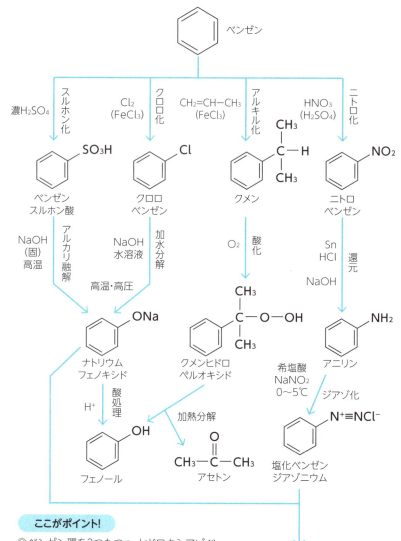

ここがポイント！

◎ベンゼン環を2つもつ p-ヒドロキシアゾベンゼンを得るために、ベンゼン環を1つもつ芳香族化合物をそれぞれ反応させていって、最後に合体（カップリング）させる。
◎重要な物質であるフェノールまでの合成法が3通りある。

ベンゼン環は壊れずに置換基が置換されていきます

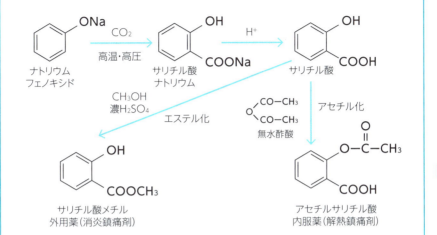

図 114-2 ナトリウムフェノキシドからサリチル酸メチルと アセチルサリチル酸までの反応経路

115 洋服ダンスの防虫剤に使われるナフタレンが代表的です

〜 芳香族炭化水素 〜

ベンゼン環をもつ炭化水素（C、H元素のみからなる有機化合物）を芳香族炭化水素といいます。芳香族炭化水素にはトルエンのようにベンゼン環に直接炭化水素基が結合したものとナフタレンのように2個以上のベンゼン環からなるものがあります（表115-1）。

表 115-1 ● 芳香族炭化水素の性質

構造式	名称と融点・沸点 [℃]		
	ベンゼン 融点 5.5 沸点 80	CH₃ トルエン 融点 −95 沸点 111	ナフタレン 融点 81 沸点 218

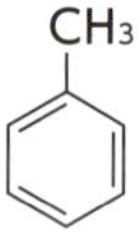

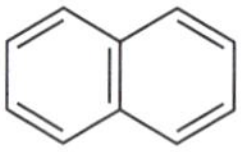

ベンゼンの6個の水素原子のうちの1個がメチル基（CH_3-）に置換したものをトルエンといい、2個がメチル基（CH_3-）と置換するとキシレンといいます。ですが、2つのメチル基の位置によって3通りの構造異性体ができます（図115-1）。

衣類の防虫剤として使用されるナフタレンは、ベンゼン環が2つつながった構造をしていて、ベンゼンと同じように芳香族性をもち、安定です。さらにナフタレンにベンゼン環を継ぎ足していくと、アントラセン、ナフタセンと新しい化合物ができていきますが、分子が長くなるにつれて徐々に不安定になっていきます（図115-2）。これ

らの構造式を見てみると、3つの二重結合をもつ六員環（6個の原子が環状に結合したもの）は一番左のベンゼン環だけで、残りの環には二重結合が2つだけしかありません。ベンゼン環が芳香族性により安定なのは、6個の炭素原子間の結合が単結合3つ、二重結合3つからなるものなので、二重結合が2つだけしかないベンゼン環が増えるほど、徐々に芳香族性が低下し、不安定になっていきます。

直線ではなくジグザグにベンゼン環を継ぎ足していった場合は、どの環にも3つの二重結合をもたせることができるので、ベンゼン環の数が増えても比較的安定です（図115－3）。

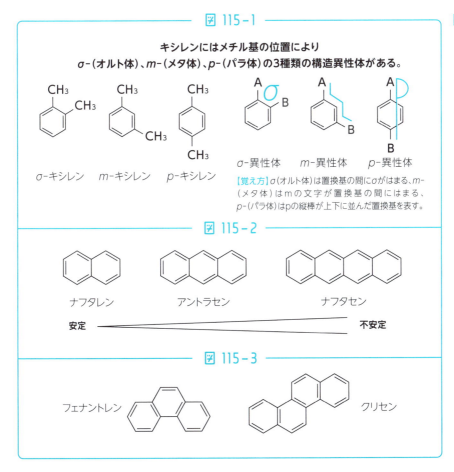

ベンゼンがおこす重要な3つの反応

～ 芳香族炭化水素の反応 ～

　ベンゼンは付加反応はおこしにくいが、置換反応はおこしやすいという話をしました。置換反応がおきるメカニズムと代表的な置換反応であるハロゲン化、ニトロ化、スルホン化について理解しましょう。

　図113-3をもう一度見てください。ベンゼン環からH$^+$が抜けて、代わりにX$^+$が結合して置換基-Xになっていますね。H原子はH$^+$という陽イオンの形で抜けるので、ベンゼン環で置換反応をおこすには、X$^+$という陽イオンを近づけてやる必要があるのです。**フェノールやアニリンがベンゼンから直接作り出せないのは、OH$^+$やNH$_2^+$という陽イオンを近づけることができない（そもそもそんな陽イオンは作り出せない）ことが理由です。**そこで、クロロベンゼンやベンゼンスルホン酸、ニトロベンゼンという使い道のない中間生成物をいったん合成して、フェノールやアニリンを作り出しているのです。

【ハロゲン化】
　図116-1のようにベンゼンに鉄粉を触媒として、塩素Cl$_2$と反応させるとクロロベンゼンが生じます。同様に臭素Br$_2$を作用させればブロモベンゼンが生じます。このようにベンゼンのH原子をハロゲン原子と置換させる反応をハロゲン化といいます。

【ニトロ化】
　ベンゼンに濃硝酸と濃硫酸の混合物（混酸といいます）を作用させ

ると、ベンゼンの水素原子がニトロ基（−NO₂）によって置換されて、ニトロベンゼンが生じます。このような反応をニトロ化といいます。

図 116-1 ● ベンゼンのクロロ化によるクロロベンゼンの生成

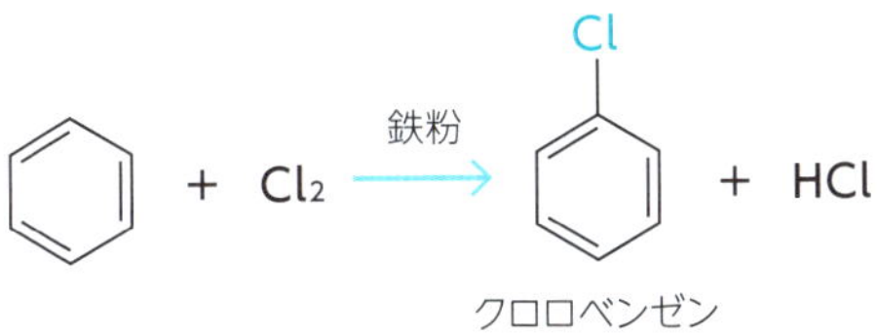

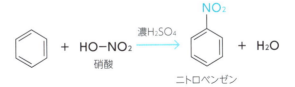

ベンゼン環のH原子と置換反応をおこすには、ベンゼン環に陽イオンを近づければいいので、Cl⁺を作り出せばよい。しかしCl⁻は簡単にできても、Cl⁺はふつうはできない。そこで鉄粉（もしくは塩化鉄(Ⅲ) FeCl₃でも可能）を触媒として使うことが必要になる。鉄粉に塩素分子を作用させると、鉄粉がCl₂を引き付けて、Cl⁻とCl⁺に分極する。このときできたCl⁺が置換反応をおこす。

図 116-2 ● ベンゼンのニトロ化によるニトロベンゼンの生成

ベンゼン環の水素原子がニトロ基−NO₂と置換されたニトロベンゼンを合成するには、NO₂⁺を作り出せばよい。これには硝酸HNO₃からOH⁻をとればよいので、強い酸である硫酸H₂SO₄を硝酸HNO₃と混ぜてベンゼンと反応させる。すると、硫酸が硝酸からOH⁻を引き抜くため、残ったNO₂⁺の作用によってニトロベンゼンが生成する。

【スルホン化】

　ベンゼンに濃硫酸を加えて加熱すると、ベンゼンの水素原子がスルホ基（−SO₃H）によって置換されて、ベンゼンスルホン酸が生じます。ベンゼンスルホン酸は強酸性を示す無色の結晶で、水には溶けますが有機溶媒には溶けにくいという性質をもちます。このような反応をスルホン化といいます（図 116 − 3）。

図 116-3 ● ベンゼンのスルホン化によるベンゼンスルホン酸の生成

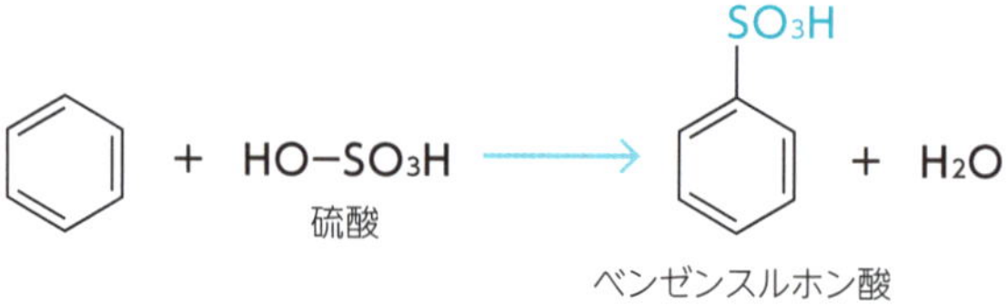

ベンゼン + HO−SO₃H (硫酸) → ベンゼンスルホン酸 (SO₃H) + H₂O

濃硫酸とベンゼンを混ぜると、濃硫酸同士が相互作用をしてH$_2$SO$_4$が別のH$_2$SO$_4$からOH$^-$を取り除くため、HSO$_3$$^+$が生成し、これが置換反応をおこしてベンゼンスルホン酸が生成する。

ベンゼンがおこす重要な3つの反応

こうこう化がくの窓

爆薬を作るのに重要な役割を示すニトロ化

爆薬にはいろいろな種類がありますが、有名なのものはニトログリセリン、トリニトロトルエン（TNT）、ピクリン酸の3種類です。トリニトロトルエンはトルエンをニトロ化し、ピクリン酸はフェノールをニトロ化すると生成します。

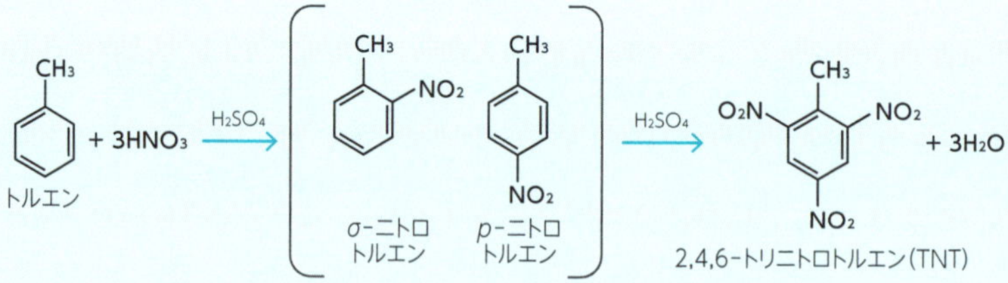

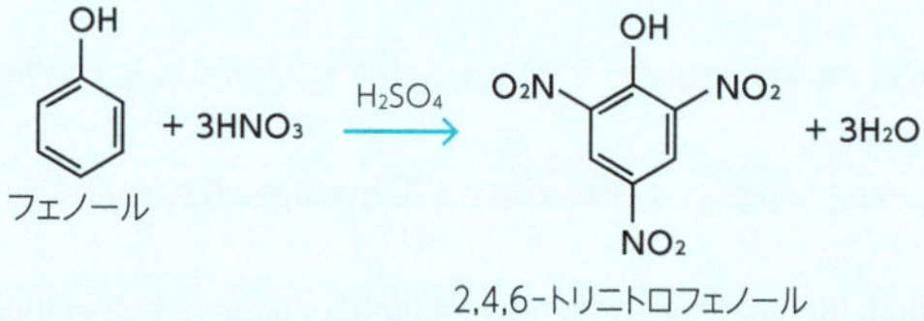

トルエン + 3HNO₃ →(H$_2$SO$_4$) [o-ニトロトルエン / p-ニトロトルエン] →(H$_2$SO$_4$) 2,4,6-トリニトロトルエン(TNT) + 3H₂O

フェノール + 3HNO₃ →(H$_2$SO$_4$) 2,4,6-トリニトロフェノール + 3H₂O

トルエンやフェノールはベンゼンよりもニトロ化されやすいので、一気に3つのニトロ基が置換反応をおこします。トリニトロトルエンのほうが安定性が高いため現在では爆薬の主流ですが、過去にはピクリン酸がメインで使われていました。ピクリン酸は強酸性ですので腐食性が強く、取り扱いが難しいのです。しかし、日本ではピクリン酸は日露戦争の日本海海戦で下瀬火薬として使われ、大勝利に一役買いました。

重要な芳香族有機化合物です

～フェノールの性質と製法～

　ベンゼン環に直接ヒドロキシ基（−OH）が結合した構造をもつ物質をフェノール類といいます。表117−1に主なフェノール類の特徴をまとめました。フェノール類の特徴として、塩化鉄（Ⅲ）水溶液で青〜赤紫色に呈色する、水溶液はごく弱い酸性を示す（pHで6前後、炭酸よりも弱い）、という特徴があります。

―― 表 117-1 ● フェノール類の性質 ――

名称	フェノール	σ-クレゾール	サリチル酸	1-ナフトール	ベンジルアルコール
構造	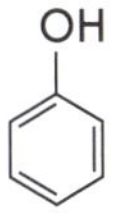 OH	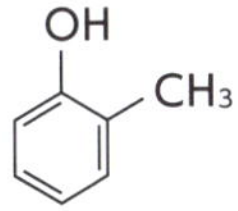 OH CH₃	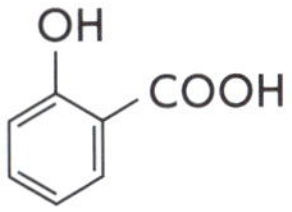 OH COOH	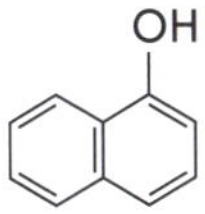 OH	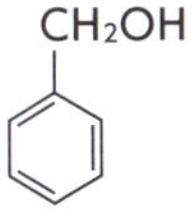 CH₂OH
融点〔℃〕	41	31	158	96	−16
FeCl₃水溶液による呈色	紫	青	紫	紫	呈色しない

　フェノールは、コンピュータの回路の基板にフェノール樹脂として使われたり、湿布薬、解熱鎮痛剤の飲み薬などさまざまな医薬品の原料になったりするためとても重要です。CDやDVDはポリカーボネートという透明なプラスチックからできていますが、この原料もフェノールです。そのため、フェノールをどうやって簡単にベンゼンから合成するのかに知恵が絞られてきました。

　最初に考え出されたのは、アルカリ融解（図117−1上のルート）

327

図117-1 ● アルカリ融解とクロロベンゼンの加水分解によるフェノールの製法

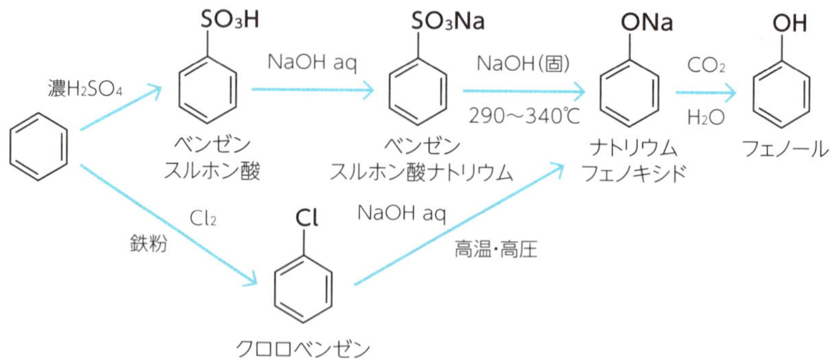

という方法です。この方法は、ベンゼン環についているH原子をあらかじめ陰イオンとして抜けやすい−SO_3H をもつベンゼンスルホン酸にしておくことがポイントです。まず、ベンゼンスルホン酸ナトリウムを固体の水酸化ナトリウムNaOHと混ぜて高温にします。すると、−SO_3H は陰イオン SO_3^{2-} として抜けやすくなり、OH^- と SO_3^{2-} の置換反応がおきてナトリウムフェノキシドが生成します。この置換反応をおこすには、ベンゼンスルホン酸のまわりにたくさん OH^- がある状態にしなくてはいけません。そのため固体の水酸化ナトリウムを使い、高温にしてどろどろの液体に融かした状態で反応させるので、アルカリ融解という名前がついているのです。その後、酸で処理すると、ナトリウムフェノキシドのナトリウムイオンが水素イオンと置き換わってフェノールが得られます。アルカリ融解は1890年にドイツで開発されましたが、加熱に費用と時間がかかるうえ、有害な亜硫酸ナトリウムができてしまうため、問題が多い方法でした。そこで、クロロベンゼンを加水分解してフェノールにする方法が考え出されました（図117−1下のルート）。この方法もベンゼン環についてい

るH原子を、あらかじめ陰イオンとして抜けやすいCl原子にしておくことがポイントです。クロロベンゼンを300℃、200気圧という過酷な条件で水酸化ナトリウム水溶液と反応させると、OH^-とCl^-の置換反応がおきて、ナトリウムフェノキシドが生成します。反応しにくいOH^-を高温高圧にすることで、無理やりCl原子と置換反応をおこさせるイメージです。この加水分解でできたナトリウムフェノキシドを酸で処理すると、フェノールが生成します。しかしこの方法も高温高圧が必要なので、大がかりな装置と大量のエネルギーを必要とします。そこで、より温和な条件でフェノールが製造できる方法として、太平洋戦争中の日本でクメン法が開発されました（図117－2）。現在ではフェノールのすべてはこのクメン法で製造されています。

図117-2 ● クメン法によるフェノールの製法

図117-3 ● フェノールの反応性

フェノールはベンゼンよりも置換反応を受けやすいという特徴がある。ベンゼンに臭素を付加させる（ハロゲン化）には鉄粉などの触媒を必要とするが、フェノールは臭素水を加えるだけで付加反応をおこし、2,4,6-トリブロモフェノールの白色沈殿が生じる。

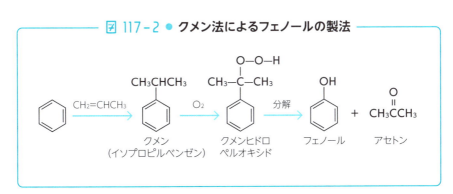

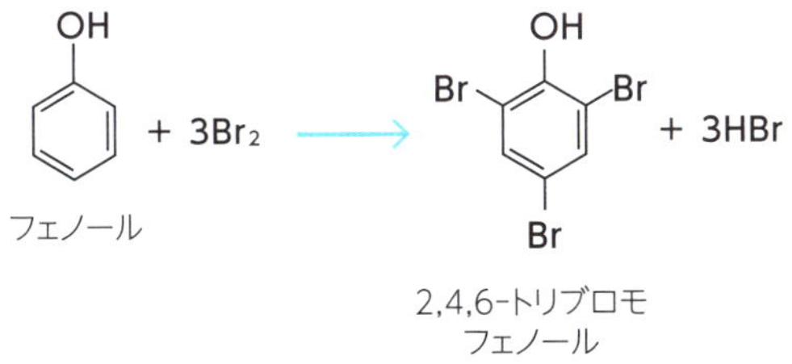

プリンターのインクの原料です

~ アニリンの製法、性質と反応性 ~

アニリンは無色の液体ですが、酸化すると色が濃くなり紫色になります。1856年にイギリスの化学者ウィリアム・パーキンがこのアニリンの反応を発見して、紫色の合成染料として売り出して成功を収めました。紫色は高貴と名声を象徴する色でしたが、当時の紫色の染料は天然の巻貝が原料だったため、大量に得るのが困難でした。アニリンは石炭から有用なガスを取り出した後の不要なコールタールから得られるために、不要物から貴重な紫色の合成染料ができたということは素晴らしい発見だったのです。現在でもアニリンは、合成染料の原料として重要な位置を占めています。

【アニリンの製法】

実験室では、ニトロベンゼンをスズと濃塩酸で還元してアニリン塩酸塩としてから、水酸化ナトリウム水溶液を加えてアニリンを遊離さ

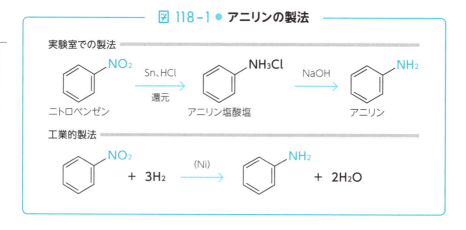

図 118-1 ● アニリンの製法

せます（図 118 − 1 上）。工業的にはニトロベンゼンをニッケルなどを触媒として水素で還元して作られます（図 118 − 1 下）。

【アニリンの性質】

1．弱い塩基性を示し、塩酸には塩（アニリン塩酸塩）を生じて溶けます。また、NaOH 水溶液を加えるとアニリンが遊離してきます。
2．さらし粉水溶液（$Ca(ClO)_2$ の水溶液）によって酸化されて赤紫色に呈色します。
3．硫酸酸性の二クロム酸カリウム水溶液で酸化すると、水に不溶の黒色物質（アニリンブラック）を生じます。このアニリンブラックは繊維を黒く染める染料として使われています。

【アニリンの反応性】

1．アニリンに氷酢酸を加えて加熱するか、無水酢酸を作用させると、図 118 − 2 のようにアセトアニリドが生成します。アセトアニリドの−NH−CO−結合をアミド結合といい、アミド結合をもつ化合物をアミドといいます。アミドはエステルと同様に、酸・塩基を用いて加水分解すると、元のカルボン酸とアミンに戻すことができます。
2．アニリンはそれだけでもアニリンブラックの染料として用いられ

図 118-2 ● アセトアニリドの製法

このようにCH_3CO-基を導入する反応をアセチル化といいます。

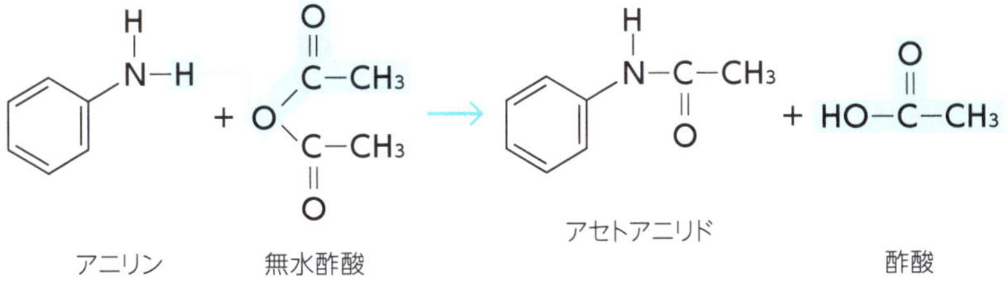

アニリン　　　無水酢酸　　　　　　　アセトアニリド　　　　　酢酸

ますが、図118-3、4のようにジアゾ化→カップリングという流れでアゾ化合物を合成し、染料として使われています。

図 118-3 ● アニリンのジアゾ化

アニリンの希塩酸溶液を氷冷しながら、亜硝酸ナトリウム水溶液を加えると、塩化ベンゼンジアゾニウムが得られる。このようにR−N$^+$≡Nの構造をもつジアゾニウム塩が生成する反応をジアゾ化という。ジアゾ化の反応では氷冷が必要なのは、塩化ベンゼンジアゾニウムが高温では加水分解して窒素とフェノールになってしまうため。

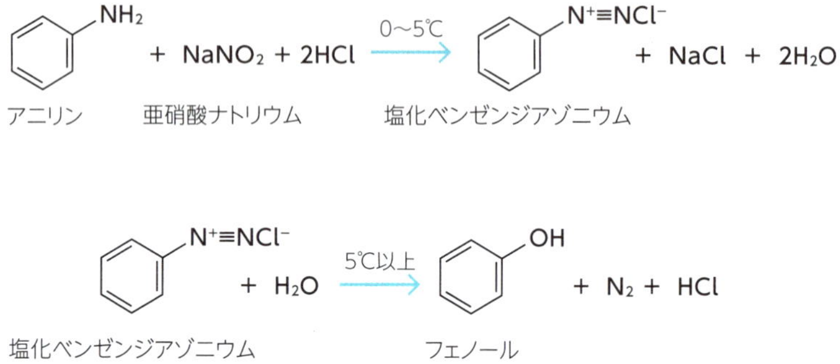

$$\text{C}_6\text{H}_5\text{NH}_2 + \text{NaNO}_2 + 2\text{HCl} \xrightarrow{0\sim5℃} \text{C}_6\text{H}_5\text{N}^+\equiv\text{NCl}^- + \text{NaCl} + 2\text{H}_2\text{O}$$

アニリン　　亜硝酸ナトリウム　　　　　　塩化ベンゼンジアゾニウム

$$\text{C}_6\text{H}_5\text{N}^+\equiv\text{NCl}^- + \text{H}_2\text{O} \xrightarrow{5℃以上} \text{C}_6\text{H}_5\text{OH} + \text{N}_2 + \text{HCl}$$

塩化ベンゼンジアゾニウム　　　　　　　フェノール

図 118-4 ● カップリング

塩化ベンゼンジアゾニウムの水溶液にナトリウムフェノキシドの水溶液を加えると、赤橙色のp-ヒドロキシアゾベンゼンが生成する(この反応をカップリングという。ベンゼン環同士をつなげて"カップル"にする反応と考える)。p-ヒドロキシアゾベンゼンのように分子中にアゾ基−N=N−をもつ化合物をアゾ化合物という。

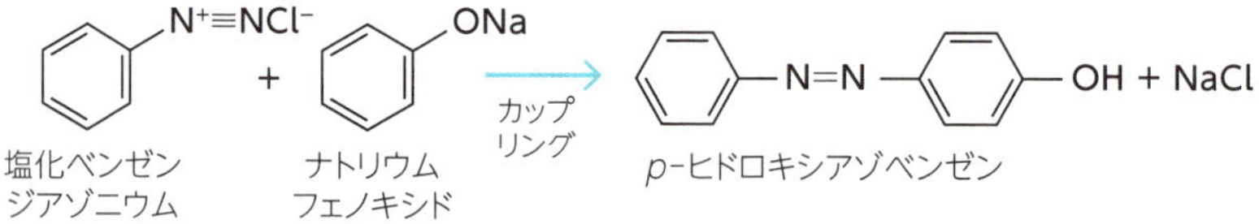

$$\text{C}_6\text{H}_5\text{N}^+\equiv\text{NCl}^- + \text{C}_6\text{H}_5\text{ONa} \xrightarrow{\text{カップリング}} \text{C}_6\text{H}_5-\text{N}=\text{N}-\text{C}_6\text{H}_4-\text{OH} + \text{NaCl}$$

塩化ベンゼン　　ナトリウム　　　　　　　　p-ヒドロキシアゾベンゼン
ジアゾニウム　　フェノキシド

119

カルボン酸から作られるアスピリン錠は世界で年間1500億錠も消費されています

~ 芳香族カルボン酸の製法、性質と反応性 ~

　芳香族カルボン酸の一番単純な物質であるベンゼン環にカルボキシ基が直接結合した化合物を安息香酸といいます。この名称は「安息香」という樹木の幹を傷つけて出てくる樹液から得られた酸性の物質に由来しています。もう一つ、よく出てくる芳香族カルボン酸がサリチル酸です。サリチル酸は湿布薬として使われるサリチル酸メチル（サロメチール、サロンシップという商品名はここからきています）、解熱鎮痛剤の飲み薬として使われるアセチルサリチル酸（アスピリンという商品名で販売されています）の原料になります。

【安息香酸】

　安息香酸は、トルエンを酸化することで得られます（図119-1）。過マンガン酸カリウムは強力な酸化剤なので、一気に安息香酸になり

図 119-1

トルエンをKMnO₄で酸化すると一気に酸化されて安息香酸が得られる。K₂Cr₂O₇でおだやかに酸化するとベンズアルデヒドで止めることもできる。

ますが、ニクロム酸カリウムを使えば途中のベンズアルデヒドで止めることもできます。ベンゼン環についた側鎖は炭素数に関係なくカルボキシ基に変化するという特徴があるので、トルエン以外でも酸化すれば安息香酸が得られます。また、フタル酸、テレフタル酸も同様にo-キシレン、p-キシレンから得られます（図 119 - 2）。フタル酸は無水フタル酸としてから樹脂や染料の原料として日本で年間 16 万トン製造され、テレフタル酸はペットボトルの原料として利用されて100 万トン製造されています。フタル酸やテレフタル酸なんて聞いたことないよという人が多いと思いますが、実はものすごい量が消費されているのです。

図 119-2 ● フタル酸、テレフタル酸の製法

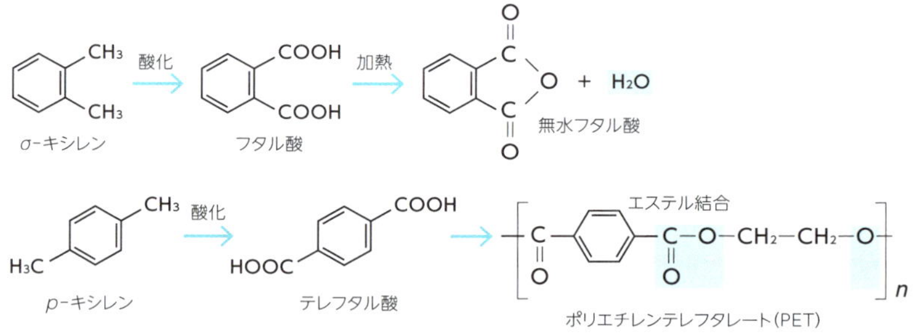

【サリチル酸】

サリチル酸は図 119 - 3 のようにナトリウムフェノキシドに高温・高圧のもとで二酸化炭素を反応させると得られます。ナトリウムフェノキシドに無理やり CO_2 を押し込んでくっつけるイメージです。もちろん安息香酸の製法と同じようにo-クレゾールを酸化してもサリチル酸が得られますが、o-クレゾールよりもフェノールのほうがはるかに安く、簡単に得られるのでこの方法はあまり使われてはいません。

サリチル酸からできる 2 種類の医薬品がアセチルサリチル酸とサリチル酸メチルです。アセチルサリチル酸は図 119 - 4 のように、

サリチル酸に無水酢酸を作用させると得られます。アセチルサリチル酸は解熱鎮痛剤として用いられます。

　サリチル酸メチルは図 119-5 のようにサリチル酸に少量の濃硫酸を触媒としてメタノールと反応させると得られます。サリチル酸メチルは消炎鎮痛薬（湿布薬）として用いられます。

図 119-3 ● サリチル酸の製法

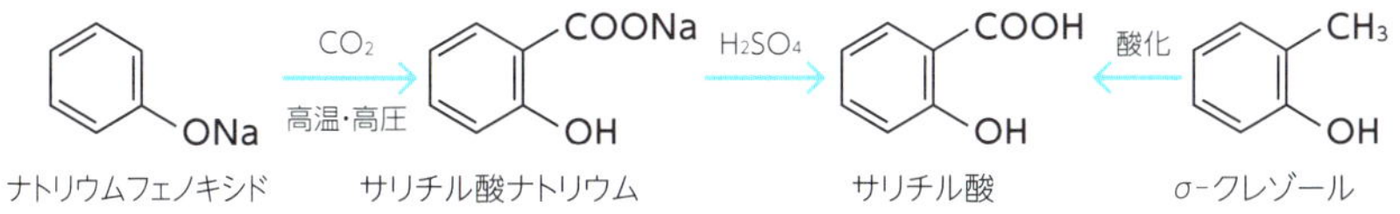

ナトリウムフェノキシド $\xrightarrow{CO_2,\ 高温・高圧}$ サリチル酸ナトリウム $\xrightarrow{H_2SO_4}$ サリチル酸 $\xleftarrow{酸化}$ o-クレゾール

図 119-4 ● アセチルサリチル酸の製法

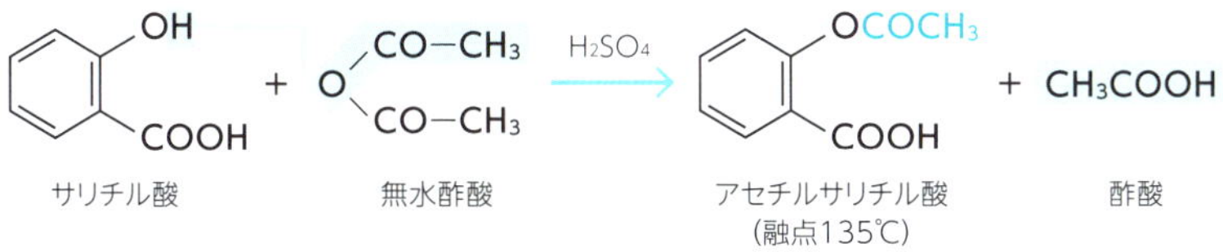

サリチル酸 ＋ 無水酢酸 $\xrightarrow{H_2SO_4}$ アセチルサリチル酸（融点135℃） ＋ CH_3COOH（酢酸）

当初はサリチル酸が解熱鎮痛剤として使われていた。サリチル酸という名称は「柳」の意味をもつラテン語の「salix」から来ている。柳の木の抽出物に解熱・鎮痛作用があることが古くから知られており、日本でも「歯痛には柳楊枝」といわれていた。しかし、サリチル酸は胃を荒らす作用があるので、ヒドロキシ基をアセチル化してこの副作用を防いだアセチルサリチル酸が現在では使われている。

図 119-5 ● サリチル酸メチルの製法

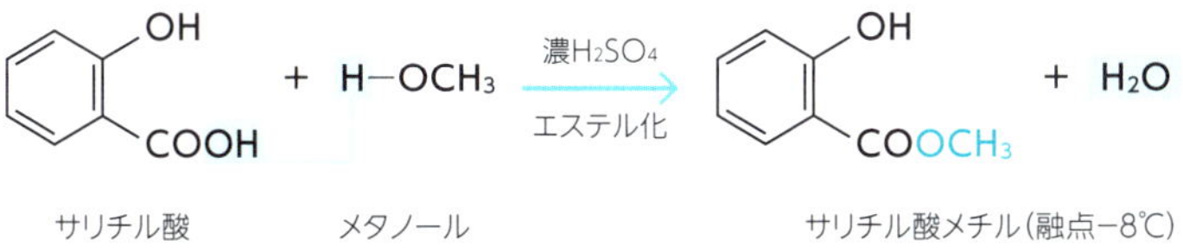

サリチル酸 ＋ H-OCH$_3$（メタノール） $\xrightarrow[エステル化]{濃H_2SO_4}$ サリチル酸メチル（融点−8℃） ＋ H_2O

サリチル酸もアセチルサリチル酸も室温で固体だが、サリチル酸メチルはカルボキシ基がメチル化されているので、融点が下がり室温では油状の液体になる。

混ざっている芳香族有機化合物を分けるには？

~ 芳香族化合物の分離 ~

ニトロベンゼンとアニリンの両方が溶けているジエチルエーテル溶液から、両者を分けるにはどうすればいいでしょうか？ 正解は、「分液ロートにジエチルエーテル溶液と塩酸を入れてよく振り混ぜる」です。なぜ塩酸に入れると混合物をニトロベンゼンとアニリンに分けることができるのでしょうか。分液ロートの仕組みとあわせて学びましょう。

図120−1を見てください。分液ロートというガラス器具に、ニトロベンゼンとアニリンの両方が溶けているジエチルエーテル溶液と塩酸を入れたところを表しています。これを図のようによく振り混ぜると、ニトロベンゼンは中性のためジエチルエーテルに溶けたままですが、アニリンは塩基性のため、塩酸にアニリン塩酸塩となって溶け込むため、ジエチルエーテル溶液から取り除かれます。これによって両者を分けることができます。

では、安息香酸とフェノールがジエチルエーテル中に溶け込んでいる場合は、どのようにしてそれぞれを分ければいいのでしょうか。両方酸性の安息香酸とフェノールを片方だけ水に溶かし込むために工夫することがポイントです。正解は「炭酸水素ナトリウム水溶液を使う」です。安息香酸とフェノールは同じ弱酸のくくりでもpHは大きく異なります。安息香酸は酢酸と同程度のpH3くらいですが、フェノールは酸性といってもその水溶液はpH6程度のとても弱い酸性（弱酸

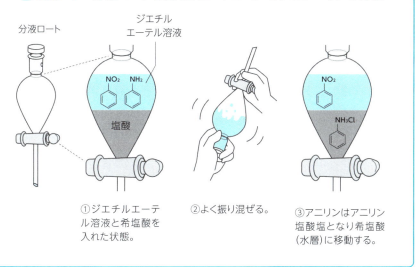

性というより微酸性といったほうが正確です）なのです。フェノールはNaOHという強塩基と反応してナトリウムフェノキシドの塩になりますが、NaHCO₃という弱塩基とは反応しません。しかし安息香酸は弱塩基のNaHCO₃とも反応して安息香酸ナトリウムという塩に

なるのです（図120 − 2）。この性質を使って安息香酸とフェノールを分けることができます。

最後にニトロベンゼン、アニリン、安息香酸、フェノールの4種類の芳香族化合物が溶け込んだジエチルエーテル溶液からそれぞれを分離する手順について確認しておきましょう（図120 − 3）。

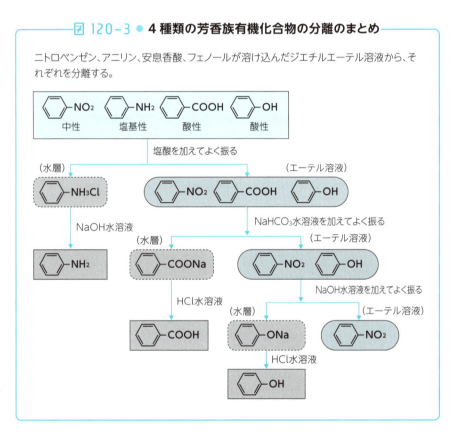

図 120-3 ● 4種類の芳香族有機化合物の分離のまとめ

基礎化学 | 理論化学 | 無機化学 | 有機化学 | **高分子化学**

第15章

天然高分子化合物

121 原子が無数につながった化合物

~ 高分子化合物とは ~

高分子化合物とは、「分子量が大きい化合物」のことで、分子量がだいたい10000以上の化合物のことを指します。炭素と水素だけからなる一番単純な有機化合物でも分子量が10000を超えるには、メタン→エタン→プロパン…と炭素原子が715個以上つながっていないといけません。つまり、高分子化合物とは原子がとてつもなくたくさんつながったものなのです。

【高分子化合物の分類】

高分子化合物は、タンパク質やデンプンなどの天然に存在する天然高分子化合物と、ポリエチレンやナイロンなどの人工的に作り出された合成高分子化合物の2種類に分けられます。また、合成されるときの反応の違いによって、付加重合とよばれる反応によってできているものと、縮合重合とよばれる反応によってできているものの2種類にさらに分けられます（表121－1）。

表 121-1 ● 有機高分子化合物

	天然高分子化合物	合成高分子化合物
付加重合	天然ゴム	ポリエチレン、ポリ塩化ビニル、合成ゴム
縮合重合	多糖類、タンパク質、セルロース、DNA	ポリエチレンテレフタレート、ナイロン

【高分子化合物の二通りのでき方】

　高分子化合物の原料となる低分子化合物をモノマー（単量体）、でき上がった高分子化合物をポリマー（重合体）といいます。「重合」とは、「化学反応が繰り返しおこる」という意味です。高分子化合物は、モノマーが重合してできる有機化合物なのです。

　重合の形式には二種類あり、一つは**二重結合をもつ化合物が付加反応を繰り返しおこす付加重合**（図121－1）です。もう一つは、**2つの官能基が反応して小さな分子が取れる縮合反応**（例：－COOHと－OHが反応して水分子がとれて、エステル結合ができる反応）を繰り返しおこす縮合重合（図121－2）です。二重結合をもつと付加重合（何も取れない）、何か取れると縮合重合と覚えましょう。

図 121-1 ● 付加重合の反応メカニズム

スタート！　Y-Y（Y：Y）→ Y・ ＋ ・Y

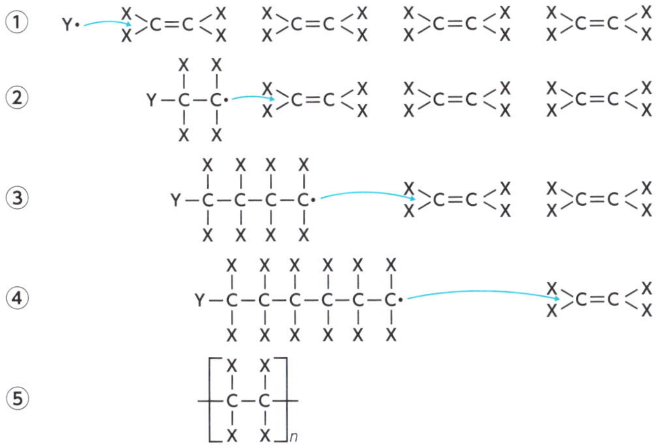

① Y・ ＋ X₂C=CX₂　X₂C=CX₂　X₂C=CX₂　X₂C=CX₂

② Y－CX₂－CX₂・　X₂C=CX₂　X₂C=CX₂　X₂C=CX₂

③ Y－CX₂－CX₂－CX₂－CX₂・　X₂C=CX₂　X₂C=CX₂

④ Y－CX₂－CX₂－CX₂－CX₂－CX₂－CX₂・　X₂C=CX₂

⑤ －[CX₂－CX₂]ₙ－

付加重合は、Y－Yという共有結合をしている分子がY・と・Yという共有結合がちょうど真ん中で切れる状態になることでスタートする。Y・は不対電子をもっている不安定な状態で、これをラジカルという（ラジカルとは英語でradicalと書き、「過激な」という意味がある）。ラジカルは不安定で、早く安定になろうとするので、近くの二重結合をもつ分子にくっつく（①）。くっつかれた分子は二重結合のうち1本が切れ、不対電子をもつラジカルになる（②）。このラジカルがまた近くの二重結合をもつ分子にくっついて…と反応は連鎖的に続き（③〜④）、最終的には分子がn個つながった高分子化合物ができ上がる（⑤）。このnのことを重合度という。

図 121-2 ● 縮合重合の反応メカニズム

$$CH_3COOH + HOC_2H_5 \longrightarrow CH_3COOC_2H_5 + H_2O$$
　酢酸　　　エタノール　　　　酢酸エチル

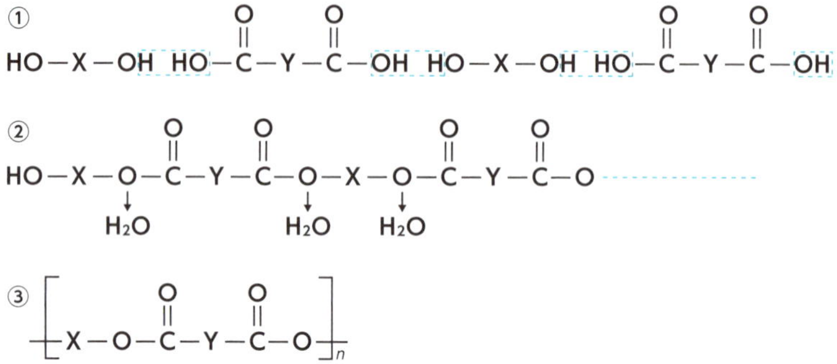

① HO−X−OH　HO−C(=O)−Y−C(=O)−OH　HO−X−OH　HO−C(=O)−Y−C(=O)−OH

② HO−X−O−C(=O)−Y−C(=O)−O−X−O−C(=O)−Y−C(=O)−O ‥‥
　　　　↓H₂O　　　　　↓H₂O　　↓H₂O

③ −[−X−O−C(=O)−Y−C(=O)−O−]ₙ−

縮合反応とは、アルコールの−OHとカルボン酸の−COOHが反応してエステル結合ができるときのように、小さな分子が取れるのが特徴。もし−OHと−COOHをそれぞれ2つずつもつ分子があれば、縮合反応を繰り返しておこすことができる（①〜②）。この反応形式を縮合重合といい、縮合重合でできた高分子化合物を③のように表す。ここでは−OHと−COOHの縮合重合を例にあげたが、−OH同士でも、−OHと−NH₂でも縮合重合をおこすことができる。

【高分子化合物の特徴】

1. モノマーがいくつ重合しているかを表す重合度 n にはばらつきがあり、**個々の高分子化合物の分子量にもばらつきがあるので平均分子量が用いられます。**

2. 低分子化合物の固体では結晶構造をもつために一定の融点を示しますが、高分子化合物は結晶部分と非結晶部分が入り混じっているので、**加熱すると明確な融点を示さずに、徐々に軟化します**（軟化しはじめる温度を軟化点といいます）。ガラスが軟らかい状態にして加工できるのも無機の高分子化合物だからです。低分子化合物だと、液体状態か固体状態かどちらかの状態しかとれません。

122 砂糖と一口に言っても色々な種類があります

〜 単糖類 〜

「炭水化物はダイエットの大敵」といいますが、生物が生きる上で必要なエネルギー源になるのが炭水化物、すなわち糖類です。単糖類と二糖類は高分子化合物ではありませんが、多糖類のもとになる糖ですので順番に見ていきましょう。

表 122 − 1 を見るとわかるように、グルコース、フルクトース、ガラクトースは、すべて同じ分子式 $C_6H_{12}O_6$ で表されますが、構造式を見ると図 122 − 1 のように異なります。構造式には炭素原子が 6 個あるので、どの炭素原子かわかるように、C＝O の構造に近いほうの末端の炭素原子を 1 位として、以下 2、3、……、6 位まで番号

表 122-1 ● 代表的な糖類

糖類は単糖類、単糖が2分子つながった二糖類、たくさんつながった多糖類に分類できる。

分類	名称	分子式	構成単糖
単糖類	グルコース（ブドウ糖） フルクトース（果糖） ガラクトース（脳糖）	$C_6H_{12}O_6$	
二糖類	マルトース（麦芽糖） スクロース（蔗糖） ラクトース（乳糖）	$C_{12}H_{22}O_{11}$	α-グルコース+グルコース α-グルコース+フルクトース α-グルコース+ガラクトース
多糖類	デンプン セルロース グリコーゲン	$(C_6H_{10}O_5)n$	α-グルコース β-グルコース α-グルコース

がついています。3種類の単糖の構造をよく見比べてみてください。グルコースとフルクトース、ガラクトースとフルクトースは構造異性体の関係ですが、グルコースとガラクトースの関係は、4位の炭素原子に結合したOHとHのつながり方が異なるだけ、つまり鏡像異性体の関係です。図122－1では単糖の構造式を直鎖状に描きましたが、例えばグルコースでは図122－2に示したように結晶ではα型の環状構造をとっています。そして水溶液中ではα型の環状構造が変化して鎖状構造、β型の環状構造と可逆的に変化して、最終的には一定の割合で混じり合った平衡状態になります。

フルクトースも、他の単糖類と同様水に溶け、複雑な平衡状態をとっています（図122－3）。40℃の水溶液中ではβ-フルクトフラノースが31％を占めていますが、水溶液の温度を下げていくと、このβ-フルクトフラノースの構造の割合が増えていき、0℃付近では70％を占めるようになります。じつはこの構造は、たくさんあるフルクトースの構造異性体の中で人間が一番甘みを感じる構造です。ス

図 122-1 ● 3種類の単糖の構造式

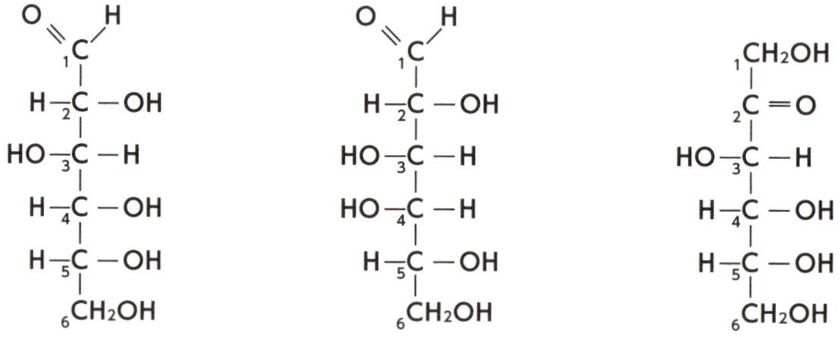

グルコース
別名ブドウ糖とよばれ、人間のエネルギー源の一つ。健康診断で測る血糖値は、血液中のグルコース濃度のこと。

ガラクトース
乳製品などに含まれるほか、体内でも作られる。乳児の成長段階、とりわけ脳の発達の際に必要とされるため、英語でbrain sugarともよばれ、それが脳糖という和名の由来となった。

フルクトース
果糖ともよばれ、果実などの甘味成分。天然に存在する糖としては最も甘い。

砂糖と一口に言っても色々な種類があります

イカやメロンは冷やしたほうが甘みを感じるのは、この甘みを感じる構造であるβ-フルクトフラノースの割合が増えるからなのです。

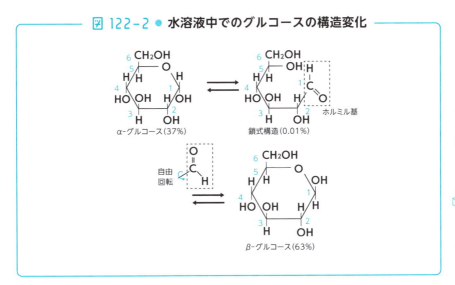
図 122-2 ● 水溶液中でのグルコースの構造変化

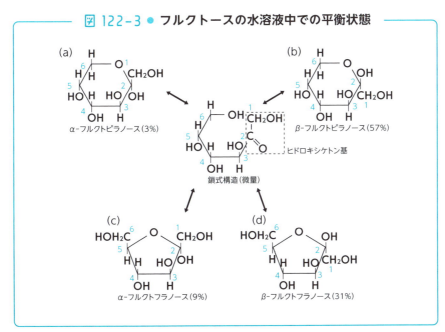
図 122-3 ● フルクトースの水溶液中での平衡状態

環状構造をもつα-グルコースとα-ガラクトースの構造を比べると、違いは4位の炭素原子に結合している−OH基が上か下かの違いだけです（図122-4）。しかし、3位から5位までの炭素原子についている−OHと−CH₂OHに注目すると、グルコースは上下交互になっていますが、ガラクトースはすべてが上向きについています。−Hに比べて−OHと−CH₂OHは大きさが大きいので、同じ向きについていると立体的に混み合ってお互いを邪魔してしまい、不安定になってしまいます。これを「ガラクトースはグルコースに比べて立体障害が大きい」という言い方をします。自然界ではグルコースのほうが幅広く存在していますが、それはガラクトースより立体障害が小さく、安定して存在できるからです。

単糖類は鎖状構造をとったときに、酸化されやすいホルミル基（グルコース、ガラクトース）やヒドロキシカルボニル基−COCH₂OH（フルクトース）の官能基が現れます。そのために<u>還元性を示すため、フェーリング反応や銀鏡反応（図107-2）に陽性になります</u>。

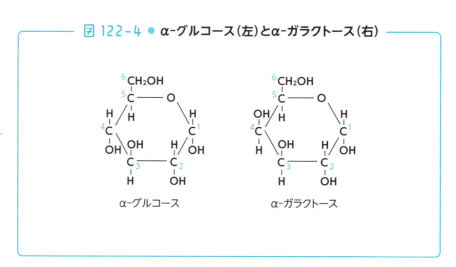

図122-4 ● α-グルコース（左）とα-ガラクトース（右）

123 料理に使う白砂糖は二糖類です

〜 二糖類 〜

　二糖類は、2分子の単糖が縮合して水分子が取れることででき上がります。単糖としてグルコース、フルクトース、ガラクトースの3つを学んだわけですから、できる二糖の可能性は3つから2つを選ぶ組み合わせで3×2で6通り、さらに2つの単糖それぞれに縮合できる−OHが5個ずつあるわけですから合計150通りもの可能性があります。ただ、実際に自然界に存在する二糖はごく限られています。マルトースとスクロースが超有名、ラクトースが有名、あとはトレハロースとセロビオースを知っていれば完璧です。

【マルトースとセロビオース】

　グルコース同士が縮合した二糖としてマルトースとセロビオースをとり上げます。図123−1を見てください。グルコースには−OHがたくさんありますが、縮合に使われるのは1位と4位の−OHです。ただし、1位の−OHはα-グルコースのときは下向き、β-グルコースのときは上向きと向きが異なるために、それぞれα型とβ型で結合した二糖もマルトースとセロビオースで異なるのです。マルトースの結合の仕方を炭素原子の番号をとってα-1,4グリコシド結合、セロビオースの結合の仕方をβ-1,4グリコシド結合といいます。

【スクロース】

　スクロースはショ糖ともよばれ、α-グルコースの1位の炭素原子とフルクトースの2位の炭素原子が酸素原子を介してつながったもので、サトウキビの茎やてんさいの根に多く含まれています。つまり

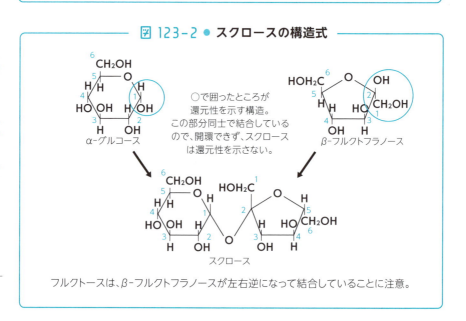

図 123-1 ● マルトース（左）とセロビオース（右）の構造式

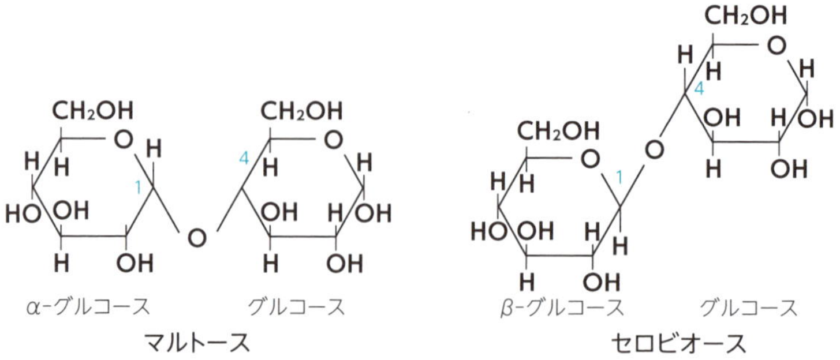

どちらも左側のグルコースは構造がα型とβ型にそれぞれ固定されているが、右側のグルコースは前節図122-2に示したように鎖状構造もとれるため、還元性を示す。

図 123-2 ● スクロースの構造式

フルクトースは、β-フルクトフラノースが左右逆になって結合していることに注意。

私たちが普段使う白砂糖はスクロースが主成分です。**スクロースはグルコースとフルクトースの還元性を示す構造のところで縮合しているために、還元性は示しません。**スクロースに酵素のスクラーゼを作用させるとグルコースとフルクトースに分解されて（転化糖といいます）、還元性を示すようになります。

【ラクトースとトレハロース】

ラクトースは乳糖という名の通り牛乳や母乳にたくさん含まれています。このラクトースを分解する酵素を十分にもっていない人は、牛乳を飲むと下痢をしてしまうため、あらかじめ乳糖を分解した牛乳も販売されています。

トレハロースはα-グルコース同士がα-1,1グリコシド結合した二糖です。還元性を示す部分同士で結合しているので、トレハロースは還元性を示しません。高い保水力をもつために、お餅や団子などの食品や化粧品に使われます。

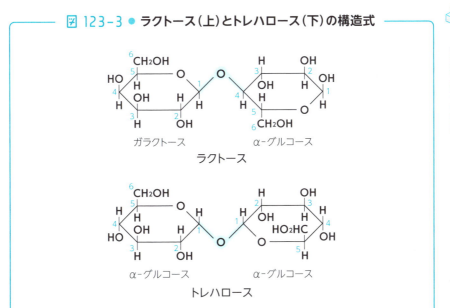

図123-3 ● ラクトース（上）とトレハロース（下）の構造式

124 デンプンも食物繊維もばらばらにすれば同じグルコースです

〜 多糖類 〜

多数の単糖類が縮合重合してできた多糖類としてデンプンとセルロース、グリコーゲンを紹介します。いずれも構成する単糖はグルコースですが、結合の仕方が異なります。多糖類は水に溶けにくく、甘味を示しません。また還元性を示さないということも大切な特徴です。

【デンプンとセルロース】

デンプンはグルコースが α-1,4 グリコシド結合でつながってできていて、セルロースは β-1,4 グリコシド結合でできています。人間をはじめとする哺乳類は、β-1,4 グリコシド結合を分解できないので、セルロースを栄養として利用できません。そのためセルロースを食べても、消化せずに排泄してしまいますが、消化管の壁を刺激して消化物がスムーズに腸内を運ばれるよう消化液の分泌を促進するので、腸内をきれいに保つ作用があります。**われわれが日常使う「食物繊維」はセルロースのことなのです。**ただし哺乳類の中でもウシなどの草食動物は、胃の中にセルロースを分解できる細菌を飼っているため、栄養源として利用することができるのです（図 124 − 1）。

【アミロースとアミロペクチン】

デンプンは**アミロース**と**アミロペクチン**の 2 種類に分類されます（図 124 − 2）。アミロースは α-1,4 グリコシド結合のみでつながった直鎖状の構造で、熱水に溶け、ヨウ素デンプン反応で青紫色になるという特

図 124-1 ● デンプンとセルロース

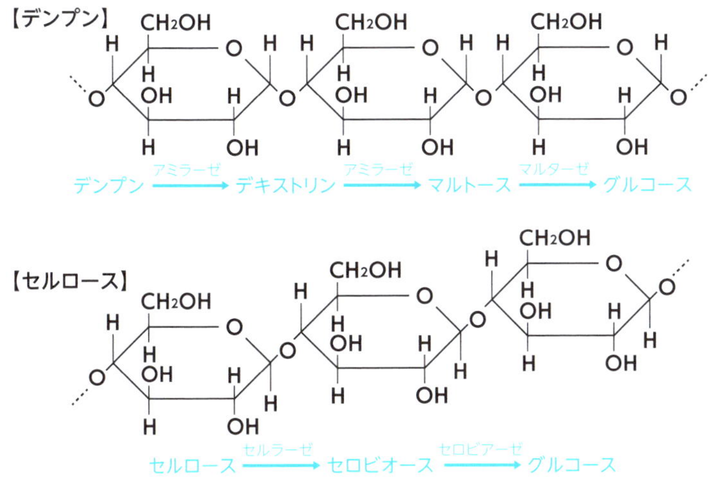

【デンプン】

デンプン →(アミラーゼ)→ デキストリン →(アミラーゼ)→ マルトース →(マルターゼ)→ グルコース

【セルロース】

セルロース →(セルラーゼ)→ セロビオース →(セロビアーゼ)→ グルコース

徴があります。

アミロペクチンは、α-1,4 グリコシド結合以外に、6 位の炭素原子と 1 位の炭素原子が酸素原子を介してつながったα-1,6 グリコシド結合により、枝分かれのある構造になっています。熱水に溶けず、ヨウ素デンプン反応で赤紫色になるという特徴があります。ふつうのお米（うるち米）に比べてもち米の粘り気が強いのは、ふつうのお米がアミロース 25％、アミロペクチン 75％の割合なのに対して、もち米は粘り気の強いアミロペクチン 100％からできているからです。

【アミロペクチンとグリコーゲン】

動物には、余分なグルコースを再びつなげて**グリコーゲン**というアミロペクチンに似た構造にして筋肉や肝臓に貯蔵するシステムがあります。グリコーゲンはアミロペクチンと構造は似ていますが、枝分かれがより多く、1 つ 1 つの枝は短く、分子量はアミロペクチンよりもはるかに大きいというところが違います（図 124 − 3）。動物の体は体積が限られており、なるべく小さい体積で高密度でエネルギーを

貯蔵するために、グリコーゲンはこのような構造をしていると考えられています（植物は実を大きくすればいいわけですから、高密度にエネルギーを貯蔵するという考え方は必要ないわけです）。グルコースの血中濃度が下がるとグリコーゲンはグルコースに分解され、上がるとグルコースがグリコーゲンに合成されて貯蔵されます。飢餓状態が訪れてもすぐには死なないのは、このグリコーゲンのおかげです。

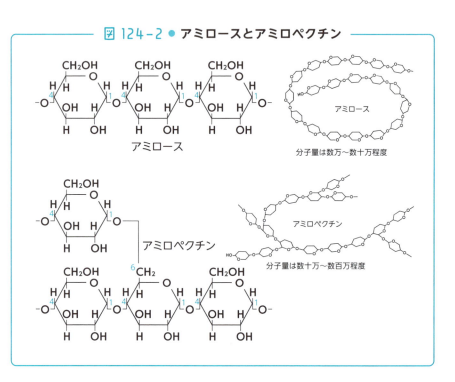

図 124-2 ● アミロースとアミロペクチン

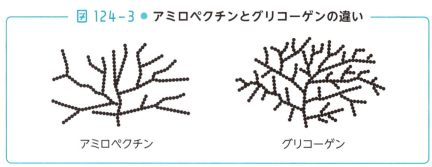

図 124-3 ● アミロペクチンとグリコーゲンの違い

我々の体は20種類ある アミノ酸からできています

~ アミノ酸 ~

アミノ酸とは、分子中にアミノ基（－NH₂）とカルボキシ基（－COOH）の2種の官能基をもった化合物のことです。特に、2つの官能基が同一の炭素原子に結合しているものをα‐アミノ酸といいます。

タンパク質はすべて、図125－1の側鎖Rの部分が異なる20種類のα‐アミノ酸からできています（プロリンだけは例外的に環状構造をとっています）。アミノ酸はグリシン以外には、中心の炭素原子に4つの異なる官能基がついているので、鏡像異性体があります。天然に存在するアミノ酸は、鏡像異性体のうち片方のL体しかありません。もう片方のD体は、タンパク質の材料としては使えないばかりか、自然界にはほとんど存在していないのです。鏡像異性体は物理的、化学的性質は同じですが、生理的作用は異なり、生物はきちんと鏡像異性体を区別しています。

【双性イオンと電気泳動】

アミノ酸には、塩基性を示すアミノ基－NH₂と、酸性を示すカルボキシ基－COOHがあるので、酸と塩基の両方の性質を示します。そのため、酸性の水溶液中では、まわりにH⁺がたくさんあるので、アミノ酸は陽イオンの状態で存在しています（図125－2（A））。逆に塩基性の水溶液中ではまわりにOH⁻がたくさんあるのでアミノ酸は陰イオンの状態で存在します（図125－2（C））。この（A）と

図 125-1 ● 20種類のα-アミノ酸

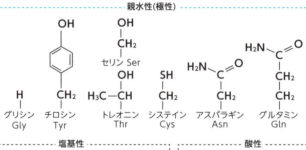

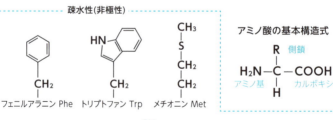

α-アミノ酸には基本構造式のRの部分が異なる20種類が存在する。20種類のアミノ酸は水に溶けやすい親水性アミノ酸と水に溶けにくい疎水性アミノ酸に分けられ、さらに親水性アミノ酸は中性アミノ酸、酸性アミノ酸、塩基性アミノ酸に分けられる。

◎ 生物は鏡像異性体をきちんと区別している！

証拠1：L-グルタミン酸のNa塩であるL-グルタミン酸ナトリウムは人間がうま味を感じるので、化学調味料として広く使われている。ところが、D-グルタミン酸ナトリウムは、口に入れてもうま味を感じないどころか苦味を感じる。うま味を感じる部位として、舌の表面に存在する味覚受容体細胞表面には、L-グルタミン酸のみが結合できて、D-グルタミン酸は結合できない。

証拠2：鏡像異性体の関係にあるグルコースとガラクトースでは、人間はグルコースのほうをより甘く感じる。

（C）の中間の状態、つまり、**アミノ酸全体の電荷が0となるpHの値を等電点といい、アミノ酸は陽イオン陰イオンの双方をもつ双性イオンの状態で存在します**（図125 - 2（B））。双性イオンとなる等電点のpHは、アミノ酸の種類によって異なります。等電点が酸性側にあるアミノ酸（アスパラギン酸：等電点pH 2.8、グルタミン酸 3.2）を酸性アミノ酸、等電点が塩基性側にあるアミノ酸（リシン 9.8、アルギニン 10.8、ヒスチジン 7.6）を塩基性アミノ酸とよび、他のアミノ酸と区別しています。等電点の違いを利用すると、アミノ酸を分離することができます（図125 - 3）。

図 125-2 ● アミノ酸のpHによる構造の変化

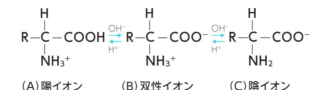

(A) 陽イオン　　(B) 双性イオン　　(C) 陰イオン

図 125-3 ● 電気泳動装置とニンヒドリン

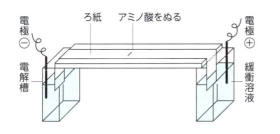

ニンヒドリン

アミノ酸の等電点の違いを利用すると、アミノ酸の混合物を分けることができる。例えばアスパラギン酸とリシンが混ざっている水溶液のpHを2.8に調整すると、アスパラギン酸は双性イオンになり、リシンは陽イオンになる。この水溶液に電極を指して電圧をかけると、アスパラギン酸は移動しないが、リシンは陰極に移動する。アミノ酸は無色なのにどうして移動したことがわかるのだろうか。それは、電気泳動後のろ紙を乾燥させて、ニンヒドリンの水溶液を吹きかけると、アミノ酸と反応して紫色に呈色するからである。これをニンヒドリン反応といい、アミノ酸やタンパク質の検出に利用される。

126 三大栄養素の一つがタンパク質です

～ タンパク質 ～

　1つのアミノ酸の−COOHと別のアミノ酸の−NH₂が脱水縮合して生じた結合をペプチド結合といい、ペプチド結合をもつ物質をペプチドといいます。2分子のアミノ酸の縮合でできたペプチドをジペプチド（図126−1）、3分子のアミノ酸ではトリペプチド、多数のアミノ酸が縮合重合してできたペプチドをポリペプチドといい、特に生命現象に密接な結びつきをもっているポリペプチドを区別してタンパク質とよんでいます。

　カタラーゼという体内の活性酸素を分解するタンパク質を例にして学習を進めましょう。カタラーゼは約500個のアミノ酸からなるタンパク質が4つ合体して、1つのタンパク質としてはたらきます。カタラーゼを構成するアミノ酸は−NH₂末端側からArg−Asp−Pro−…とつながっています。この<u>アミノ酸がどのような順番でつながっているかというアミノ酸配列のことを一次構造</u>といいます。

　このカタラーゼを細胞内ではたらく立体的な構造で描いたのが図126−2ですが、よく見るとらせんになっている部分と、平べったいシート状の部分が目立ちます。これはペプチド結合の−N−Hと−C=Oの間で水素結合が生じることによってできるらせん構造（α−ヘリックスといいます）をとっている部分と、ひだのように折れ曲がったシート状構造（β−シートといいます）の部分を表しているのです（図126−3）。この<u>α−ヘリックスとβ−シートをタンパク質</u>

の二次構造といいます。

さらにタンパク質はアミノ酸の側鎖の部分の官能基（−COOH、−NH$_2$、−SH、−OH）による水素結合や、2つのシステインの側鎖（−SH）同士によるジスルフィド結合（−S−S−）によって、三次元的に折りたたまれます。これを**タンパク質の三次構造**といいます。さらにカタラーゼの場合はこのタンパク質4つが合体してはたらきます。**この複合体をタンパク質の四次構造といいます**。数学では、一次元が点と線、二次元が面、三次元が立体なので、これと対応した名前になっています（四次構造は説明が難しいですが…）。

図 126-1 ● アミノ酸2分子がペプチド結合してできるジペプチド

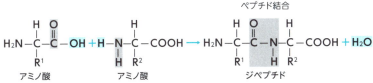

ペプチドはH$_2$N−を左側に書き、−COOHを右側に書く決まりがある。例えばグリシンとアラニンのジペプチドではグリシンとアラニンを略号で書いてGly-Ala、Ala-Glyの二通りがある。グリシンとアラニンとリシンのトリペプチドでは3×2×1=6通りがある。

図 126-2
ヒトのカタラーゼの構造

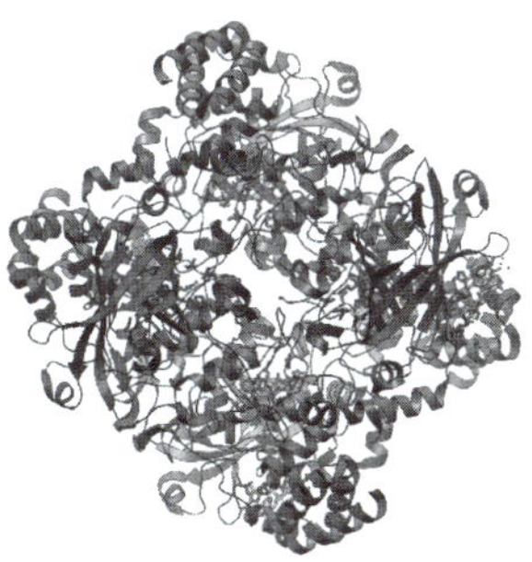

©Vossman

図 126-3 ● α-ヘリックス(右)とβ-シート(左)の構造

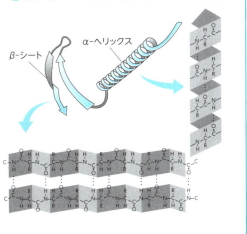

【タンパク質の分類】

表126-1を見てください。タンパク質はアミノ酸だけでできている**単純タンパク質**と、アミノ酸以外にも糖類、色素、リン酸、金属イオンなどが含まれる**複合タンパク質**に分けられます。カタラーゼには、アミノ酸以外にも Fe^{2+} とポルフィリンという有機化合物が含まれているので複合タンパク質です。さらに単純タンパク質はその形によって**球状タンパク質**と**繊維状タンパク質**に分類できます。

表126-1 ● タンパク質の分類

分類・名称			特徴・所在
単純タンパク質	球状タンパク質 親水基を外側に、疎水基を内側に向けているために水に溶けやすく、生命活動にかかわっているものが多い。	アルブミン	卵白や血清に含まれている。アルブミンが水に可溶で、グロブリンが不溶である。ヒトではアルブミンは主に肝臓で作られるので、この値が低い場合には、肝臓に異常がおきているか、アルブミンが腎臓や腸管から漏れ出している可能性がある。
		グロブリン	
	繊維状タンパク質 水に溶けにくいので、動物の体を構成するものが多い。	ケラチン	繊維状タンパク質は基本的に水には不溶性である（コラーゲンは高温で煮込むと水に溶解し、ゼラチンになる）。ケラチンは毛髪や爪、角などに含まれて動物体を保護する役割をする。コラーゲンは軟骨や腱、皮膚などに含まれて動物の各組織を結びつける役割をする。フィブロインは絹糸やクモの糸に含まれている。
		コラーゲン	
		フィブロイン	
複合タンパク質	糖タンパク質		ヒト赤血球の細胞膜には、タンパク質の末端に糖が結合している複合タンパク質が存在していて、その糖鎖の種類でABO型の血液型が決まっている。
	リンタンパク質		牛乳に含まれる乳タンパク質の約80％を占めるカゼインが代表例。カゼインのセリン残基の多くにリン酸が結合している。
	色素タンパク質		多くの動物の血液が赤いのはグロビンという名前のタンパク質とヘムという赤色の色素が結合したヘモグロビンという複合タンパク質のせいである。
	リポタンパク質		健康診断ではLDL、HDLの数値を測定してコレステロールの値としているが、厳密にはコレステロールとタンパク質が結合した複合タンパク質の状態である。

三大栄養素の一つがタンパク質です

【タンパク質の変性】

目玉焼きを想像してください。透明な卵の白身は熱を通すと不透明になります。元の状態に戻すことは不可能です。これがタンパク質の変性です。変性はタンパク質の二次構造や三次構造が壊れてしまうので（一次構造は通常壊れません）、タンパク質のもつ機能は失われてしまいます。変性は熱だけではなく強酸・強塩基、有機溶媒、重金属イオンなどによってもおこります。エタノール消毒はエタノールが細菌のタンパク質を変性させることを利用したものです。

【タンパク質の呈色反応】

◎ビウレット反応

タンパク質水溶液に NaOH 水溶液を加えて塩基性にしてから $CuSO_4$ 水溶液を加えると紫色に呈色する反応です。呈色にはペプチド結合が 2 つ必要なので、トリペプチド以上のペプチドで呈色し、アミノ酸やジペプチドでは呈色しません。これがアミノ酸のみでも呈色するニンヒドリン反応と異なるところです。

◎キサントプロテイン反応

タンパク質に芳香族アミノ酸（チロシン、フェニルアラニン、トリプトファン）が含まれるとき、水溶液に濃硝酸を加えて加熱すると黄色になり、さらに塩基性にすると橙色になる反応です。この反応は芳香族アミノ酸のベンゼン環がニトロ化されることによっておこります。

◎硫黄反応

タンパク質に硫黄を含むアミノ酸（システイン、メチオニン）が含まれるとき、水溶液に濃い NaOH 水溶液を加えて加熱してから酢酸鉛（Ⅱ）水溶液を加えると、PbS の黒色沈殿を生じる反応です。この反応は硫黄を含むアミノ酸が強塩基で分解されて生じた S^{2-} が Pb^{2+} と反応して沈殿することによっておこります。

127 触媒の有機化合物バージョンです

～ 酵素 ～

人間の体内ではデンプンはグルコースまで加水分解されて消化されますが、これを試験管内で行おうとすると希硫酸を加えてさらに加熱しないといけません。体内はほぼ中性で約37℃しかないのに容易に加水分解できるのは酵素というタンパク質でできた触媒がはたらくためなのです。

カタラーゼはすでに紹介しましたね。他にもたくさんある酵素のうち、有名なものを表127－1で紹介します。酵素の種類は無数にありますが、どの酵素にも共通する3つの重要な性質があるので押さえておきましょう。

表 127-1 ● さまざまな酵素

酵素名	基質	生成物	所在
アミラーゼ	デンプン	マルトース	だ液、すい液、麦芽
マルターゼ	マルトース	グルコース	だ液、すい液、腸液
スクラーゼ	スクロース	グルコース、フルクトース	腸液
セルラーゼ	セルロース	セロビオース	細菌類、菌類
ペプシン	タンパク質	ペプチド	胃液
トリプシン	タンパク質	ペプチド	すい液
ペプチダーゼ	ペプチド	アミノ酸	すい液、腸液
リパーゼ	油脂	脂肪酸、モノグリセリド	すい液

【基質特異性】

酵素はある決まった物質にしかはたらきません。酵素が作用する物質を基質といいます。例えばマルターゼはマルトースのみと反応し、スクロースとは反応しません。この性質を酵素の**基質特異性**といいます。この基質特異性は鍵（基質）と鍵穴（酵素）の関係に例えられます（図 127 − 1）。

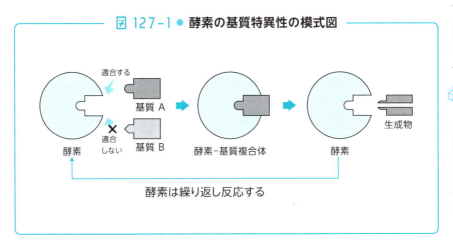

図 127-1 ● 酵素の基質特異性の模式図

【最適温度】

過酸化水素を水と酸素に分解する反応を例にして考えてみます。触媒として MnO_2 を使った場合は、反応温度は高ければ高いほど反応速度は速くなります。しかしカタラーゼを使った場合はどうでしょうか？ 図 127 − 2 のように最適温度である３７℃付近までは MnO_2 よりも効率的に過酸化水素を分解することができますが、最適温度を超えると急激にマルターゼの活性は失われます。これはタンパク質からできている酵素が変性してしまうことが原因です。一度変性した酵素は、元の温度にしてもはたらきは回復しません。

【最適 pH】

酵素はタンパク質でできているために、まわりの環境の pH の影響

を受けます。ほとんどの酵素は中性であるpH7付近に最適pHをもちますが、例外もあります。強酸性の胃液ではたらく酵素であるペプシンの最適pHは2付近ですし、すい臓から分泌されるすい液は胃液を中和するためにアルカリ性なので、含まれるトリプシンやリパーゼの最適pHは8付近です（図127 − 3）。

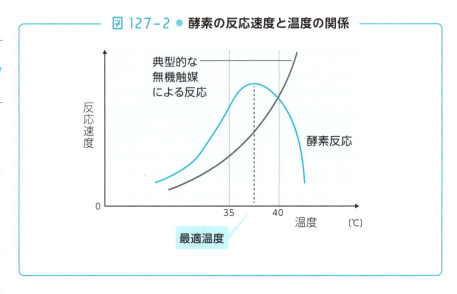

図 127−2 ● 酵素の反応速度と温度の関係

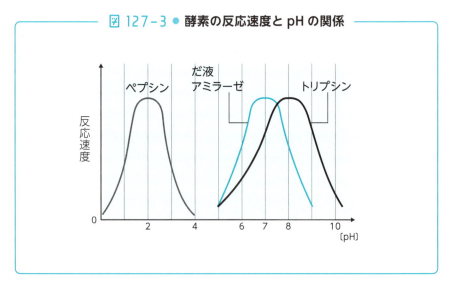

図 127−3 ● 酵素の反応速度とpHの関係

木綿、絹、羊毛…共通点は天然高分子化合物

~ 天然繊維 ~

　天然繊維には綿花から作られる木綿のようにセルロースからできているもの、カイコから作られる絹、羊の毛から作られる羊毛のようにタンパク質からできているものの2種類があります。特に絹糸は高級品でしたので、ナイロンが発明されるまではセルロースを絹糸に似せようとする技術がたくさん開発されました。その歴史を天然繊維の概要とあわせて紹介します。

【天然繊維（タンパク質）】

　動物性繊維、つまりタンパク質を主成分とする繊維で代表的なものは羊毛と絹です。羊毛の主成分はケラチンでシステインを多く含むため、他のタンパク質よりも硫黄を多く含みます。羊毛の表面にはクチクラ（キューティクル）といううろこ状の構造があって、繊維の内部を保護する構造になっています（図128－1）。これに対して絹はフィブロインというタンパク質がセリシンというタンパク質でくるまれた構造になっています（図128－2）。どちらも二重構造をとっていることが繊維として機能性をもつポイントです。

【セルロースを使った新しい繊維開発の歴史】

　木綿は綿花から作られますが、糸にできない綿花の種子のまわりの部分（コットンリンターといいます）や、紙の原料となるパルプのような短いセルロースも繊維として使用できないか、しかもどうせなら絹のような触感をもつ繊維ができないかということで、セルロースに

たくさんある−OH をニトロ基で化学修飾したニトロセルロースが最初に開発されました。しかし、これはとても燃えやすかったので、再生繊維と半合成繊維が開発されました。再生繊維はパルプを一度溶かして繊維として再生させたものでビスコースレーヨン、銅アンモニアレーヨン（キュプラ）とよばれ、半合成繊維はセルロースのもつ−OH にアセチル基（−COCH₃）を化学反応で結合させたものでアセテート繊維とよばれています。

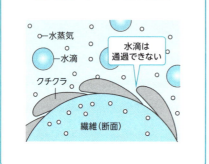

図 128-1 ● 羊毛の構造

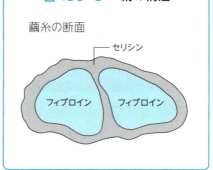

図 128-2 ● 絹の構造

図 128-3 ● 合成繊維の歴史

19世紀の中頃に、ヨーロッパでカイコの病気が広がって養蚕業が壊滅する（日本で明治のはじめに富岡製糸場が建設されたのはこれが理由）。
糸にできない短いセルロースを活用して何とか絹に近い触感の繊維ができないか？

⬇

1846年、シェーンバインがセルロースと濃硝酸と濃硫酸の混合物を反応させると、たくさんある−OHがニトロ化されて絹に近い触感をもつニトロセルロースになることを発見し、1855年フランスのイレール・ド・シャルドネが工業化した。

$$\{C_6H_7O_2(OH)_3\}_n + 3n\,HONO_2 \longrightarrow \{C_6H_7O_2(ONO_2)_3\}_n + 3n\,H_2O$$

しかし、ニトロセルロースはとても燃えやすいので、ニトロセルロースのドレスを着た女性が火だるまになってしまうなんてこともあった。逆にこの性質を活かして硫黄＋硝酸カリウム＋黒鉛の黒色火薬（煙がすごく出る）に代わる無煙火薬の原料

として使われている。また、ニトロセルロースの一部の−NO₂を加水分解して−OHに戻したものはセルロイドとして最近まで人形や卓球のピンポン玉に使われていた（でもやはり燃えやすいので、現在ではすべてポリプロピレン製に変わった）。

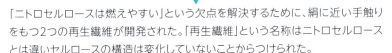

「ニトロセルロースは燃えやすい」という欠点を解決するために、絹に近い手触りをもつ2つの再生繊維が開発された。「再生繊維」という名称はニトロセルロースとは違いセルロースの構造は変化していないことからつけられた。

① ビスコースレーヨン：セルロースを濃いNaOH水溶液に浸してから二硫化炭素CS₂と反応させる。これをうすいNaOH水溶液に溶かすとビスコースとよばれる赤褐色のコロイド溶液になる。ビスコースを希硫酸中に押し出すとセルロースが再生される（1892年にクロス、ビバン、ビードルが発明）。これはビスコースレーヨンとよばれ、薄いフィルム状にも加工可能で、セロハン、セロテープに使われている。

② 銅アンモニアレーヨン（キュプラ）：CuSO₄を濃いアンモニア水に溶かして得られる深青色の水溶液にセルロースを溶解させる。これを希硫酸中に押し出すと、セルロースが再生される（1857年にドイツのシュヴァイツアーが発見。そのためこの深青色の水溶液はシュヴァイツアー試薬ともいう。1899年にグラントシュトッフ社が工業化）。現在でもスーツの裏地などに使われている。

どちらも水に弱いため、セルロースを化学的に処理し−OHの一部をアセチル化したアセテート繊維が開発された（1923年にイギリスのセラニーズ社が工業化）。アセテート繊維は天然のセルロースを原料として−OHの一部を化学変化させるので半合成繊維という。

1：セルロースを無水酢酸と反応させ、−OHがすべてアセチル化されたトリアセチルセルロースにする。

2：トリアセチルセルロースの一部のエステル結合を加水分解してジアセチルセルロースにすると、アセトンに溶けるようになる。

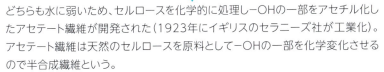

3：この溶液を空気中に押し出して乾燥させると、アセテート繊維が得られる。

1935年になって構造も性質も絹に近い合成繊維のナイロンをアメリカのカロザースが発明した。

「化学」と「生物」の すみ分けができています

～ 核酸 ～

みなさんは DNA という言葉を聞いたことがあると思います。ちょっと生物に詳しい人は RNA という言葉も聞いたことがあるのではないでしょうか。DNA と RNA の 2 種類の高分子化合物をあわせて核酸とよびます。DNA は生物の遺伝情報の保存、RNA は遺伝情報の発現に大切な役割を果たしていますが、ここでは DNA と RNA の構造についてのみ解説します。詳しい内容は生物で学習するというすみ分けができています。

【DNA と RNA の構造】

核酸には DNA と RNA の二種類がありますが、構造の違いはごくわずかです。図 129 − 1 の糖の一部が−H なのが DNA、−OH なのが RNA です。遺伝情報の保存に生物は RNA ではなく DNA を選択

図 129-1 ● DNA（デオキシリボ核酸）とRNA（リボ核酸）の構成単位

糖部分の3位の−OHとリン酸部分の−OHの間で縮合重合して鎖状の高分子化合物を構成する。

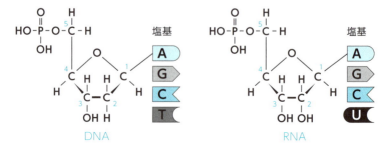

しているのは、−OH の RNA は親水性が高いために酵素によって分解されやすく、保存性が低いことが原因です。もちろんこれは RNA が悪いということではなく、RNA は遺伝情報を発現するために合成されたらすぐに分解できるというメリットになるのです。

【核酸を構成する塩基】

DNA、RNA を構成する塩基にはそれぞれ 4 種類ずつあり、そのうちアデニン（A）、シトシン（C）、グアニン（G）の 3 種類は共通ですが、残りの 1 種類が異なり DNA はチミン（T）、RNA はウラシル（U）です（図 129 − 2）。

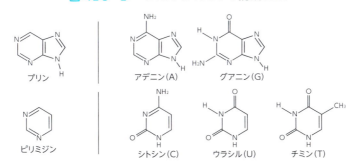

図 129-2 ● DNA と RNA の構成塩基

なぜRNAはチミンではなく、ウラシルを使っているのか。
理由① UはTに比べて−CH₃がない分だけ少ないエネルギーで合成できる。RNAはすぐに分解、再生産されるのでなるべく少ないエネルギーで作りたい。
理由② CとUは構造がよく似ている。DNAでは、CがUに変化する反応は高頻度におきている。DNAはUを構成塩基として使用していないために、この変化を随時認識してCに修復することができる。

【DNA の構造】

DNA は二重らせん構造をとっていますが、これは A と T、G と C が図 129 − 3 のように水素結合をしているためです。DNA はこの二重らせん構造で細胞の核内に存在して遺伝情報の保存を担っていますが、RNA は 1 本鎖の状態で存在し、遺伝情報をもとにタンパク質を合成するはたらきがあります。

図 129-3 ● DNA の二重らせんと塩基間の水素結合

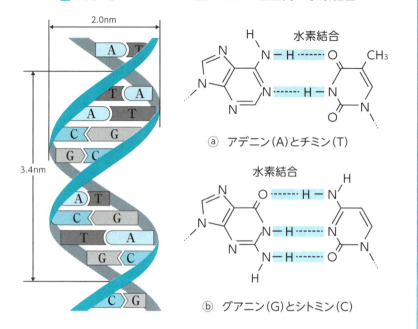

ⓐ アデニン(A)とチミン(T)

ⓑ グアニン(G)とシトシン(C)

| 基礎化学 | 理論化学 | 無機化学 | 有機化学 | 高分子化学 |

第16章

合成高分子化合物

130 養蚕業に大ダメージをもたらした原因です

~ 縮合重合によってできる合成繊維 ~

1935年、アメリカのカロザースがペプチド結合と同じ構造をもつナイロンを人工的に作ることに成功しました。ついに絹にそっくりの繊維を人工的に作り出すことに成功したのです。これをきっかけにして、合成繊維は一大産業へと発展します。

【アミド結合をもつ合成繊維　ポリアミド】

カロザースが発明したナイロンは図130−1の反応で得られます。−NH−CO−の結合はアミド結合といいます。タンパク質がもつペプチド結合と同じものですが、通常はアミド結合といい、アミノ酸同士が結合するときは特別にペプチド結合というのです。その後、ε-カプロラクタムから開環重合で合合成されるナイロンが開発されました（2種類の原料を混ぜるよりも、1種類の原料から製造したほうが簡単ですね！）。両者を区別するために、反応物の炭素の数を入れて前者をナイロン66、後者をナイロン6といいます。

同じメカニズムでできるポリアミドで、単量体がベンゼン環をもつときはアラミド繊維といいます。アラミド繊維はベンゼン環が規則正しく平行に並んでいて、高い強度をもち耐熱性にも優れるために、防弾チョッキや消防服などに用いられています。

【エステル結合をもつ合成繊維　ポリエステル】

エステル結合によってできた高分子化合物をポリエステルといいま

す。ポリエステルとしてはポリエチレンテレフタレートを1つ覚えておけば大丈夫です。ペットボトルとしても幅広く使われています。ポリエステル繊維とペットボトルは形が違うだけなので、使用済みペットボトルは細かく砕いてフレーク状にしてから、高温で融かしてポリエステル繊維にしてリサイクルしています。

図 130-1

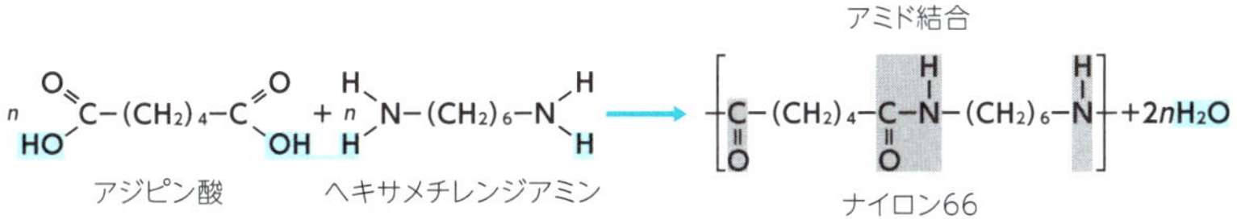

縮合重合によるナイロン66の合成

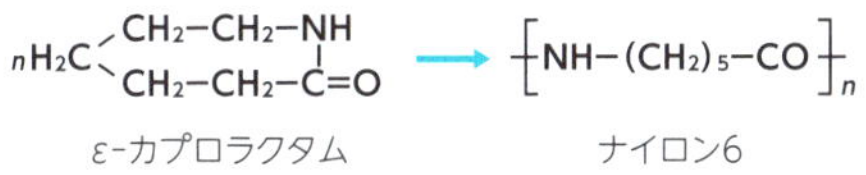

開環重合によるナイロン6の合成

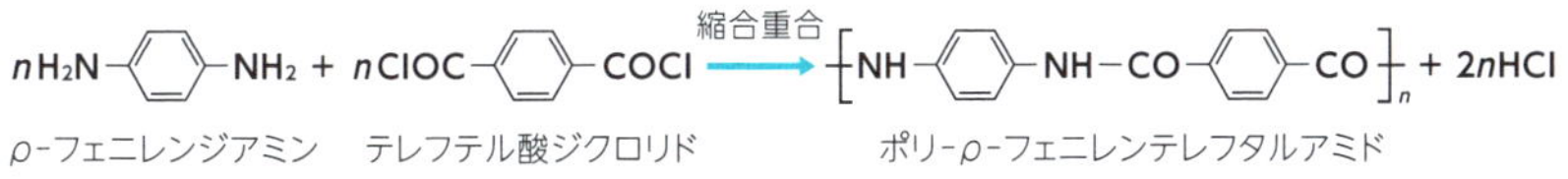

縮合重合によるアラミド繊維の合成

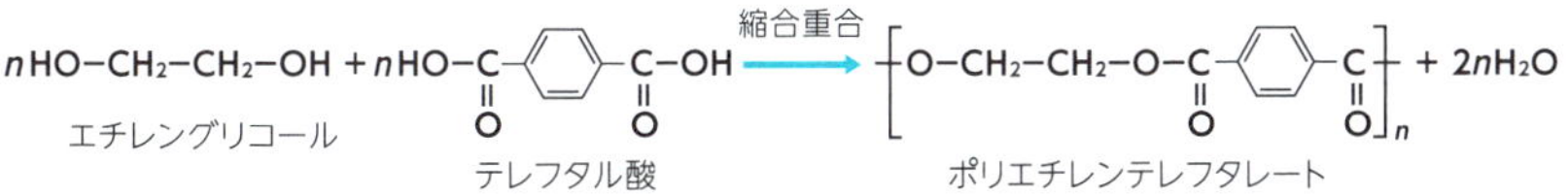

縮合重合によるポリエチレンテレフタレートの合成

131 ビニロンは日本で発明された合成繊維です

〜 付加重合によってできる合成繊維 〜

付加重合によってできる合成繊維はアクリル繊維とビニロンがあります。ビニロンは日本で初めて開発された合成繊維として有名ですが、作り方はかなり複雑です。なぜ複雑なのか、化学の視点で説明できるので見ていきましょう。

【アクリル繊維】

アクリロニトリルというエチレンの1つのH原子が−CNに変わった物質があります。構造は少し変わっただけなのに、名前は全く変わってしまっていますね。−CNのことをシアノ基、またはニトリル基といいます。また、エチレンの1つのH原子が−COOHに変わった物質をアクリル酸というので、そこからアクリロニトリルという名前が来たのです。このアクリロニトリルを付加重合させると、ポリアクリロニトリルが生成します（図131 − 1）。アクリル繊維はこのポリアクリロニトリルを主成分としています。アクリル繊維は合成繊維の中で最も羊毛に近い性質をもつので、セーターや毛布などに用いられます。

【ビニロン】

1939年、日本の桜田一郎が発明した国産初の合成繊維です。−OHをたくさんもつので、セルロースからなる木綿に似た性質をもちます。ビニロンの合成法を図131 − 2に示しました。なんだかやたら複雑です。ポリビニルアルコールを作るなら、ビニルアルコールを付加重合させればいいじゃない、と思うかもしれませんね。しかし

ビニルアルコールを作ろうとして、アセチレンに H_2O を付加させても、ビニルアルコールの構造異性体のアセトアルデヒドしかできないのでした（図103 − 5）。そこでまずアセチレンに酢酸を付加させて酢酸ビニルを作り、この酢酸ビニルを付加重合させてポリ酢酸ビニルにしてから NaOH でけん化してポリビニルアルコールにします（図131 − 2 上）。ポリビニルアルコールは水に溶けやすいので、ホルムアルデヒド水溶液と反応させると（アセタール化）、丈夫な繊維ができます（図131 − 2 下）。これがビニロンです。ビニロンには多数の−OH が残って水素結合をするため、吸湿性をもちながら高い強度があります。そのため、漁網、ロープなどに用いられます。

図 131-1 ● 付加重合によるポリアクリロニトリルの合成

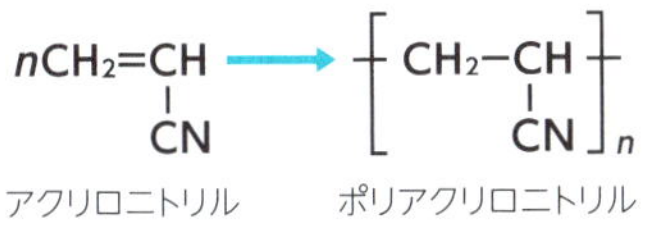

$$n\text{CH}_2=\text{CH}-\text{CN} \longrightarrow [\text{CH}_2-\text{CH}(\text{CN})]_n$$

アクリロニトリル　　ポリアクリロニトリル

2006年に東レという日本の企業が、ボーイング社に旅客機の機体として利用する炭素繊維を長期供給する契約を締結したことを発表して話題になった。従来の機体は金属が主体だったが、機体の約50％に炭素繊維を利用することで、強度を維持したまま重量を20％削減することができたのである。なぜこの炭素繊維の話をここでしたのかというと、東レが製造している炭素繊維はアクリル繊維を原料としてできているから。アクリル繊維を高温で加熱し、いわゆる蒸し焼きにして炭化することで炭素繊維は製造されている。

図 131-2

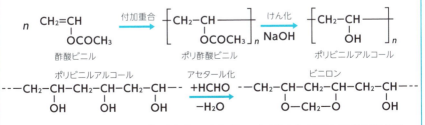

酢酸ビニルを付加重合させてポリ酢酸ビニルを合成し、これをけん化することでポリビニルアルコールを製造する(上)。ポリビニルアルコールをアセタール化してビニロンを製造する(下)。

132 これなしではもう生活できません

～ 熱可塑性樹脂 ～

我々のまわりにはプラスチック製品があふれています。プラスチックを和訳すると樹脂になりますが、石油から人工的に作っているのに樹の脂（あぶら）なんて変ですね。実はプラスチックが広まるまでは、樹脂は文字通り樹の脂を固めたもの、例えば琥珀などを指していました。今では天然の樹脂は集めるのも固めるのも手間がかかるのでほとんど見られなくなり、代わりに人工的に合成されたプラスチックがあふれていますが、一言でプラスチックといっても様々な種類があります。

合成樹脂は熱に対する性質の違いから二種類に分類できます。加熱すると軟化し、冷却すると再び硬化する熱可塑性樹脂と、加熱すると硬化し、再び成形・加工ができない熱硬化性樹脂です。熱可塑性樹脂は鎖状構造をもち、熱硬化性樹脂は立体的な網目状構造をもつのが特徴です。

【熱可塑性樹脂】

熱可塑性樹脂は、付加重合で得られるものと、縮合重合で得られるものの二種類に分けられます。付加重合で得られるもののうち、一番単純ですが一番幅広く使われているものがポリエチレンです（図132-1）。ポリエチレンは重合の方法によって高密度ポリエチレンと低密度ポリエチレンに分けられます（表132-1）。他にもXの部分を変えることで性質が変わり、様々な用途に使

図 132-1 ● 付加重合による樹脂の生成

XがHのときがポリエチレン。

用されています（表132－2）。

　ナイロンやポリエチレンテレフタレートなどは有名な合成繊維ですが、これを溶かしたものを紡糸しないでそのまま固めれば樹脂にもなります。ペットボトルの PET は <u>P</u>ol<u>ye</u>thylene <u>t</u>erephthalate の略からきているのです。

表 132-1 ● 高密度ポリエチレンと低密度ポリエチレンの違い
High Density PolyEthylene (HDPE)　　Low Density PolyEthylene (LDPE)

高密度ポリエチレン(略称HDPE)	低密度ポリエチレン(略称LDPE)
・低圧、低温で重合 ・枝分かれが少なく、結晶部分が多い ・半透明で硬いため容器に用いられる	・高圧、高温で重合 ・枝分かれが多く、結晶部分が少ない ・透明で軟らかいためポリ袋に用いられる

表 132-2 ● 熱可塑性樹脂の構造と用途

樹脂名	構造式	単量体	用途の例
ポリスチレン	$-[CH_2-CH(C_6H_5)]_n-$	スチレン $CH_2=CH(C_6H_5)$	発泡スチロールはガスを含んだ1mm程度のポリスチレンビーズに高温の蒸気を当てると、軟らかくなると同時にガスが膨張して発泡することで作られる。
ポリ塩化ビニル	$-[CH_2-CHCl]_n-$	塩化ビニル $CH_2=CHCl$	酸やアルカリにも強く、燃えにくいという性質があるので、水道のパイプ、消しゴムなどに使われている。
ポリプロピレン	$-[CH_2-CH(CH_3)]_n-$	プロピレン $CH_2=CH(CH_3)$	ポリエチレンに比べて透明性が高く、耐熱性に優れている。洗面器などのいわゆるプラスチック製品はポリプロピレン製。
ポリ酢酸ビニル	$-[CH_2-CH(OCOCH_3)]_n-$	酢酸ビニル $CH_2=CH(OCOCH_3)$	木工用ボンドには酢酸ビニルが含まれていて重合が進むにつれて接着力も強くなる。ポリ酢酸ビニルはチューインガムのガムベースとしても使われている。
ポリメタクリル酸メチル	$-[CH_2-C(CH_3)(COOCH_3)]_n-$	メタクリル酸メチル $CH_2=C(CH_3)(COOCH_3)$	透明性が非常に高くて丈夫なので、水族館の水槽や光ファイバーなどに使われている。
ポリエチレンテレフタレート(PET) $-[CO-C_6H_4-CO-O-(CH_2)_2-O]_n-$		テレフタル酸 $HOOC-C_6H_4-COOH$ エチレングリコール $HO(CH_2)_2OH$	融解したものを細い穴から押し出せば繊維、そのまま固めれば樹脂となる。

133 世界初の合成樹脂は熱硬化性樹脂でした

〜 熱硬化性樹脂 〜

熱硬化性樹脂は加熱しても軟らかくならないので、成形して求める形にするのは重合度が低く軟らかいうちに行ないます。その後、硬化剤を加えて加熱すると分子間に架橋構造が生じて立体網目構造が発達し、硬化します。原料は〜樹脂という名前の〜の部分の物質＋ホルムアルデヒドが基本です。

【フェノール樹脂（ベークライト）】

1907年にアメリカのベークランドが発明した世界初の合成樹脂です。フェノール樹脂というからにはフェノールが使われるのですが、もう一つの材料はホルムアルデヒドです。合成の過程では、まずフェノールにホルムアルデヒドが結合する付加反応がおこります（図133－1上）。続いてできた分子と別のフェノールから水が取れる縮合反応がおこります（図133－1下）。この2つの反応が繰り返されて重合が進みます。この重合形式を付加縮合といいます。フェノー

図133-1 ● フェノール樹脂を合成する際にはじめにおきている反応

図 133-2 ● フェノール樹脂の合成

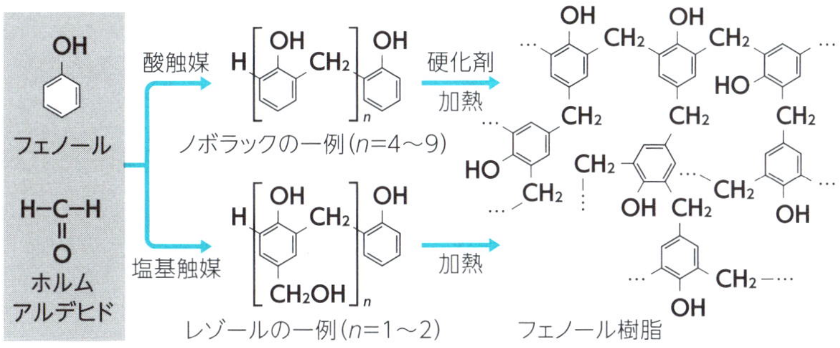

塩基触媒を使うと、硬化剤は不要で加熱するだけで重合が進む。

ル樹脂の合成法には使う触媒の種類で二通りの異なる方法があります（図133-2）。フェノール樹脂は電気絶縁性に優れているため、電気製品の部品やプリント配線用の基板に使われています。

その他の有名な熱硬化性樹脂を紹介します（表133-1）。

【尿素樹脂】

尿素樹脂は尿素とホルムアルデヒドを付加縮合させて作られます。フェノール樹脂同様電気絶縁性に優れているので、電気器具やボタン、麻雀牌などに使われています。

【メラミン樹脂】

メラミン樹脂はメラミンとホルムアルデヒドを付加縮合させて作られます。尿素樹脂よりも硬くて丈夫なので、食器や化粧板などに利用されます。

【アルキド樹脂】

アルキド樹脂はアルキド＋ホルムアルデヒドではなく、多価カルボン酸と多価アルコールとの反応で得られます。アルキドという名前は

alcohol（アルコール）＋ acid（酸）から来たといわれています。エステル結合が立体的な網目状構造になっている樹脂で、主に色素と油脂と混ぜて塗料として使われます。

── 表 133-1 ● 様々な熱硬化性樹脂　立体網目状構造をとるのが特徴 ──

樹脂	合成の反応式	用途

尿素樹脂（ユリア樹脂）

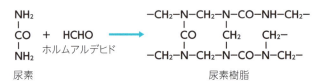

ボタン

メラミン樹脂

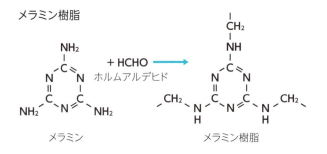

食器

アルキド樹脂の例

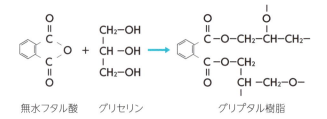

油絵の具

世界初の合成樹脂は熱硬化性樹脂でした

134 ゴムは化学の視点で見るとどんな分子構造をもっている？

~ 天然ゴムと合成ゴム ~

　タンパク質、多糖、核酸、これらはすべて水分子が取れる縮合重合でできていました。しかし、ゴムの木から製造される天然ゴムは付加重合でできています。ここが大きく異なる点です。この節では、天然ゴムの作り方と構造、そして合成ゴムとの比較について説明していきます。

　ゴムを作るには、まずゴムの木の幹に傷をつけると出てくるラテックスとよばれる白い樹液を集めます。これに酸を入れて凝固させ、生じた沈殿を水洗いした後に乾燥させると、板状の天然ゴムの固体が得られます。このままでは柔らかすぎるので、よく練ってから硫黄を加え（これを加硫といいます）、さらに黒鉛の微粉末であるカーボンブラックを加えて適度な硬さにして使われます。みなさんがイメージする車のタイヤは黒い色をしていますが、これはカーボンブラックの色で、何も加えない天然ゴムは茶色をしています。加硫とカーボンブラックを加える手法が発明されるまでのゴムは低温ではカチコチ、高温ではベトベトになってしまうため、コートに防水用として塗るくらいしか用途がありませんでした。

　天然ゴムはどのような構造をもつ高分子化合物かというと、炭化水素の一種であるイソプレンのモノマーが付加重合した構造になっています。イソプレンは二重結合を2つもちますが、ゴムの木の内部では、イソプレンの両端にある二重結合が同時に反応し、両端に2つあっ

た二重結合が中心に移動するという付加重合がおきます（図134－1）。このときできた生成物であるポリイソプレンには、二重結合がポリマーの主鎖に含まれており、さらにシス型とトランス型が存在します。天然ゴムは、ほとんどすべてがシス型のポリイソプレンでできています。シス型は、分子の鎖が折れ曲がった構造をしているので、不規則な形をとりやすく、すき間が多くなるのです。これがゴムが伸び縮みできる秘密です（図134－1）。

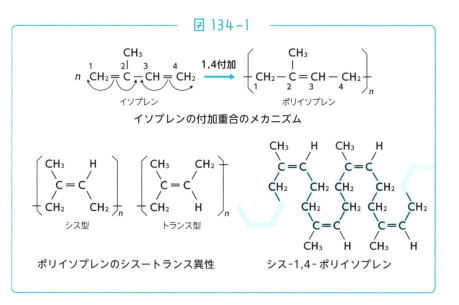

【合成ゴム】

ゴムの木は熱帯でしか育たないために、人工的に合成する合成ゴムが様々な種類開発されています（表134－1）。どの合成ゴムも天然ゴムにはない特徴をもっていますが、ゴムの特徴である弾性という点では天然ゴムが一番優れています。そのため天然ゴムにも根強い需要があり、例えばタイヤでは天然ゴム、ブタジエンゴム、スチレン－ブタジエンゴムがタイヤの接地面や側面など場所ごとの用途に応じて配合比を変えて用いられています。

表 134-1 ● 合成ゴムの種類と性質、用途

名称と構造式	単量体	性質	用途
イソプレンゴム(IR) $+CH_2-C(CH_3)=CH-CH_2+_n$	イソプレン $CH_2=C(CH_3)-CH=CH_2$	耐摩耗性 高強度	タイヤ
ブタジエンゴム(BR) $+CH_2-CH=CH-CH_2+_n$	1,3-ブタジエン $CH_2=CH-CH=CH_2$	高反発弾性 耐摩耗性 耐寒性	合成ゴムなどの接着剤
クロロプレンゴム(CR) $+CH_2-C(Cl)=CH-CH_2+_n$	クロロプレン $CH_2=C(Cl)-CH=CH_2$	耐久性 耐熱性 難燃性	機械ベルト 機械部品 ホース
スチレンブタジエンゴム(SBR) …–$CH_2-CH=CH-CH_2-CH(C_6H_5)$–…	1,3-ブタジエン $CH_2=CH-CH=CH_2$ スチレン $CH_2=CH(C_6H_5)$	耐久性 耐熱性 耐摩耗性	タイヤ 靴底
ブチルゴム(IIR) –$CH_2-C(CH_3)=CH-CH_2-CH_2-C(CH_3)_2$–	2-メチルプロペン $CH_2=C(CH_3)_2$ イソプレン $CH_2=C(CH_3)-CH=CH_2$	低反発弾性 耐熱性 電気絶縁性	タイヤチューブ 電線被覆材
シリコーンゴム …–O–Si(CH_2…)(CH_3)–O–Si(CH_3)–O–Si(CH_3)(CH_2…)–O–…	ジクロロジメチルシラン $CH_3-SiCl_2-CH_3$ 水 H_2O	耐久性 耐薬品性 耐熱性	理化学器具 医療器具

135

高分子化合物は素材として活躍するだけではありません

～機能性高分子～

合成高分子化合物には、特定の機能をもたせたもの（機能性高分子といいます）があります。この節ではイオン交換樹脂と、高吸水性樹脂、生分解性高分子をとり上げます。

【イオン交換樹脂】

食塩水（NaCl）を純水にするにはどうすればいいでしょうか。加熱して水を蒸発させて、その水蒸気を集めればいいのですが、めんどくさいですね。イオン交換樹脂を使うと簡単に純水になります。その秘密を見ていきましょう。

イオン交換樹脂はポリスチレンを作る際に、少量の p-ジビニルベンゼンを加えておき、立体網目構造の高分子として重合します。その後、ベンゼン環の－H の代わりに－SO_3H などの酸性の官能基を導入すると陽イオン交換樹脂になり、トリメチルアンモニウム基などの塩基性の官能基を導入すると陰イオン交換樹脂になります（図 135－1）。イオン交換樹脂は直径数 mm の球形ビーズ状なので、筒に陽イオン交換樹脂と陰イオン交換樹脂を詰めて、そこに NaCl 水溶液を流せば Na^+ は H^+ に、Cl^- は OH^- に交換されて出てくるのは純水になります（図 135－2）。この出てきた純水をイオン交換水といいます。

【高吸水性樹脂】

紙おむつには、水を吸い込んで膨らみ、外には出さない吸水性高分

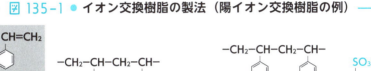

図 135-1 ● イオン交換樹脂の製法（陽イオン交換樹脂の例）

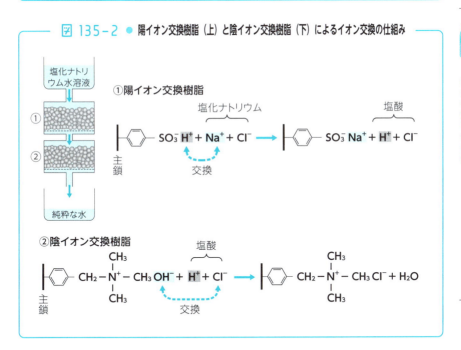

図 135-2 ● 陽イオン交換樹脂（上）と陰イオン交換樹脂（下）によるイオン交換の仕組み

子の粉末が入っています。この吸水性高分子は、アクリル酸ナトリウム $CH_2=CH-COONa$ と、少量の架橋剤を混ぜて付加重合させ、乾燥後粉砕して粉末にしたものです。1.0gの粉末で約1Lの水を吸い込むことができるため（図135-3）、紙おむつや生理用品などに幅広く使用されています。

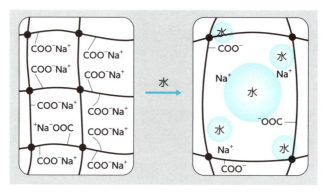

図 135-3 ● 吸水性高分子の吸水メカニズム

乾燥時の吸水性高分子は、−COONaの形で存在している（左）。水が入ってくると−COO⁻とNa⁺に電離して、−COO⁻のマイナス同士で反発し、立体構造の網目が広がってすき間の多い構造になる。このすき間にさらに水をため込むことができるため、高分子はさらにどんどん広がる。水は、立体網目構造に完全に閉じ込められているので、力が加わっても出てくることはない。

【生分解性高分子】

合成高分子は安定であることが特徴ですが、廃棄されると自然界では分解されにくいという弱点があります。そこでデンプンの発酵によって乳酸を作り、これを重合させて得られるポリ乳酸が開発されました（図135−4左）。ポリ乳酸などの合成樹脂は生分解性樹脂といい、容器や釣り糸などに用いられています。また、グリコリドを開環重合して得られるポリグリコール酸（図135−4右）は生体内で分解・吸収され、抜糸の必要がないというメリットから外科手術用の縫合糸として用いられています。

図 135-4 ● 生分解性高分子の合成

$n\text{CH}_3\text{CH(OH)COOH} \longrightarrow$ ―[O−CH−CO]ₙ― $+ n\text{H}_2\text{O}$
　　　　　　　　　　　　　　　　　　　　CH₃
乳酸　　　　　　　　　　　　　　　ポリ乳酸

グリコリド　→（開環重合）→　ポリグリコール酸

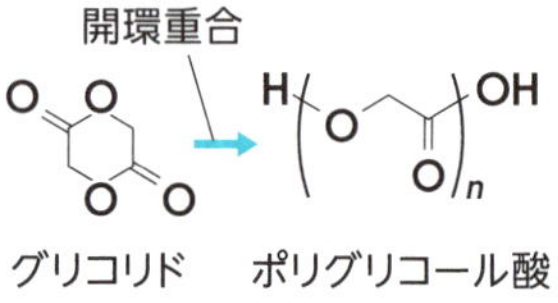

参 考 文 献

竹田淳一郎（2013）『大人のための高校化学復習帳』講談社ブルーバックス
齋藤烈 他『化学基礎』、『化学』啓林館
竹内敬人 他『改訂 化学基礎』、『化学』東京書籍
山内薫 他『化学基礎』、『化学』第一学習社
卜部吉庸（2013）『化学の新研究』三省堂
日本化学会 編（1997）『高校化学の教え方 暗記型から思考型へ』丸善
飯野睦毅（2001）『まんが アトム博士のたのしい化学探検』東陽出版
藤井理行 他（2011）『アイスコア 地球環境のタイムカプセル』成山堂書店
福田豊 他（1996）『詳説無機化学』講談社
日本化学会 編（2002）『教育現場からの化学 Q & A』丸善
玉虫伶太 他（1999）『エッセンシャル化学辞典』東京化学同人
渡辺正 他（2008）『高校で教わりたかった化学』日本評論社
河嶌拓治 他（1992）『ポイント分析化学演習』廣川書店
庄野利之 他（1993）『分析化学演習』三共出版
ボルハルト 他著 古賀憲司 他監訳（2004）『現代有機化学（第 4 版）上・下』化学同人
コーン 他著 田宮信雄他 訳（1988）『コーン・スタンプ 生化学 第 5 版』東京化学同人
西村肇 他（2006）『水俣病の科学 増補版』日本評論社
吉野彰（2004）『リチウムイオン電池物語』シーエムシー出版

さくいん

英数字・ギリシア文字

- 1-プロピン …… 282
- 1,2,3-プロパントリオール …… 288,304
- 1,2-エタンジオール …… 288
- 1,2-ジブロモエタン …… 285
- 18K …… 262
- 1 気圧 …… 64
- 1-デカノール …… 288
- 1-ドデカノール …… 304,311
- 1-ナフトール …… 327
- 1-ブタノール …… 288,289
- 1-ブテン …… 279
- 1-プロパノール …… 288
- 1-ヘキサノール …… 288
- 1-ペンタノール …… 288
- 2,4,6-トリブロモフェノール …… 329
- 22.4L …… 55
- 24K …… 262
- 2-ブタノール …… 289
- 2-プロピン …… 282
- 2-メチル-1-プロパノール …… 289
- 2-メチル-2-プロパノール …… 289
- 2-メチルプロペン …… 279
- D体 …… 353
- DNA …… 366
- d 軌道 …… 23
- D-グルタミン酸ナトリウム …… 354
- f 軌道 …… 23
- K 殻 …… 20
- L 体 …… 353
- L 殻 …… 20
- L-グルタミン酸ナトリウム …… 354
- M殻 …… 21
- NOₓ …… 222
- N殻 …… 21
- p-ヒドロキシアゾベンゼン …… 319,332
- PbCl₂ …… 238
- PbCrO₄ …… 238
- Pb(OH)₂ …… 238
- [Pb(OH)₄]²⁻ …… 238
- PbS …… 238
- PbSO₄ …… 238
- pH …… 144
- pH指示薬 …… 145
- pH調整剤 …… 144
- p 軌道 …… 23
- p-ジビニルベンゼン …… 382
- RNA …… 366
- SOₓ …… 222
- s 軌道 …… 23

- s-ブチル基 …… 276
- TNT …… 326
- t-ブチル基 …… 276
- α-アミノ酸 …… 353,354
- α-ヘリックス …… 356
- β-シート …… 356
- ε-カプロラクタム …… 370
- p-フェニレンジアミン …… 371
- o-クレゾール …… 327,335

あ行

- 亜鉛 …… 242
- 亜塩素酸 …… 229
- 赤錆 …… 244
- アクチノイド …… 23
- アクリル酸 …… 299
- アクリル酸ナトリウム …… 383
- アクリル繊維 …… 372
- アクリロニトリル …… 372
- 足尾銅山鉱毒事件 …… 246
- アジピン酸 …… 371
- 亜硝酸 …… 229
- 亜硝酸ナトリウム …… 332
- アスタチン …… 210
- アスピリン …… 333
- アセタール化 …… 373
- アセチルサリチル酸 …… 319,333
- アセチレン …… 285
- アセテート繊維 …… 365
- アセトアニリド …… 331
- アセトアルデヒド …… 285,297
- アセトン …… 297
- 圧力 …… 64
- アデニン …… 367
- アニリン …… 324,330
- アニリン塩酸塩 …… 330
- アニリンブラック …… 331
- アボガドロ定数 …… 53
- アミド結合 …… 331,370
- アミノ基 …… 268
- アミノ酸 …… 353
- アミラーゼ …… 360
- アミロース …… 350
- アミロペクチン …… 350
- アモルファス …… 258
- アラミド繊維 …… 370
- 亜硫酸 …… 229
- アルカリ金属 …… 146,230
- アルカリ性 …… 142
- アルカリ土類金属 …… 233
- アルカリ融解 …… 327
- アルカン …… 266,273

- アルキド樹脂 …… 377
- アルキルベンゼンスルホン酸ナトリウム …… 311
- アルキルベンゼン …… 311
- アルキルベンゼンスルホン酸 …… 311
- アルキン …… 266,281
- アルケン …… 266,278
- アルコール …… 287
- アルゴン …… 208
- アルデヒド …… 296
- アルミナ …… 197
- アルミニウム …… 236
- アレニウスの定義 …… 142
- 安全ピペッター …… 163
- 安息香酸 …… 333
- アンチモン …… 221
- アントラセン …… 323
- アンプル …… 231
- アンモニア …… 138,220
- アンモニアソーダ法 …… 232
- アンモニウムイオン …… 33
- 硫黄 …… 224
- 硫黄反応 …… 359
- イオン …… 26
- イオン化エネルギー …… 29,207
- イオン化傾向 …… 180
- イオン化列 …… 180
- イオン結合 …… 32
- イオン結晶 …… 37,46
- イオン交換樹脂 …… 382
- イオン交換膜法 …… 203
- イオンの大きさ …… 28
- イソブチル基 …… 276
- イソプレン …… 379
- イソプレンゴム …… 381
- イソプロピル基 …… 276
- 一次構造 …… 356
- 一次電池 …… 189
- 一酸化炭素 …… 215
- 一酸化窒素 …… 219
- 陰イオン …… 26
- 陰極 …… 195
- 陰性元素 …… 207
- ウェーラー …… 264
- ウラシル …… 367
- うるち米 …… 351
- エイコサン …… 274
- エーテル …… 294
- エーテル結合 …… 268
- エステル …… 302
- エステル結合 …… 268
- エタノール …… 265,288

エタン……274	価数……147	鏡像異性体……272
エチル基……276	カゼイン……101	共通イオン効果……137
エチレン……278	カタラーゼ……356	共有結合……34
エチレングリコール……287,371	活性化エネルギー……123	共有結合の結晶……46
エテン……278	活性状態……122	共有電子対……35,36
エネルギー図……108	カップリング……331	極性……38,40
塩……150	価電子……21	希硫酸……226
塩化銀……136	価標……36	銀……248
塩化セシウムCsCl型……50	過マンガン酸イオン……173	銀鏡反応……297
塩化ナトリウムNaCl型……50	過マンガン酸カリウム……175,250	金属結合……42
塩化物イオン……27	ガラクトース（脳糖）……343	金属元素……207
塩化ベンゼンジアゾニウム……332	ガラス……258	キンバーライト……215
塩化メチレン……284	カリウム……230	グアニン……367
塩基……142	加硫……379	空気の分留……228
塩基性……142	カルシウム……233	クーロン力……33
塩基性アミノ酸……354	カルボキシ基……268	クメン……329
塩基性塩……151	カルボニル基……268	クメンヒドロペルオキシド……329
炎色反応……231	カルボン酸……299	クメン法……329
延性……43	カロザース……365,370	グリコーゲン……343,351
塩析……102	カロリー……106	グリコリド……384
塩素……210	還元……166	グリセリン……304
塩素イオン……27	還元剤……168	クリセン……323
塩素酸……229	還元反応……166	グリプタル樹脂……378
塩素酸カリウム……228	還元力……171	クリプトン……208
鉛蓄電池……189	環式炭化水素……266	グルコース（ブドウ糖）……343
エントロピー……120	緩衝液……159	黒錆……244
鉛白……238	乾性油……308	クロム……236,240,250
王水……183	カンタル……262	クロム酸鉛（Ⅱ）……251
黄銅……242,260	乾電池……189	クロム酸カリウム……250
黄銅鉱……246	官能基……266	クロム酸銀……251
黄リン……223	幾何異性体……270	クロム酸バリウム……251
オキソ酸……227	貴ガス……208	クロムメッキ……250
オクタン……274	貴金属……183	クロロプレンゴム……381
オストワルト法……221	ギ酸……299	クロロベンゼン……324
オゾニド……286	キサントプロテイン反応……359	クロロホルム……284
オゾン分解……285	基質特異性……361	クロロメタン……284
オゾンホール……229	キシレン……323	珪砂……217
オルト体……323	キセノン……208	係数……56
オレイン酸……306	気体定数……78	ケイ素……214
温室効果ガス……215	気体の状態方程式……78	結合エネルギー……117
	キップの装置……225	ケトン……296
か行 カーバイド……281	吸湿性……226	ゲル……100
カーボンナノチューブ……214	球状タンパク質……358	ゲルマニウム……214
カーボンブラック……379	吸熱反応……108	減圧症……90
会合コロイド……309	キュプラ……365	けん化……308
界面活性剤……310	凝華……67	けん化価……308
過塩素酸……229	凝固……67	原子……12
化学反応式……56	凝固点降下……94	原子核……14
核酸……366	凝固熱……111	原子量……52,54
過酸化水素……173	凝縮……67	元素……12
過酸化水素水……228	凝析……102	元素記号……12

387

さくいん

元素分析	312
光化学スモッグ	219
硬化油	307
高吸水性樹脂	382
硬鋼	245
硬水	311
合成高分子化合物	340
合成ゴム	379
合成洗剤	309,311
酵素	360
構造異性体	269,275
構造式	36
高密度ポリエチレン	374
高炉	245
黒鉛	214
黒色火薬	218
琥珀	374
コバルト	240
ゴム状硫黄	224
コロイド	100
コンクリート	259
金剛石	234

さ行

再結晶	88
ザイツェフの法則	293
最適pH	361
最適温度	361
細胞膜	98
錯イオン	243,345
酢酸エチル	302
酢酸鉛	238
酢酸	299
酢酸ナトリウム	160
鎖式炭化水素	266
サファイア	236
サリチル酸	327,333
サリチル酸メチル	319,333
サロメチール	333
サロンシップ	333
酸	142
酸化	166
酸化カルシウム	234
酸化還元滴定	178
酸化還元電位	188
三価クロム	250
酸化剤	168
酸化作用	226
酸化数	169
酸化鉄(Ⅱ,Ⅲ)	244
酸化鉄(Ⅲ)	244
酸化銅(Ⅰ)	241

酸化銅(Ⅱ)	241,247
酸化バナジウム(V)	226
酸化反応	166
酸化防止剤	166
酸化力	171
酸化リン(V)	223
三次構造	357
三重点	72
酸性	142,226
酸性アミノ酸	354
酸性雨	222
酸性塩	151
酸素	227
ジ	277
次亜塩素酸	211,229
ジアセチルセルロース	365
ジアゾ化	331
シアン化物イオン	243
シアン酸アンモニウム	264
ジアンミン銀(Ⅰ)イオン	238,249
シェーンバイン	364
ジエチルエーテル	294
四塩化炭素	284
磁器	259
式量	54
シクロヘキサン	267,283
シクロヘキセン	267
ジクロロメタン	284
シス-2-ブテン	279
シス・トランス異性体	270
実在気体	82
質量数	14
質量パーセント濃度	60
質量保存の法則	59
質量モル濃度	96
シトシン	367
ジペプチド	356
脂肪族炭化水素	266
ジメチルエーテル	265
ジメチルプロパン	274
下瀬火薬	326
斜方硫黄	224
シャルルの法則	76
シュウ酸	299
シュウ酸標準溶液	162
臭素	210
自由電子	42
ジュール	106
縮合重合	340
主鎖	276

樹脂	374
ジュラルミン	262
充填率	48
昇華	67
昇華圧曲線	73
蒸気圧	70
蒸気圧降下	92
蒸気圧曲線	70,73
硝酸イオン	33
硝酸鉛	238
硝酸カリウム	88
硝酸銀	248
消石灰	234
状態図	72
蒸発	67
蒸発熱	68,111
触媒	129,139,241
植物性油脂	305
食物繊維	350
除光液	296
シリコーンゴム	381
シリコン	216
人工透析	103
辰砂	242
親水基	87
親水性	87
親水性アミノ酸	354
真鍮	260
浸透圧	98
水銀	242
水酸化カルシウム	234
水酸化鉄(Ⅲ)	103
水酸化銅(Ⅱ)	247
水酸化物イオン	33
水晶	234
水素	208
水素結合	45
水素イオン濃度	145
水和	86,202
スカンジウム	240
スクラーゼ	360
スクロース(蔗糖)	343,347
すす	214
スズ	237
スチレン	333
スチレンブタジエンゴム	381
ステアリン酸	306
ステンレス	250
ステンレス鋼	262
ストロンチウム	233
スルホ基	268

スルホン化	324	
正塩	151	
生石灰	234	
生成熱	112	
青銅	237,260	
生分解性高分子	382	
製錬	199	
精錬	199	
赤リン	223	
セシウム	230	
石灰水	235	
石灰石	234	
せっけん	309	
石膏	234	
絶対温度	67	
絶対零度	67	
セメント	258,259	
セラミックス	258	
セルラーゼ	360	
セルロイド	365	
セルロース	343,350	
セロハン膜	98	
セロビオース	347,351	
遷移元素	206	
遷移状態	122	
繊維状タンパク質	358	
選鉱	246	
潜水病	90	
銑鉄	245	
双性イオン	353	
相対原子質量	52	
ソルベー法	232	
側鎖	276	
疎水性アミノ酸	354	
組成式	33,313	
ゾル	100	

た行
第一級アルコール	288	
第三級アルコール	289	
体心立方格子	48	
第二級アルコール	289	
ダイヤモンド	214	
たたら製鉄	245	
脱水作用	226	
田中正造	247	
ダニエル電池	187	
炭化カルシウム	281	
炭化水素	266	
炭酸イオン	33	
炭酸カルシウム	217,234	
炭酸水素カルシウム	235	

炭酸ナトリウム	217	
単斜硫黄	224	
単純タンパク質	358	
炭素	214	
単糖類	343	
タンパク質	356	
タンパク質の分類	358	
置換反応	284	
チタン	236,240	
窒素固定	218	
窒素	221	
チミン	367	
中間子理論	15	
中性アミノ酸	354	
中性子	14	
中和	150	
中和滴定	162	
中和点	155	
中和熱	113	
潮解性	162	
超臨界流体臨界点	73	
定性分析	252	
低密度ポリエチレン	374	
デカン	274	
デキストリン	351	
滴定曲線	154	
鉄	240,244	
テトラ	277	
テトラアンミン亜鉛（Ⅱ）イオン	243	
テトラアンミン銅（Ⅱ）イオン	243,247	
テトラクロロメタン	284	
テトラセン	323	
テレフタル酸	334,371	
テレフテル酸ジクロリド	371	
電解質	26	
電解精錬	198,246	
電気陰性度	37	
電気泳動装置	355	
電気自動車	192	
典型元素	206	
電子	14	
電子殻	20	
電子式	34	
電子親和力	29,207	
電子配置	20	
展性	43	
電池	184	
天然高分子化合物	340	
天然ゴム	379	

天然繊維	363	
デンプン	343,350	
電離	26	
電離定数	152	
電離度	147	
転炉	245	
銅アンモニアレーヨン	365	
同位体	17	
陶器	259	
凍結防止剤	95	
陶磁器	258	
透析	103	
同族元素	28	
同素体	112,214,223,224	
等電点	355	
動物性繊維	311	
動物性油脂	305	
土器	259	
ド・シャルドネ, イレール	364	
富岡製糸場	364	
トランス-2-ブテン	279	
トリ	277	
トリアセチルセルロース	365	
トリクロロメタン	284	
トリニトロトルエン	326	
トリプシン	360	
トリペプチド	356	
トルエン	322,333	
トレハロース	349	

な行
ナイロン	370	
ナイロン6	370	
ナイロン66	370,371	
ナトリウム	230	
ナトリウムアルコキシド	290	
ナトリウムエトキシド	290	
ナトリウムフェノキシド	328	
ナフタレン	322	
鉛	214,238	
鉛フリーはんだ	262	
軟化点	342	
軟鋼	245	
南部鉄器	244	
ニクロム	262	
ニクロム酸イオン	173	
ニクロム酸カリウム	175,250	
二酸化硫黄	173	
二酸化炭素	215	
二酸化窒素	219	
二次構造	357	
二次電池	189	

389

さくいん

ニッケル……240	ピクリン酸……326	プロパン……274
ニッケル黄銅……260	ビスコースレーヨン……365	プロピオン酸……299
二糖類……347	ビスマス……221	プロピレン……278
ニトロ化……324	ヒ素……221	プロピル基……276
ニトロ基……268	非電解質……26	プロピルベンゼン……333
ニトログリセリン……304,326	ヒドロキシ基……268	プロペン……278
ニトロセルロース……364	ヒドロキシカルボニル基……346	ブロモチモールブルー……145
ニトロベンゼン……325	ビニルアルコール……286	ブロモベンゼン……324
乳化……101	ビニロン……372	フロンガス……229
乳化作用……310	比熱……106	ブロンズ……237
尿素……264	ビュレット……163	分圧……80
尿素樹脂……377	氷晶石……197	分圧の法則……80
ニンヒドリン……355	ピリミジン……367	分液ロート……336
ネオジム磁石……262	ファラデー定数……200	分散質……100
ネオン……208	ファラデーの法則……200	分散媒……100
熱化学方程式……108	ファントホッフの法則……99	分子間力……46
熱可塑性樹脂……374	フェーリング反応……297	分子結晶……46
熱硬化性樹脂……374,376	フェナントレン……323	分子式……313
燃料電池……192	フェノール……319,324,327	分子量……54
燃料電池車……192	フェノール樹脂……327,376	フントの規則……24
濃硫酸……226	フェノールフタレイン……145,164	閉殻……28
ノナン……274	付加重合……340	平衡移動の原理……138
ノボラック……377	付加反応……284	ベークランド……376
は行 パーキン,ウィリアム……330	不乾性油……308	ヘキサシアニド鉄(Ⅲ)
ハーバー……219	不揮発性……226	酸イオン……238
ハーバー・ボッシュ法……219	副殻……23	ヘキサメチレンジアミン……371
配位結合……44	複合タンパク質……358	ヘキサン……274,290
配位数……48	ブタジエンゴム……381	ヘクト……64
ハイブリッドカー……192	フタル酸……334	ヘクトパスカル……64
白銅……260	ブタン……274	ヘスの法則……114
バター……307	ブチル基……276	ペットボトル……371
発煙硫酸……226	ブチルゴム……381	ベネチアングラス……258
発熱反応……108	物質の三態……66	ペプシン……360
バナジウム……240	フッ素……210	ヘプタン……274,275
パラ体……323	沸点……66	ペプチターゼ……360
バリウム……233	沸点上昇……92	ヘリウム……208
パルミチン酸……306	沸騰……66	ベリリウム……233
ハロゲン……210	ブテン……278	平均分子量……342
ハロゲン化……324	不動態……222,236	ベンジルアルコール……327
半乾性油……308	不飽和ジカルボン酸……299	ベンズアルデヒド……333
半減期……17	不飽和脂肪酸……306	変性……359
はんだ……237,262	不飽和炭化水素……266	ベンゼン……267,322
半中和点……159	不飽和モノカルボン酸……299	ベンゼンスルホン酸……325
半導体……216	フマル酸……299	ベンゼンの秘密……316
半透膜……98	フラーレン……214	ペンタ……277
反応速度……124	プラスチック……374	ペンタン……274
半反応式……171	フランシウム……230	ヘンリーの法則……90
ビウレット反応……359	ブリキ……237	ボイル・シャルルの法則……77
非共有電子対……35,36	プリン……367	ボイルの法則……76
非金属元素……207	フルクトース(果糖)……343	芳香族アミノ酸……359
	ブレンステッド・ローリーの定義……142	芳香族化合物……316

芳香族カルボン酸 …………333	メタノール ………………………288	ラクトース …………………349
芳香族性 …………………317	メタン …………………………274	ラクトース（乳糖）………343
芳香族炭化水素 …………322	メチルオレンジ ………145,164	ラジウム …………………233
放射性同位体 ………………17	メチル基 …………………………276	ラジカル …………………341
飽和ジカルボン酸 …………299	メチルブタン ……………………274	ラテックス …………………379
飽和脂肪酸 …………………306	メニスカス …………………163	ラドン ……………………208
飽和蒸気圧 …………………70	メラミン …………………………378	ランタノイド ………………23
飽和炭化水素 ………266,273	メラミン樹脂 ……………………377	理想気体 …………………82
飽和モノカルボン酸 ………299	面心立方格子 ……………………48	リチウム …………………230
ボーキサイト ……………197	モアッサン ………………………211	リチウムイオン電池 …192,230
ホールピペット …………163	もち米 …………………………351	立体異性体 ………………269
保護コロイド ……………102	モノマー（単量体）…………341	立体障害 …………………346
ポトシ銀山 ………………248	モル凝固点降下 …………………96	リノール酸 ………………306
ポリ-p-フェニレンテレフタルア	モル濃度 …………………………60	リノレン酸 ………………306
ミド ……………………371	モル沸点上昇 ……………………96	リパーゼ …………………360
ポリアクリロニトリル ……372		硫化カルシウム二水和物 …234
ポリアミド ………………370	**や行** ▶焼石膏 ………………………235	硫化銀 ……………………249
ポリイソプレン …………380	融解 …………………………66,67	硫化水素 …………………224
ポリエステル ……………370	融解塩電解 ……………………196	硫酸水素ドデシル ………311
ポリエステル繊維 ………371	融解曲線 …………………………72	硫化銅（Ⅱ） ……………247
ポリエチレンテレフタレート	融解熱 ………………………68,111	琉球ガラス ………………258
（PET）……………334,371	融点 ………………………………66	硫酸 ………………………226
ポリカーボネート ………327	湯川秀樹 …………………………15	硫酸イオン ………………33
ポリグリコール酸 ………384	油脂 ……………………………305	硫酸水素ドデシル ………304
ポリビニルアルコール …372	陽イオン …………………………26	硫酸銅（Ⅱ）五水和物 ……88
ポリペプチド ……………356	溶液 ………………………………86	硫酸ドデシルナトリウム
ポリマー（重合体）……341	溶解 ………………………………86	……………………304,311
ボルタ,アレッサンドロ …186	溶解度 ……………………………88	硫酸バリウム ………136,235
ボルタ電池 ………………185	溶解度曲線 ………………………89	両性 ………………………237
ホルマリン ………………296	溶解度積 ………………………136	両性酸化物 ………………227
ホルミル基 ………………268	溶解熱 …………………………112	リン ………………………221
ホルムアルデヒド ……297,376	溶解平衡 ………………………136	リン酸 ……………………223
	ヨウ化水素 ……………………127	リン酸カルシウム ………223
ま行 ▶マーガリン ……………………307	陽極 ……………………………195	リン脂質 …………………223
マグネシウム ……………233	陽極泥 …………………………199	ルシャトリエの原理 ……138
マグネシウム合金 ………262	洋銀 ……………………………260	ルビー ……………………236
アルカリ乾電池 …………189	溶鉱炉 …………………………246	ルビジウム ………………230
マルコフニコフの法則 …285	陽子 ………………………………14	レゾール …………………377
マルターゼ ………………360	溶質 ………………………………86	緑青 ………………………261
マルトース ……………343,347	陽性元素 ………………………207	六価クロム ………………250
マレイン酸 ………………299	ヨウ素 …………………179,210	六方最密構造 ………………48
マンガン ……………240,250	ヨウ素価 ………………………308	
マンガン乾電池 ……189,251	ヨウ素デンプン反応 …179,213	
水のイオン積 ……………144	溶媒 ………………………………86	
ミセル ……………………309	洋白 ……………………………260	
無煙火薬 …………………218	溶融塩電解 ……………………195	
無水酢酸 …………………331	ヨードホルム …………………298	
無水フタル酸 ……………334	ヨードホルム反応 ……………298	
無水マレイン酸 …………301	四次構造 ………………………357	
メスフラスコ ……………163		
メタ体 ……………………323	**ら行** ▶酪酸 ……………………………299	

391

竹田 淳一郎 （たけだ・じゅんいちろう）

1979年東京生まれ。慶應義塾大学理工学部応用化学科卒業、同大学大学院修了。早稲田大学高等学院教諭、気象予報士、環境計量士。
普段は中学生・高校生を教えているが、実験教室では小学生、大学では教員志望の学生、オープンカレッジでは30代～80代の社会人と幅広い年代に理科を教えた経験があり、身近な教材を使って、実験中心の楽しい授業をすることを心がけている。
著書に『教養としての東大理科の入試問題』（ベレ出版）、『大人のための高校化学復習帳』（講談社ブルーバックス）など。

- ブックデザイン 三枝 未央
- 図版・DTP 三枝 未央／中村美沙子
- 編集協力 三島 航／三浦 瑳恵

［改訂版］「高校の化学」が一冊でまるごとわかる

2024年12月25日 初版発行 2025年 7月12日 第2刷発行	
著者	竹田 淳一郎
発行者	内田 真介
発行・発売	ベレ出版 〒162-0832　東京都新宿区岩戸町12 レベッカビル TEL.03-5225-4790 FAX.03-5225-4795 ホームページ　https://www.beret.co.jp/
印刷	モリモト印刷株式会社
製本	根本製本株式会社

落丁本・乱丁本は小社編集部あてにお送りください。送料小社負担にてお取り替えします。
本書の無断複写は著作権法上での例外を除き禁じられています。購入者以外の第三者による本書のいかなる電子複製も一切認められておりません。

©Junichiro Takeda 2024. Printed in Japan
ISBN 978-4-86064-780-3 C0043　　　　　　　　　編集担当　坂東 一郎